图解
数据结构
使用C
视频教学版

胡昭民 编著

清华大学出版社
北京

内 容 简 介

本书以图解的方式讲述数据结构及其算法，力求简洁明了地阐述复杂的算法理论，以 C 作为描述语言解析算法的执行过程，以大量的范例程序来展示数据结构的使用及其相关算法的具体实现。

数据结构是计算机专业的核心课程之一，也是编程爱好者程序设计的重要基础。本书内容包含这门必修课的完整知识体系：数组、链表、堆栈、队列、树、图等数据结构，以及基于这些数据结构的各类算法等。为了教学的需要，每章都提供了丰富的课后习题及详细的参考答案。

本书图文并茂，文字简洁、清晰，范例丰富、可操作性强，并配有视频教学、PPT 课件和范例程序源码，适合学习数据结构和算法的读者作为自学参考书，也适合作为高等院校计算机及信息相关专业的教材。

本书为荣钦科技股份有限公司授权出版发行的中文简体字版本。

北京市版权局著作权合同登记号　图字：01-2022-4809

图书在版编目（CIP）数据

图解数据结构. 使用 C：视频教学版/胡昭民编著. —北京：清华大学出版社，2022.9
ISBN 978-7-302-61845-4

Ⅰ.①图… Ⅱ.①胡… Ⅲ.①数据结构－图解②C 语言－程序设计－图解　Ⅳ.①TP311.12-64②TP312.8-64

中国版本图书馆 CIP 数据核字（2022）第 171201 号

责任编辑：赵　军
封面设计：王　翔
责任校对：闫秀华
责任印制：曹婉颖
出版发行：清华大学出版社
　　　　网　　　址：http://www.tup.com.cn，http://www.wqbook.com
　　　　地　　　址：北京清华大学学研大厦 A 座　　　　　　邮　　编：100084
　　　　社 总 机：010-83470000　　　　　　　　　　　邮　　购：010-62786544
　　　　投稿与读者服务：010-62776969，c-service@tup.tsinghua.edu.cn
　　　　质 量 反 馈：010-62772015，zhiliang@tup.tsinghua.edu.cn
印 装 者：三河市铭诚印务有限公司
经　　销：全国新华书店
开　　本：190mm×260mm　　　　印　　张：23　　　　字　　数：620 千字
版　　次：2022 年 11 月第 1 版　　　　　　　　　印　　次：2022 年 11 月第 1 次印刷
定　　价：89.00 元

产品编号：098491-01

推荐序

经过长达半个世纪的发展，数据结构及算法已经成为计算机科学及相关专业的基础课程之一，这期间或是理论设计，或是实践催生，已经涌现了众多在最初教科书里未曾出现的新基础数据结构，如字符串、集合、映射、图等，而派生或复合数据结构更是比比皆是，难以穷举。与此同时，数据结构及伴生算法更是在计算机硬件、操作系统基础软件、各类上层软件与应用中广为使用，为人类生产和生活的数字化作出了巨大的贡献。可以毫不夸张地说，有计算机的地方就有数据结构，数据结构已经伴随着计算机技术的发展，在人类生产和生活中几乎无处不在。

在 IT 业界，数据结构的重要作用则表现得更为直接：一方面，无论是校园还是社会招聘，对数据结构与算法的考察几乎成了面试的必备组成部分；另一方面，对数据结构与算法的熟练掌握及合理运用，在一定程度上成为区分高、低阶技术人员的分水岭和指向标。相信伴随着 IT 行业进入成熟期甚至走向平台发展期，相关人才供求关系将进一步缓解甚至发生倒置，数据结构在行业人才遴选及晋阶中的作用会越来越显著。

数据结构的重要性自不用说，各种介绍、教授、剖析数据结构的书籍也是层出不穷，其中也不乏皇皇巨著、学术经典。同样是着墨于这一题材，本书却另辟蹊径，用大量的图形图像形象化地阐述技术要点，读来令人倍觉轻松且耳目一新；其行文也颇为生动亲切，一改一般技术书籍的沉闷习气；更有目前最火的视频教学内容发布供读者下载，形式新颖，与时俱进。此书非常适合对数据结构感兴趣但对鸿篇巨著望而却步的初学者学习，也适合不愿意通过阅读大量文字去重拾记忆，而更喜欢一目了然地去了解问题的技术人员作为案头参考书。

原阿里巴巴开源委员会秘书长
Java 工程负责人暨英特尔软件事业部企业赋能团队负责人
段夕华
2022 年 5 月

改编说明

数据结构毫无疑问是计算机科学既经典又核心的课程之一，不管是从事计算机软件开发还是硬件的开发工作，如果一个人没有系统地学习过数据结构或者没有专心自学过，很容易被打上"非专业"的标签。对于任何在信息技术行业工作的专业人员或者想进入此行业的人来说，什么时候开始学数据结构都不算晚，更不会过时。

从"数据结构"的名字看，它不仅仅只是讲授数据的结构以及在计算机内存储和组织数据的方式，这些只是它的表面现象。数据结构背后真正蕴含的是与之息息相关的算法，精心选择的数据结构配合恰如其分的算法就意味着数据或者信息在计算机内被高效率地存储和处理。算法其实就是数据结构的灵魂，它既神秘又"好玩"，当然对初学者来说也比较难，算法可以说是"聪明人在计算机上的游戏"。

本书是一本综合且全面讲述数据结构及其算法分析的教科书，为了便于高校的教学和读者自学，作者在描述数据结构原理和算法时行文清晰且严谨，为每个算法及其数据结构提供了演算的详细图解。另外，为了能够在教学中让学生上机实践或者自学者上机"操练"，本书为每个经典的算法都提供了用 C 语言编写的完整范例程序（包含完整的源码），每个范例程序都不需要再修改，直接通过编译就可以运行，目的是为了让本书的学习者以这些范例程序作为参照迅速掌握数据结构和算法的要点。

本书的所有范例程序都可以在标准的 C 语言编程环境中编译通过并顺利运行，我们在改编本书的过程中选用了免费的 Dev C++ 5.11 集成开发环境，对原书的所有范例程序进行编译、修改、调试和测试，并确保它们都可以准确无误地运行。附录 A 为"课后习题与参考答案"，附录 B 为"数据结构专有名词索引"。

资深架构师 赵军

2022 年 5 月

序

  数据结构一直是高校计算机及信息类相关专业的必修课，是编程爱好者程序设计的重要基础。对于第一次接触数据结构知识的初学者来说，内容过多、表达不清楚以及文字叙述不严谨是造成学习障碍的主要原因。为了让读者能以轻松的方式学习数据结构，笔者征询了多位教师的意见，采用了丰富的图例来阐述复杂的数据结构的基本概念及应用，并将重要理论、算法进行了非常翔实的诠释和逐一举例，因此本书是一本内容丰富且好学又专业的数据结构教学用书。

  笔者长期从事信息教育和写作工作，在语句的表达上尽量简洁明了、逻辑清楚，为了检验大家在各章的学习效果，特别搜集了大量的习题，并参阅重要考试（例如计算机国家水平考试、研究生升学考试等），为读者提供了更多的理论加实战演练的经验。

  本书既是一本非常适合教授数据结构的教材，也是一本以 C 语言描述数据结构的实践著作。为了避免教学和阅读上的不顺畅，书中的算法尽量不以伪代码来描述，而是以 C 程序设计语言来展现。书中精选了核心的算法解析过程和范例程序的执行界面，全书所有的范例程序可以从指定网站下载，对所有范例程序都提供了完整的程序源码，读者可直接运行和验证。最后希望通过阅读本书，能够使读者对数据结构这门学科有更完整的认识。

  本书提供的视频教学可通过扫描每章二维码在线观看学习，获取 PPT 课件、范例程序源码和电子版附录 B 数据结构专有名词索引，请扫描下面二维码：

    PPT   源码   附录 B

  如果下载有问题，请发送电子邮件至 booksaga@126.com，邮件主题为"求图解数据结构：使用 C（视频教学版）范例程序代码"。

编　者

2022 年 5 月

目　　录

第 1 章

数据结构入门与算法

1

当初人们试图建造计算机的主要原因之一是用来存储和管理一些数字化的信息和数据，这也是最初数据结构（Data Structure）概念的来源。当我们使用计算机解决问题时，必须以计算机能够了解的模式来描述问题，而数据结构是数据的表示法，也就是计算机中存储数据的基本结构，编写程序就像盖房子一样，要先规划出房子的结构图，如图 1-1 所示。

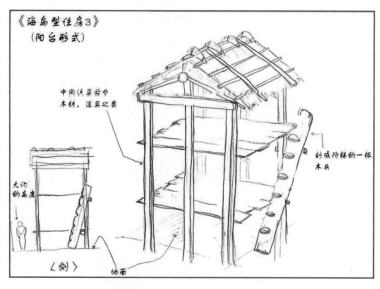

图 1-1

对于有志进入信息技术专业领域的人员来说，数据结构是一门与计算机硬件和软件息息相关的学科，称得上是从计算机问世以来经久不衰的热门学科。这门学科研究的重点在计算机程序设计领域，即研究如何将计算机中相关数据或信息的组合以某种方式组织起来进行有效的加工和处理，其中包含算法（Algorithm）、数据存储的结构、排序、查找、树、图及哈希函数等。

简单来说，数据结构所讲述的是一种辅助程序设计并进行优化的方法论，它不仅讨论数据的存储与处理的方法，同时也考虑数据彼此之间的关系与运算，目的是提高程序的执行效率与减少对内存空间的占用等。图书馆的图书管理也是一种数据结构的应用，如图 1-2 所示。

图 1-2

1.1　数据结构的定义

　　我们可以将数据结构看成是数据处理过程中的一种分析、组织数据的方法与逻辑，它考虑到了数据间的特性与相互关系。简单来说，数据结构的定义就是一种程序设计优化的方法论，它不仅讨论到存储的数据，同时也考虑到彼此之间的关系与运算，使之达到加快执行速度与减少内存占用空间的作用。

　　在信息技术发达的今日，我们日常的生活已经和计算机密不可分了。计算机与数据是息息相关的，并且计算机具有处理速度快与存储容量大的两大特点（见图 1-3），因而在数据处理的角色上更是举足轻重。数据结构和相关的算法就是数据进入计算机进行处理的一套完整逻辑。在进行程序设计时，对于要存储和处理的一类数据，程序员必须选择一种数据结构来进行这类数据的添加、修改、删除、存储等操作，如果在选择数据结构时做了错误的决定，那么程序执行起来将可能变得非常低效，如果选错了数据类型，后果就更加不堪设想了。

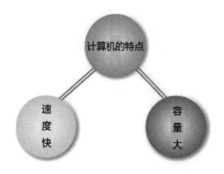

图 1-3

1.1.1　数据与信息

　　所谓数据（Data），指的是一种未经处理的原始文字（Word）、数字（Number）、符号（Symbol）或图形（Graph）等，例如姓名，或我们常看到的课程表、通讯录等都可称作是一种数据。

　　当数据经过处理（Process），例如以特定的方式系统地进行整理、归纳甚至分析后，就会成为信息（Information）。这样处理的过程就称为数据处理（Data Processing），如图 1-4 所示。从严谨的角度来形容数据处理，就是用人力或机器设备对数据进行系统的整理，如记录、排序、合并、计算、统计等，并进行分析、筛选和提炼，以使原始的数据符合需求，成为有用的信息。图 1-5 所示即为使用计算机进行数据处理的过程。

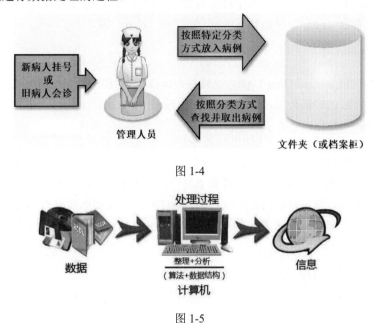

图 1-4

图 1-5

1.1.2 数据的特性

按照计算机中所存储和使用的对象，我们可将数据分为两大类：一类为数值数据（Numeric Data），例如 0，1，2，3，…，9 等组成的可用运算符（Operator）来进行运算的数据；另一类为字符数据（Alphanumeric Data），像 A，B，C，…，+，*等非数值数据（Non-Numeric Data）。计算机化业务的增加带动了数字化数据的大量增长，如图 1-6 所示。数据结构用于表示数据在计算机内存中存储的位置和方式，通常分为以下 3 种数据类型：

图 1-6

- 基本数据类型

基本数据类型（Primitive Data Type）是不能以其他类型来定义的数据类型，或称为标量数据类型（Scalar Data Type）。几乎所有的程序设计语言都会提供一组基本数据类型，例如 C++语言中的基本数据类型包括整数（int）、浮点数（float）、字符（char）等。

- 结构化数据类型

结构数据类型（Structured Data Type）也被称为虚拟数据类型（Virtual Data Type），是一种比基本数据类型更高一级的数据类型，例如字符串（string）、数组（array）、指针（pointer）、列表（list）、文件（file）等。

- 抽象数据型类型

对于一种数据类型而言，我们可以将其看成是一种值的集合，以及在这些值上进行的运算和所代表的属性组成的集合。抽象没有固定的模式，它会随着需要或实际情况而有所不同。例如，把一辆汽车抽象化，每个人都有各自的理解方式，像车行的业务员与修车技师对汽车抽象化的结果可能就会有差异（见图1-7）。

车行业务员：轮子、引擎、方向盘、刹车、底盘。
修车技师：引擎系统、底盘系统、传动系统、刹车系统、悬吊系统。

图 1-7

抽象数据类型所代表的意义便是定义这种数据类型所具备的数据与抽象关系。也就是说，抽象数据类型在计算机中体现了一种信息隐藏（Information Hiding）的程序设计思想以及表示了信息之间的某种特定的关系模式。例如，堆栈（Stack）就是一种典型的抽象数据类型，具有后进先出的数据操作方式。

1.1.3　数据结构的应用

在现实生活中，计算机的主要工作就是把数据通过某种运算处理过程转换为实用的信息（Information）。例如一个学生的语文成绩是 90 分，可以说这是一科成绩的数据，但无法判断它具备什么意义。如果经过某些如排序（Sorting）的处理，就可以知道这位学生的语文成绩在班上同学中的名次，也就是清楚这个班学生的成绩如何，这就是一种信息，而排序就是数据结构的一种应用。下面将介绍数据结构的一些常见应用。

- 树结构

树结构（见图 1-8）是一种相当重要的非线性数据结构，广泛运用于家族的族谱、公司或者机关的组织结构、计算机上的操作系统、平面绘图应用、游戏设计等。

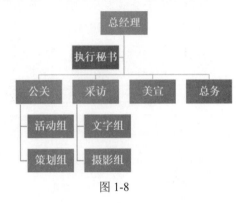

图 1-8

- 最短路径

最短路径的作用是从众多不同的路径中寻找距离最短或者花费成本最少的路径。最传统的应用是在公共交通运输或网络架设上的最短路径问题（见图 1-9），如都市运输系统、铁道运输系统、通信网络系统等。

图 1-9

像全球定位系统（Global Positioning System，GPS），就是通过卫星与地面接收器实现位置信息的传递、计算路程、语音导航与电子地图等功能。目前有许多汽车与手机都安装了 GPS 导航仪用于定位与路况查询。其中路程的计算就是以最短路径的理论作为程序设计的基础，为用户提供路径选择的各种方案，增加用户选择路径的弹性。

- 搜索理论

百度和谷歌（Google）搜索引擎常规的工作就是在网站上"爬行"，并为网站文件、网页、文件、音频、视频与各种数字媒体形式的内容建立索引，主要是两大类的工作爬行网站（Crawling）与建立网站索引（Index），例如百度的蜘蛛（Spider）程序与爬虫（Web Crawler）会主动通过网站上的超链接"爬行"到另一个网站，并收集该网站上的信息，然后把收录到的信息或这些信息的索引传回到搜索引擎的服务器。请注意，当开始搜索时主要是搜索之前建立与收集的索引页面（Index Page），不是真的搜索网站中所有的内容，而是根据页面关键词与网站相关性进行判断，会将搜索到的信息从上到下依次列出，如果信息过多，则会分数页列出。

用户在进行搜索时，搜索引擎内部的程序设计必须依靠不同的搜索理论来进行，搜索出的信息会从上到下列出，如果信息项数过多，则会分成多页来显示，列出的顺序是由搜索引擎自行判断用户搜索时最有可能想得到的结果来输出的。如图 1-10 是在百度上搜索的示例。

图 1-10

1.2 算法

数据结构与算法是程序设计中最基本的内涵。一个设计好的程序能否快速而高效地完成预定的任务，取决于数据结构的选择，而程序是否能清楚且正确地把问题解决，则取决于算法。所以我们可以这么认为："数据结构加上算法等于可执行的程序"，如图 1-11 所示。

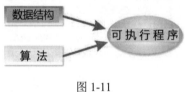

图 1-11

在韦氏辞典中，算法定义为："在有限步骤内解决数学问题的程序。"如果运用在计算机领域，我们也可以把算法定义成："为了解决某项工作或某个问题，所需要的有限数量的机械性或重复性指令与计算步骤。"算法并不是仅仅用于计算机领域，包括用于数学、物理甚至是我们每天的生活和工作中。日常的许多工作都可以用算法来描述，例如员工的工作报告、宠物的饲养过程、厨师准备美食的食谱、学生的课程表等，我们平时使用的搜索引擎背后自然是根据算法来运行的。

1.2.1 算法的条件

在计算机中，算法是不可或缺的一环。在认识了算法的定义之后，我们再来看看算法必须符合的五个条件（见图 1-12 和表 1-1）。

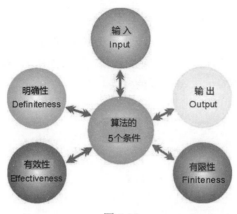

图 1-12

表 1-1 算法必须符合的 5 个条件

算法的特性	内容与说明
输入（Input）	0 个或多个输入数据，这些输入必须有清楚的描述或定义
输出（Output）	至少会有一个输出结果，不能没有输出结果
明确性（Definiteness）	每一条指令或每一个步骤必须是简洁明确的
有限性（Finiteness）	在有限步骤后一定会结束，不会产生无限循环
有效性（Effectiveness）	步骤清楚且可行，只要时间允许，用户就可以用纸笔计算而求出答案

1.2.2 算法的表达方式

认识了算法的定义与条件后，接着要思考用什么方法来表达算法比较合适。其实算法的主要目的在于让人们了解所执行工作的流程与步骤，只要清楚地体现出算法的 5 个条件即可。

常用的算法一般可以用中文、英文、数字等文字方式来描述，也就是用自然语言来描述算法的具体步骤。例如，图 1-13 所示为小华早上去上学并买早餐的简单文字算法。

图 1-13

- 伪语言（Pseudo-Language）：是接近高级程序设计的语言，也是一种不能直接放进计算机中执行的语言。一般需要一种特定的预处理器（Preprocessor），或者用人工编写转换成真正的计算机语言，经常使用的有 SPARKS、PASCAL-LIKE 等语言。以下是用 SPARKS 语言编写的链表反转的算法：

```
Procedure Invert(x)
    P←x; Q←NULL;
    WHILE P≠NULL do
        r←q; q←p;
        p←LINK(p);
        LINK(q)←r;
    END
    x←q;
END
```

- 表格或图形（见图 1-14）：如数组、树形图、矩阵图等。

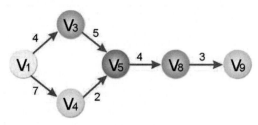

图 1-14

- 流程图：流程图（Flow Diagram）是一种以图形符号来表示算法的通用方法。例如，输入一个数值，并判断是奇数还是偶数，如图 1-15 所示。

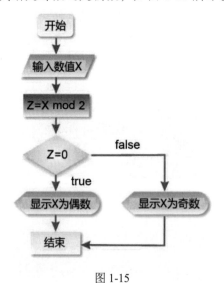

图 1-15

- 程序设计语言：算法也能够直接以可读性高的高级程序设计语言来描述或表达。例如使用 Visual Basic 语言、C 语言、C++语言、Java 语言等语言来描述算法。以下算法是用 C 语言来描述的，给 Pow()函数传入两个参数 x、y，求 x 的 y 次方的值，即求 x^y

　　的值：

```
float Pow( float x, int y )
{
    float p = 1;
    int i;
    for( i = 1; i <= y; i++ )
        p *= x;

    return p;
}
```

提示　算法和过程（Procedure）有何不同？与流程图又有什么关系？

算法和过程是有区别的，因为过程不一定要满足有限性的要求。如操作系统或计算机上运行的过程，除非宕机，否则永远在等待循环中（Waiting Loop）。这也违反了算法5个条件中的"有限性"。另外，只要是算法，就都能够使用流程图来表示，但是由于过程流程图可以包含无限循环，因此无法使用算法来表达。

1.3　常见算法简介

　　善用算法是培养程序设计逻辑很重要的一步。许多实际问题都可用多个可行的算法来解决，但是要从中找出最佳的解决算法则是一项挑战。本节将为大家介绍一些近年来的知名算法，帮助大家更加了解不同算法的概念与技巧，以便日后更有能力分析各种算法的优劣。

1.3.1　分治法

　　分治法（Divide and Conquer，也称为"分而治之法"）是一种很重要的算法，我们可以应用分治法来逐一拆解复杂的问题，核心思想就是将一个难以直接解决的大问题依照相同的概念分割成两个或更多的子问题，以便各个击破，即"分而治之"。其实，任何一个可以用程序求解的问题所需的计算时间都与其规模有关，问题的规模越小，越容易直接求解。分割问题也是遇到大问题的解决方式，可以使子问题规模不断缩小，直到这些子问题简单到足以解决，最后将各子问题的解合并，得到原问题的最终解答。这个算法应用相当广泛，例如快速排序法（Quick Sort）、递归算法（Recursion）、大整数乘法都运用了分治法的思想。

　　下面我们就以一个实际的例子来说明：如果有8幅很难画的画，就可以分成两组各4幅画来完成；如果还是觉得复杂，就分成4组，每组各2幅画来完成，如图1-16所示。采用相同模式反复分割问题，这就是分治法的核心思想。

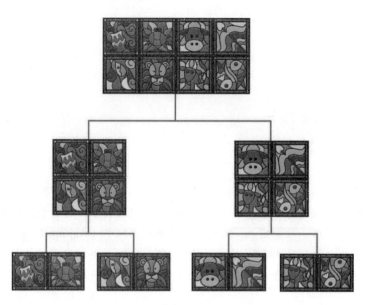

图 1-16

1.3.2　贪心法

贪心法（Greed Method）又称为贪婪算法，该算法是从某一起点开始，在每一个解决问题的步骤使用贪心原则，都采取在当前状态下最有利或最优化的选择，不断地改进该解答，持续在每一个步骤中选择最佳的方法，并且逐步逼近给定的目标，当达到某一个步骤不能再继续前进时，算法就停止，以尽可能快的方法求得更好的解。

贪心法的解题思路尽管是把求解的问题分成若干个子问题，不过有时还是不能保证求得的最后解是最佳的或最优化的解，因为贪心法容易过早做出决定，所以只能求出满足某些约束条件的解，而有时在某些问题上还是可以得到最优解的，例如求图结构的最小生成树、最短路径与哈夫曼编码等。

我们来看一个简单的例子（后面的货币系统不是现实的情况，只是为了举例）。假设我们去便利店购买几罐可乐（见图 1-17），要价 24 元，我们付给售货员 100 元，希望找的钱不要太多硬币，即硬币的总数量最少，该如何找钱呢？假如目前的硬币有 50 元、10 元、5 元、1 元 4 种，从贪心法的策略来说，应找的钱总数是 76 元，所以一开始选择 50 元的硬币一枚，接下来选择 10 元的硬币两枚，最后选择 5 元的硬币和 1 元的硬币各一枚，总共 4 枚硬币，这个结果也确实是最优的解。

图 1-17

　　贪心法也很适合用于旅游某些景点的判断，假如我们要从图 1-18 中的顶点 5 走到顶点 3，最短的路径是什么呢？采用贪心法，当然是先走到顶点 1，接着选择走到顶点 2，最后从顶点 2 走到顶点 3，这样的距离是 28。可是从图 1-18 中我们发现直接从顶点 5 走到顶点 3 才是最短的距离（距离为 20），说明在这种情况下，没办法以贪心法的规则来找到最优的解。

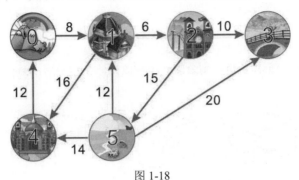

图 1-18

1.3.3　枚举法

　　枚举法（Enumeration Method，又称为穷举法）是一种常见的数学方法，是我们在日常工作中使用最多的一种算法，核心思想是列举所有的可能。根据问题的要求逐一列举问题的解答，或者为了便于解决问题，把问题分为不重复、不遗漏的有限几种情况，逐一列举各种情况并加以解决，最终达到解决整个问题的目的。像枚举法这种分析问题、解决问题的方法，得到的结果总是正确的，缺点是速度太慢。

　　接下来所举的例子很有趣，我们把 3 个相同的小球放入 A、B、C 三个小盒中，试问共有多少种不同的方法？枚举法的关键是分类，本题分类的方法有很多，例如可以分成这样 3 类：3 个球放在一个盒子里；两个球放在一个盒子里，剩余的一个球放在一个盒子里；3 个球分 3 个盒子放。

　　第一类：3 个球放在一个盒子里，会有 3 种可能的情况，如图 1-19~图 1-21 所示。

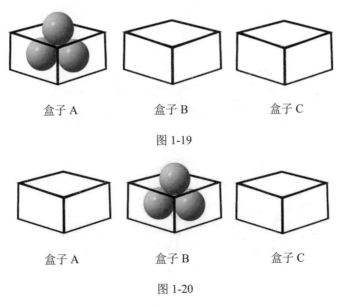

图 1-20

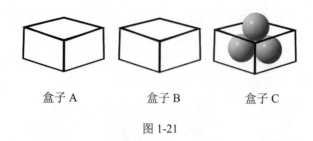

盒子 A   盒子 B   盒子 C

图 1-21

第二类：两个球放在一个盒子里，剩余的一个球放在一个盒子里，会有 6 种可能的情况，如图
1-22~图 1-27 所示。

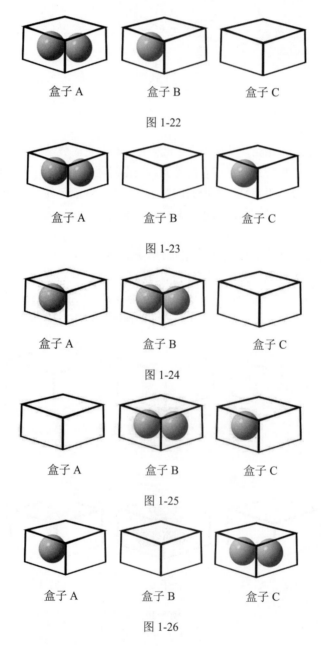

盒子 A   盒子 B   盒子 C

图 1-22

盒子 A   盒子 B   盒子 C

图 1-23

盒子 A   盒子 B   盒子 C

图 1-24

盒子 A   盒子 B   盒子 C

图 1-25

盒子 A   盒子 B   盒子 C

图 1-26

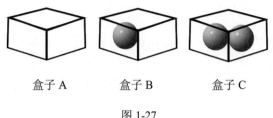

盒子 A　　　　盒子 B　　　　盒子 C

图 1-27

第三类：3 个球分 3 个盒子放，只有一种可能的情况，如图 1-28 所示。

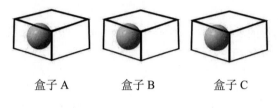

盒子 A　　　　盒子 B　　　　盒子 C

图 1-28

根据枚举法的思路找出了上述 10 种放置小球的方式。

1.3.4　帕斯卡三角形算法

帕斯卡（Pascal）三角形算法基本上就是计算出三角形每一个位置的数值。在帕斯卡三角形上的每一个数字都对应一个 $_rC_n$，其中 r 代表 row（行），而 n 代表 column（列），r 和 n 都是从数字 0 开始的。帕斯卡三角形如下：

$$_0C_0$$
$$_1C_0 \; _1C_1$$
$$_2C_0 \; _2C_1 \; _2C_2$$
$$_3C_0 \; _3C_1 \; _3C_2 \; _3C_3$$
$$_4C_0 \; _4C_1 \; _4C_2 \; _4C_3 \; _4C_4$$

帕斯卡三角形对应的数据如图 1-29 所示。

图 1-29

计算帕斯卡三角形中的 $_rC_n$ 可以使用以下公式：

$$_rC_0 = 1$$

$$_rC_n = {_rC_{n-1}} \times (r - n + 1) / n$$

上面的两个式子所代表的意义是每一行的第 0 列的值一定为 1。例如，$_0C_0 = 1$、$_1C_0 = 1$、$_2C_0 = 1$、$_3C_0 = 1$，以此类推。

一旦每一行的第 0 列元素的值为数字 1 确定后，该行每一列的元素值就都可以从同一行前一列的值根据下面的公式计算得到：

$$_rC_n = {_rC_{n-1}} \times (r - n + 1) / n$$

举例来说：

① 第 0 行帕斯卡三角形的求值过程：当 $r = 0$、$n = 0$ 时，即第 0 行第 0 列所对应的数字为 1。

此时的帕斯卡三角形外观如下：

$$1$$

② 第 1 行帕斯卡三角形的求值过程：当 $r = 1$、$n = 0$ 时，代表第 1 行第 0 列所对应的数字 $_1C_0 = 1$；当 $r = 1$、$n = 1$ 时，即第 1 行第 1 列所对应的数字为 $_1C_1$，代入公式 $_rC_n = {_rC_{n-1}} \times (r - n + 1) / n$（其中 $r = 1$，$n = 1$），可以推导出 $_1C_1 = {_1C_0} \times (1 - 1 + 1) / 1 = 1 \times 1 = 1$。得到的结果是 $_1C_1 = 1$。

此时的帕斯卡三角形外观如下：

$$1$$
$$1 \qquad 1$$

③ 第 2 行帕斯卡三角形的求值过程：按照上面每一行中各个元素值的求值过程可以推导得出 $_2C_0 = 1$、$_2C_1 = 2$、$_2C_2 = 1$。

此时的帕斯卡三角形外观如下：

$$1$$
$$1 \qquad 1$$
$$1 \qquad 2 \qquad 1$$

④ 第 3 行帕斯卡三角形的求值过程：按照上面每一行中各个元素值的求值过程可以推导得出 $_3C_0 = 1$、$_3C_1 = 3$、$_3C_2 = 3$、$_3C_3 = 1$。

此时的帕斯卡三角形外观如下：

$$1$$
$$1 \qquad 1$$
$$1 \qquad 2 \qquad 1$$
$$1 \qquad 3 \qquad 3 \qquad 1$$

同理，可以陆续推导出第 4 行、第 5 行、第 6 行等所有帕斯卡三角形中各行的元素值。

1.3.5　质数求解算法

所谓质数，就是大于 1 并且除了自身之外无法被其他整数整除的数，例如 2、3、5、7、11、13、17、19、23 等，如图 1-30 所示。如何快速找出质数呢？在此特别推荐埃拉托色尼筛选法（Eratosthenes），即求质数的方法。首先假设要检查的数是 N，接着参照下列步骤就可以判断数字 N 是否为质数。在求质数的过程中，可以适时运用一些技巧以减少循环检查的次数，以便加速对质数的判断工作。

图 1-30

除了判断一个数是否为质数外，另一个衍生的问题是如何求出小于 N 的所有质数？在此一并说明。

求质数很简单，这个问题可以使用循环将数字 N 除以所有小于它的正整数，如果可以整除，就不是质数。进一步检查发现，其实只要检查到 N 的开平方根取整的正整数就可以了，这是因为 N=A×B，如果 A 大于 N 的平方根，那么因为 A 和 B 乘积对称的关系，相当于 B 已经被检查过了。由于开平方根常会碰到浮点数精确度的问题，因此为了让循环检查的速度加快，可以使用整数 i 和 i × i ≤ N 的条件判断表达式判定检查到哪一个整数时停止。

1.4　算法性能的分析

对一个程序（或算法）性能的评估，经常是从时间与空间两种因素进行考虑。时间是指程序的运行时间，称为时间复杂度（Time Complexity）。空间则是该程序在计算机内所占的空间大小，称为空间复杂度（Space Complexity）。

- 空间复杂度

所谓空间复杂度，是以概量方式来衡量所需要的内存空间。而这些所需要的内存空间通常可以分为固定空间内存（包括基本程序代码、常数、变量等）与变动空间内存（随程序或进行时而改变大小的使用空间，如引用类型变量）。由于计算机硬件的发展及所使用计算机的不同，因此纯粹从程序（或算法）的效率来看，应该以算法的运行时间为主要评估与分析的依据。

- 时间复杂度

程序设计师可以就某个算法的执行步骤计数来衡量运行时间，即最坏情况下的运行时间（Worse Case Executing Time）。如以下两行指令：

```
a=a+1
a=a+0.3/0.7*10005
```

由于涉及变量存储类型与表达式的复杂度，因此绝对精确的运行时间一定不相同。不过如此大费周章地去考虑程序的绝对精确的运行时间往往会寸步难行，而且毫无意义，此时可以利用一种"概量”的概念来衡量运行时间，我们称之为时间复杂度。其详细定义如下：

在一个完全理想状态下的计算机中，我们定义 $T(n)$ 来表示程序执行所要花费的时间，其中 n 代表数据输入量。当然程序的运行时间或最大运行时间是时间复杂度的衡量标准，一般以 Big-Oh 表示。

在分析算法的时间复杂度时，往往用函数来表示它的成长率（Rate of Growth），其实时间复杂度是一种渐近表示法（Asymptotic Notation）。

1.4.1　Big-Oh

$O(f(n))$ 可视为某算法在计算机中所需运行时间不会超过某一常数倍的 $f(n)$，即当某算法的运行时间 $T(n)$ 的时间复杂度为 $O(f(n))$（读成 big-oh of $f(n)$ 或 order is $f(n)$），意味着存在两个常数 c 与 n_0，若 $n \geq n_0$，则 $T(n) \leq cf(n)$，$f(n)$ 又称为运行时间的成长率。参看以下范例，以了解时间复杂度的意义。

范例 ▶ 1.4.1

假如运行时间 $T(n) = 3n^3 + 2n^2 + 5n$，求时间复杂度。

解答 ▶　首先找出常数 c 与 n_0，我们可以找到常数 $n_0 = 0$，$c = 10$，当 $n \geq n_0$ 时，$3n^3 + 2n^2 + 5n \leq 10n^3$，因此得知时间复杂度为 $O(n^3)$。

范例 ▶ 1.4.2

请证明 $\displaystyle\sum_{1 \leq i \leq n} i = O(n^2)$。

解答 ▶

$$\sum_{1 \leq i \leq n} i = 1 + 2 + 3 + \cdots + n = \frac{n(n+1)}{2} = \frac{n^2 + n}{2}$$

又可以找到常数 $n_0 = 0$、$c = 1$，当 $n \geq n_0$ 时，$\dfrac{n^2 + n}{2} \leq n^2$，因此得知时间复杂度为 $O(n^2)$。

范例 ▶ 1.4.3

求下列算法中 $x \leftarrow x + 1$ 的执行次数。

（1）

```
:
x←x+1
:
```

（2）

```
for i←1 to n do
    :
    x←x+1
    :
end
```

（3）

```
for i←1 to n do
    :
    for j←1 to m do
```

```
        :
     x←x+1
        :
   end
   :
end
```

解答▶ （1）1 次；（2）n 次；（3）$n×m$ 次。

范例▶ 1.4.4

求下列算法中 $x←x+1$ 的执行次数及时间复杂度。

```
for i←1 to n do
    j←i
    for k←j+1 to n do
        x←x+1
        end
end
```

解答▶ 有关 $x←x+1$ 的执行次数，因为 $j←i$，且 $k←j+1$，所以可用以下公式来表示：

$$\sum_{i=1}^{n}\sum_{k=i+1}^{n}1 = \sum_{i=1}^{n}(n-i) = \sum_{i=1}^{n}n - \sum_{i=1}^{n}i = n^2 - \frac{n(n+1)}{2} = \frac{n(n-1)}{2}（次）$$

因此时间复杂度为 $O(n^2)$。

范例▶ 1.4.5

请确定以下程序片段的运行时间。

```
k=100000
while k<>5 do
    k=k DIV 10
end
```

解答▶ 因为 $k=k$ DIV 10，所以一直到 $k=0$ 时，都不会出现 $k=5$ 的情况，整个循环为无限循环，运行时间为无限长。

常见的 Big-Oh

事实上，时间复杂度只是执行次数的一个概略的度量层级，并非真实的执行次数。而 Big-Oh 则是一种用来表示最坏运行时间的表现方式，它也是最常用于描述时间复杂度的渐近式表示法。常见的 Big-Oh 可参考表 1-2 和图 1-31。

表1-2　常见的Big-Oh

Big-Oh	说明
$O(1)$	称为常数时间（Constant Time），表示算法的运行时间是 1 个常数
$O(n)$	称为线性时间（Linear Time），表示执行的时间会随着数据集合的大小而线性增长
$O(\log_2 n)$	称为次线性时间（Sub-Linear Time），成长速度比线性时间慢而比常数时间快
$O(n^2)$	称为平方时间（Quadratic Time），算法的运行时间会成二次方的增长
$O(n^3)$	称为立方时间（Cubic Time），算法的运行时间会成三次方的增长

（续表）

Big-Oh	说明
$O(2^n)$	称为指数时间（Exponential Time），算法的运行时间会成 2 的 n 次方增长。例如解决 Nonpolynomial Problem（非多项式问题）算法的时间复杂度即为 $O(2^n)$
$O(n\log_2 n)$	称为线性乘对数时间，介于线性和二次方增长的中间模式

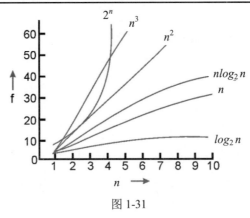

图 1-31

$n \geqslant 16$ 时，时间复杂度的优劣比较关系如下：

$$O(1) < O(\log_2 n) < O(n) < O(n\log_2 n) < O(n^2) < O(n^3) < O(2^n)$$

范例▶ 1.4.6

确定下列的时间复杂度（$f(n)$ 表示执行次数）。

（1）$f(n) = n^2\log_2 n + \log_2 n$。

（2）$f(n) = 8\log_2 \log_2 n$。

（3）$f(n) = \log_2 n^2$。

（4）$f(n) = 4\log_2 \log_2 n$。

（5）$f(n) = n/100 + 1000/n^2$。

（6）$f(n) = n!$。

解答▶

（1）$f(n) = (n^2+1)\log_2 n = O(n^2\log_2 n)$。

（2）$f(n) = 8\log_2 \log_2 n = O(\log_2 n)$。

（3）$f(n) = \log_2 n^2 = 2\log_2 n = O(\log_2 n)$。

（4）$f(n) = 4\log_2 \log_2 n = O(\log_2 \log_2 n)$。

（5）$f(n) = n/100 + 1000/n^2 \leqslant n/100$（当 $n \geqslant 1000$ 时）$= O(n)$。

（6）$f(n) = n! = 1\times2\times3\times4\times5\cdots\times n \leqslant n\times n\times n\times\cdots\times n\times n \leqslant n^n$（$n \geqslant 1$ 时）$= O(n^n)$。

1.4.2　Ω（omega）

Ω 也是一种时间复杂度的渐近表示法，如果说 Big-Oh 是运行时间量度的最坏情况，那么 Ω 就是运行时间量度的最好情况。以下是 Ω 的定义：

对 $f(n)=\Omega(g(n))$（读作 big-omega of $g(n)$），意思是存在常数 c 和 n_0。对所有的 n 值而言，$n \geq n_0$ 时，$f(n) \geq cg(n)$ 均成立，如 $f(n)=5n+6$，存在 $c=5$，$n_0=1$，当 $n \geq 1$ 时，$5n+6 \geq 5n$。因此，对于 $f(n)=\Omega(n)$ 而言，n 就是成长的最大函数。

范例▶ 1.4.7

$f(n)=6n^2+3n+2$，请使用 Ω 来表示 $f(n)$ 的时间复杂度。

解答▶ $f(n) = 6n^2+3n+2$，存在 $c=6$，$n0 \geq 1$，对所有的 $n \geq n_0$，使得 $6n^2+3n+2 \geq 6n^2$，所以 $f(n)=\Omega(n^2)$。

1.4.3 θ（theta）

θ 是一种比 Big-Oh 和 Ω 更精确的时间复杂度渐近表示法。其定义如下：

$f(n)=\theta(g(n))$（读作 big-theta of $g(n)$），意思是存在常数 c_1、c_2、n_0，当 $n \geq n_0$ 时，$c_1 g(n) \leq f(n) \leq c_2 g(n)$ 均成立。换句话说，当 $f(n)=\theta(g(n))$ 时，就表示 $g(n)$ 可代表 $f(n)$ 的上限与下限。

以 $f(n)=n^2+2n$ 为例，当 $n \geq 0$ 时，$n^2+2n \leq 3n^2$，可得 $f(n)=O(n^2)$。同理，$n \geq 0$ 时，$n^2+2n \geq n^2$，可得 $f(n)=\Omega(n^2)$，所以 $f(n)=n^2+2n=\theta(n^2)$。

本章习题

1. 请问以下 C 程序片段是否相当严谨地表达出了算法的含义？

```
count＝0;
while(count < >3)
    count＋=2;
```

2. 请问下列程序的循环部分实际执行的次数与时间复杂度是多少？

```
for i=1 to n
    for j=i to n
        for k =j to n
            { end of k Loop }
    { end of j Loop }
{ end of i Loop }
```

3. 试证明 $f(n) = a_m n^m + \cdots + a_1 n + a_0$，则 $f(n) = O(n^m)$。

4. 求下列程序中函数 $F(i,j,k)$ 的执行次数。

```
for k=1 to n
    for I-0 to k-1
        for j=0 to k-1
            if i<>j then F(i,j,k)
        end
    end
end
```

5. 请问以下程序的 Big-Oh 是多少？

```
Total=0;
    for(i=1; i<=n ; i++)
        total=total+i*i;
```

6. 试述非多项式问题的意义。

7. 解释下列名词：

（1）$O(n)$。

（2）抽象数据类型。

8. 请编写一个算法求出函数 $f(n)$，$f(n)$ 的定义如下：

$$f(n): \begin{cases} n^n & n \geqslant 1 \\ 0 & n < 1 \end{cases}$$

9. 算法必须符合哪 5 个条件？

10. 试简述分治法的核心思想。

11. 试简述贪心法的核心概念。

12. 试简述枚举法的核心思想。

第 2 章

数组结构

2

线性表（Linear List）是数学应用在计算机科学中的一种相当简单与基本的数据结构，简单地说，线性表是 n 个元素的有限序列（$n \geqslant 0$），像是 26 个英文字母的字母表（A, B, C, D, E, ⋯, Z）就是一个线性表，列表中的数据元素为字母符号，或是 10 个阿拉伯数字的列表（0, 1, 2, 3, 4, 5, 6, 7, 8, 9）。线性表在计算机科学领域中的应用相当广泛，本章将要介绍的数组结构（Array）就是一种典型线性表的应用。

线性表是将元素排成一列或一行，除了第一个元素和最后一个元素，每个元素都有前后相邻的元素，如图 2-1 所示。

图 2-1

2.1 线性表简介

线性表的关系（Relation）本身可以看成是一种有序元素的集合，目的在表现列表中的任意两个相邻元素之间的关系。其中 a_{i-1} 称为 a_i 的先行元素，a_i 是 a_{i-1} 的后继元素。简单地表示线性表，可以写成 $(a_1, a_2, a_3, \cdots, a_{n-1}, a_n)$。以下尝试用更清楚和口语化的说明来重新定义线性表：

（1）有序表可以是空集合，或者可写成 $(a_1, a_2, a_3, \cdots, a_{n-1}, a_n)$。

（2）存在唯一的第一个元素 a_1 与唯一的最后一个元素 a_n。

（3）除了第一个元素 a_1 外，每一个元素都有唯一的先行者（Predecessor），例如 a_i 的先行者

为 a_{i-1}。

（4）除了最后一个元素 a_n 外，每一个元素都有唯一的后继者（Successor），例如 a_{i+1} 是 a_i 的后继者。

线性表中的每一个元素与相邻元素间还会存在某种关系。例如以下 8 种常见的运算方式：

（1）计算线性表的长度 n。

（2）取出线性表中的第 i 项元素来加以修正，$1{\leqslant}i{\leqslant}n$。

（3）插入一个新元素到第 i 项，$1{\leqslant}i{\leqslant}n$，并使得原来的第 i，$i+1$，…，n 项后移一个位置，变成 $i+1$，$i+2$，…，$n+1$ 项。

（4）删除第 i 项元素，$1{\leqslant}i{\leqslant}n$，并使得第 $i+1$，$i+2$，…，n 项前移一个位置变成第 i，$i+1$，…，n-1 项。

（5）从右到左或从左到右读取线性表中各个元素的值。

（6）在第 i 项存入新值，并取代旧值，$1{\leqslant}i{\leqslant}n$。

（7）复制线性表。

（8）合并线性表。

存储结构简介

线性表也可应用在计算机的数据存储结构中，按照内存存储的方式，可分为以下两种。

- 静态数据结构（Static Data Structure）

静态数据结构也称为密集表（Dense List），它使用连续分配的内存空间（Contiguous Allocation）来存储有序表中的数据，其概念类似于储物柜，如图 2-2 所示。静态数据结构是在编译时就给相关的变量分配好内存空间。在建立静态数据结构的初期，必须事先声明最大可能要占用的固定内存空间，因此容易造成内存的浪费，例如数组类型就是一种典型的静态数据结构。优点是设计时相对简单，而且读取与修改表中任意一个元素的时间都是固定的。缺点则是删除或加入数据时，需要移动大量的数据。

图 2-2

- 动态数据结构（Dynamic Data Structure）

动态数据结构又称为链表（Linked List），它使用不连续的内存空间存储具有线性表特性的数据，其概念类似于火车的多节车厢，如图 2-3 所示。优点是数据的插入或删除都相当方便，不需要移动大量数据。另外，因为动态数据结构的内存是在程序执行时才进行分配的，所以不需事先声明，这样能充分节省内存。缺点是在设计数据结构时比较麻烦，而且在查找数据时也无法像静态数据一样随机读取，必须按顺序查找直到找到该数据为止。

图 2-3

范例 ▶ 2.1.1

密集表在某些应用上相当方便，请问：

（1）什么情况下不适用？

（2）如果原有 n 项数据，请计算插入一项新数据平均需要移动几项数据？

解答 ▶

（1）密集表中同时加入或删除多项数据时，会造成数据的大量移动，这种情况非常不方便，如数组结构。

（2）因为任何可能插入位置的概率均为 $1/n$，所以平均移动数据的项数为（求期望值）：

$$E = 1 \times \frac{1}{n} + 2 \times \frac{1}{n} + 3 \times \frac{1}{n} + \cdots + n \times \frac{1}{n}$$

$$= \frac{1}{n} \times \frac{n \times (n-1)}{2} = \frac{n+1}{2} \ （项）$$

2.2　认识数组

数组（Array）结构其实就是一排紧密相邻的可数内存，并提供了一个能够直接访问单一数据内容的计算方法。我们可以想象一下自家的信箱，每个信箱都有地址，其中路名就是名称，而信箱号码就是索引（在数组中也称为"下标"），如图 2-4 所示。邮递员可以按照信件上的地址，把信件直接投递到指定的信箱中，这就好比程序设计语言中数组的名称表示一块紧密相邻内存的起始位置，而数组的索引（或下标）则用来表示从所分配内存的起始位置开始的第几个区块。

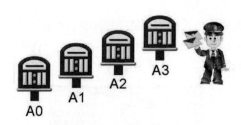

图 2-4

在不同的程序设计语言中,数组结构类型的声明也有所差异,不过通常必须包含以下 5 种属性:

（1）起始地址：表示数组名（或数组第一个元素）所在内存中的起始地址。

（2）维度（Dimension）：代表此数组为几维数组，如一维数组、二维数组、三维数组等。

（3）索引上下限：指元素在此数组中，内存所存储位置的上标与下标。

（4）数组元素个数：是索引上限与索引下限的差+1。

（5）数组类型：声明此数组的类型，它决定数组元素在内存所占容量的大小。

实际上，任何程序设计语言中的数组表示法（Representation of Arrays），只要具备数组上述 5 种属性以及计算机内存足够的情况下，就容许 n 维数组的存在。通常数组的使用可以分为一维数组、二维数组与多维数组等，其基本的工作原理都相同。其实，多维数组也必须在一维的物理内存中来表示，因为内存地址是按线性顺序递增的。通常情况下，按照不同的程序设计语言，又可分为以下两种方式：

① 以行为主（Row-Major）：一行一行按序存储，如 C/C++、Java、PASCAL 程序设计语言的数组存储方式。

② 以列为主（Column-Major）：一列一列按序存储，例如 Fortran 语言的数组存储方式。

接下来我们将逐步介绍各种不同维数数组的详细定义，至于数组相关的声明与内存分配的方式，在本节中都会陆续为大家说明。

在 C 语言中，一维数组的声明方式如下：

```
数据类型  数组名[数组长度];
```

- 数据类型：表示该数组存放的数据类型，可以是基本的数据类型，如 int、float、char 等，也可以是扩展的数据类型，如结构类型（struct）等。
- 数组名：命名规则与变量相同。
- 数组长度：表示数组可存放的数据个数，为一个正整数常数，且数组的索引值从 0 开始。若只有中括号，即没有指定常数值，则表示定义的是不定长度的数组（数组的长度会由设置初始值的个数决定）。

在 C 语言中，一维数组的语法声明如下：

```
int Score[5];
```

该数组在内存的存储示意图如图 2-5 所示。

图 2-5

范例 2.2.1

假设 A 为一个具有 1000 个元素的数组，每个元素为 4 字节的实数，若 $A[500]$ 的位置为 1000_{16}，请问 $A[1000]$ 的地址是多少？

解答　本题很简单，地址以十六进制数来表示。

$$Loc(A[1000]) = Loc(A[500]) + (1000 - 500) \times 4$$
$$= 4096(1000_{16}) + 2000 = 6096$$

范例 2.2.2

有一个 PASCAL 数组 A:ARRAY[6…99] of REAL（假设 REAL 元素占用的内存空间大小为 4），如果已知数组 A 的起始地址为 500，则元素 $A[30]$ 的地址是多少？

解答　$Loc(A[30]) = Loc(A[6]) + (30-6) \times 4 = 500 + 96 = 596$

范例 2.2.3

请使用 C 语言的一维数组来记录 5 个学生的分数，并使用 for 循环输出每位学生的成绩并计算学生的总分数。

解答　请参考范例程序 CH02_01.c（扫描文前"序"中二维码可获取本范例程序源码）。

```
01      #include <stdio.h>
02      #include <stdlib.h>
03
04      int main()
05      {
06          int Score[5]={ 87,66,90,65,70 };
07          /* 定义整数数组 Score[5]，并设置 5 个成绩 */
08          int count, Total_Score=0;
09          for (count=0; count < 5; count++)    /* 执行 for 循环读取学生成绩 */
10          {
11              printf("第 %d 位学生的分数：%d\n", count+1,Score[count]);
12              Total_Score+=Score[count];   /* 从数组中读取分数计算总分 */
13          }
14          printf("------------------------\n");
15          printf("5 位学生的总分：%d\n", Total_Score);
16          /* 输出成绩总分 */
17
18          system("pause");
19          return 0;
20      }
```

【执行结果】参见图 2-6。

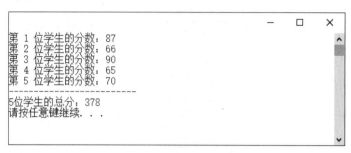

图 2-6

2.2.1　二维数组

二维数组可视为一维数组的扩展，都是用于处理数据类型相同的数据，差别只在于维数的声明。例如一个含有 $m×n$ 个元素的二维数组 A (1:m, 1:n)，m 代表行数，n 代表列数，A[4][4]数组中各个元素在直观平面上的排列方式如图 2-7 所示。

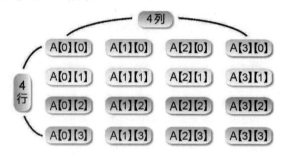

图 2-7

当然，在实际的计算机内存中是无法以矩阵方式存储的，必须以线性方式视为一维数组的扩展来处理。通常按照不同的语言，又可分为以下两种方式：

① 以行为主：存储顺序为 a_{11}, a_{12},$\cdots$,a_{1n}, a_{21}, a_{22},$\cdots$,a_{mn}。假设 α（字母阿尔法）为数组 A 在内存中的起始地址，d 为单位空间，那么数组元素 a_{ij} 与内存地址有下列关系（注意下列公式中等号右边的是字母阿尔法，不是小写字母 a）：

$$\text{Loc}(a_{ij})= \alpha+n×(i-1)×d+(j-1)×d$$

② 以列为主：存储顺序为 a_{11},a_{21},$\cdots$,a_{m1}, a_{12}, a_{22},$\cdots$,a_{mn}。假设 α 为数组 A 在内存中的起始地址，d 为单位空间，那么数组元素 a_{ij} 与内存地址有下列关系：

$$\text{Loc}(a_{ij})= \alpha+(i-1)×d+m×(j-1)×d$$

了解以上的公式后，如果声明数组 A(1:2, 1:4)，则表示法如图 2-8 所示。

图 2-9 是这个数组在内存中的实际排列方式（分为以行为主和以列为主）。

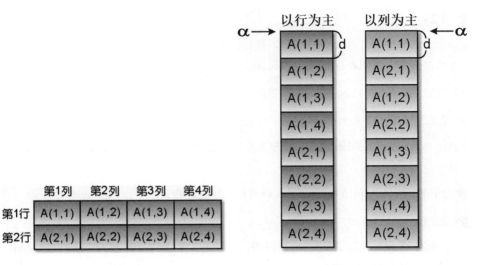

图 2-8　　　　　　　　　　　　　图 2-9

以上两种计算数组元素地址的方法都是以 $A(m,n)$ 或写成 $A(1{:}m,1{:}n)$ 的方式来表示的，这两种方式称为简单表示法，且 m 与 n 的起始值一定都是 1。如果我们把数组 A 声明成 $A(l_1{:}u_1,l_2{:}u_2)$，且对任意 $A(i,j)$ 即 a_{ij}，有 $u_1{\geq}i{\geq}l_1$，$u_2{\geq}j{\geq}l_2$，这种方式称为"注标表示法"。此数组共有$(u_1{-}l_1{+}1)$行，$(u_2{-}l_2{+}1)$列。那么地址计算公式和上面以简单表示法有些不同，假设 α 仍为起始地址，而且 $m{=}(u_1{-}l_1{+}1)$，$n{=}(u_2{-}l_2{+}1)$，则可导出下列公式（注意下列公式中等号右边的是字母阿尔法，不是小写字母 a）：

① 以行为主：

$$\mathrm{Loc}(a_{ij}) = \alpha + ((i{-}l_1{+}1){-}1){\times}n{\times}d + ((j{-}l_2{+}1){-}1){\times}d$$
$$= \alpha + (i{-}l_1){\times}n{\times}d + (j{-}l_2){\times}d$$

② 以列为主：

$$\mathrm{Loc}(a_{ij}) = \alpha + ((i{-}l_1{+}1){-}1){\times}d + ((j{-}l_2{+}1){-}1){\times}m{\times}d$$
$$= \alpha + (i{-}l_1){\times}d + (j{-}l_2){\times}m{\times}d$$

在 C 语言中，二维数组的声明方式如下：

数据类型　二维数组名[行大小][列大小];

以数组 arr [3][5]来说明，arr 为一个 3 行 5 列的二维数组，也可以视为 3×5 的矩阵。在存取二维数组中的元素时，使用的索引值仍然是从 0 开始计算的。在二维数组设置初始值时，为了方便区分行与列，除了最外层的{}外，最好以{}括住每一行元素的初始值，并以","隔开每个数组元素，语法如下：

数据类型　数组名[n][列大小]={ {第 0 行初值},{第 1 行初值},…,{第 n-1 行初值} }

例如：

```
int arr[2][3]={{1,2,3},{2,3,4}};
```

范例 2.2.4

现有一个二维数组 A，有 3×5 个元素，数组的起始地址 $A(1, 1)$ 是 100，采用以行为主的存储方式，每个元素占两个字节的内存空间，请问 $A(2, 3)$ 的地址是多少？

解答 直接代入公式：$\text{Loc}(A(2, 3)) = 100 + (2-1)\times5\times2 + (3-1)\times2 = 114$。

范例 2.2.5

二维数组 $A[1:5, 1:6]$，如果采用以列为主的存储方式，则 $A(4, 5)$ 排在这个数组的第几个位置？($\alpha=0$，$d=1$)

解答 由于 $\text{Loc}(A(4, 5)) = 0 + (4-1)\times1 + (5-1)\times5\times1 = 23$ 的下一个，因此 $A(4, 5)$ 在第 24 个位置。

范例 2.2.6

$A(-3:5, -4:2)$ 的起始地址 $A(-3, -4) = 1200$，采用以行为主的存储方式，每个元素占 1 字节的内存空间，请问 $\text{Loc}(A(1, 1))$ 是多少？

解答 假设 A 数组采用以行为主的存储方式，且 $\alpha = \text{Loc}(A(-3, -4)) = 1200$，$m = 5 - (-3) + 1 = 9$（行），$n = 2 - (-4) + 1 = 7$（列），则 $A(1, 1) = 1200 + 1\times7\times(1 - (-3)) + 1\times(1 - (-4)) = 1233$。

范例 2.2.7

使用二维数组的方式来编写一个求二阶行列式的范例。二阶行列式的计算公式为：

$$a1\times b2 - a2\times b1$$

解答 请参考范例程序 CH02_02.c。

```c
01    #include <stdio.h>
02    #include <stdlib.h>
03
04    int main()
05    {
06        int arr[2][2];
07        int sum;
08        printf("|a1 b1|\n");
09        printf("|a2 b2|\n");
10        printf("请输入 a1: ");
11        scanf("%d",&arr[0][0]);
12        printf("请输入 b1: ");
13        scanf("%d",&arr[0][1]);
14        printf("请输入 a2: ");
15        scanf("%d",&arr[1][0]);
16        printf("请输入 b2: ");
17        scanf("%d",&arr[1][1]);
18        sum = arr[0][0]*arr[1][1]-arr[0][1]*arr[1][0];/* 求二阶行列式的值 */
19        printf("|%d %d|\n",arr[0][0],arr[0][1]);
20        printf("|%d %d|\n",arr[1][0],arr[1][1]);
21        printf("sum=%d\n",sum);
22
23        system("pause");
24        return 0;
25    }
```

【执行结果】参见图 2-10。

图 2-10

2.2.2　三维数组

三维数组的表示法和二维数组的表示法一样，都可视为是一维数组的延伸。如果数组为三维数组，可以看作是一个立方体，如图 2-11 所示。

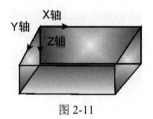

图 2-11

三维数组若以线性的方式来处理，一样可分为"以行为主"和"以列为主"两种方式。如果数组 A 声明为 $A(1{:}u_1, 1{:}u_2, 1{:}u_3)$，就表示 A 为一个含有 $u_1 \times u_2 \times u_3$ 元素的三维数组。我们可以把 $A(i, j, k)$ 元素想象成空间上的立方体图，如图 2-12 所示。

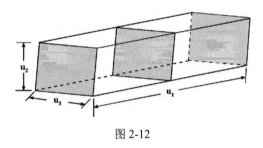

图 2-12

- 以行为主

我们可以将数组 A 视为 u_1 个 $u_2 \times u_3$ 的二维数组，再将每个二维数组视为有 u_2 个一维数组，而这每个一维数组又可包含 u_3 个元素。另外，每个元素占用 d 个单位的内存空间，且 α 为数组的起始地址。采用以行为主的存储方式的三维数组，其存储位置示意图如图 2-13 所示。

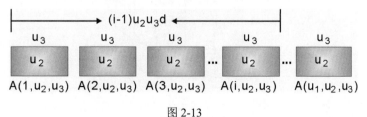

图 2-13

在写出转换公式时，只要知道我们最终是把 $A(i, j, k)$ 看作是在直线排列的第几个，就可以得到如下地址计算公式（注意下面公式中等号右边的是字母阿尔法，不是小写字母 a）：

$$\text{Loc}(A(i, j, k))=\alpha+(i-1)u_2u_3d+(j-1)u_3d+(k-1)d$$

若数组 A 声明为 $A(l_1{:}u_1, l_2{:}u_2, l_3{:}u_3)$ 模式，则地址计算公式如下：

$$a= u_1-l_1+1, b= u_2-l_2+1, c= u_3-l_3+1$$
$$\text{Loc}(A(i, j, k))=\alpha+(i-l_1)bcd+(j-l_2)cd+(k-l_3)d$$

- 以列为主

将数组 A 视为 u_3 个 $u_2 \times u_1$ 的二维数组，再将每个二维数组视为有 u_2 个一维数组，每一数组含有 u_1 个元素。每个元素占有 d 个单位的内存空间，且 α 为起始地址。采用以列为主的存储方式的三维数组，其存储位置示意图如图 2-14 所示。

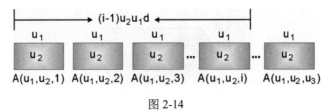

图 2-14

可以得到下面的地址计算公式：

$$\text{Loc}(A(i, j, k))=\alpha+(k-1)u_2u_1d+(j-1)u_1d+(i-1)d$$

若数组声明为 $A(l_1{:}u_1, l_2{:}u_2, l_3{:}u_3)$ 模式，则地址计算公式如下：

$$a= u_1-l_1+1, b= u_2-l_2+1, c= u_3-l_3+1$$
$$\text{Loc}(A(i, j, k))=\alpha+(k-l_3)abd+(j-l_2)ad+(i-l_1)d$$

在 ANSI C 语言中最多可以声明到 12 维数组。声明三维数组的方式如下：

数据类型　数组名[第一维大小][第二维大小]　[第三维大小]；

例如声明一个单精度浮点数的三维数组：

```
float  arr[2][3][4];
```

我们可以将 arr[2][3][4]三维数组想象成空间上的立方体图形，如图 2-15 所示。

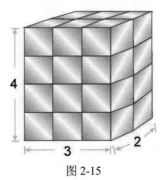

图 2-15

在设置数组的初值时，我们可以想象成要初始化 2 个 3×4 的二维数组，下面借助大括号就更能看清楚：

```
int arr[2][3][4]={ { {1,3,5,6},          /* 第一个 3×4 的二维数组 */
                     {2,3,4,5},
                     {3,3,3,3}
                   },
                   { {2,3,3,54},          /* 第二个 3×4 的二维数组 */
                     {3,5,3,1},
                     {5 ,6,3,6}
                   } };
```

范例▶ 2.2.8

假设有数组是采用以行为主的存储方式，声明一个三维数组 $A(1:3, 1:4, 1:5)$，且 $\text{Loc}(A(1, 1, 1)) = 100$，求出 $\text{Loc}(A(1, 2, 3))$。

解答▶ 直接代入公式：$\text{Loc}(A(1, 2, 3)) = 100 + (1-1)×4×5×1 + (2-1)×5×1 + (3-1)×1 = 107$。

范例▶ 2.2.9

数组 $A(6, 4, 2)$ 采用以列为主的存储方式，若 $\alpha = 300$，且 $d = 1$，求 $A(4, 4, 1)$ 的地址。

解答▶ 因为是采用以列为主的存储方式，我们直接代入公式即可：

$$\text{Loc}(A(4, 4, 1)) = 300 + (1-1)×4×6×1 + (4-1)×6×1 + (4-1)×1 = 300 + 18 + 3 = 321$$

范例▶ 2.2.10

假设一个三维数组元素内容如下：

```
int num[2][3][3]={{{33,45,67},
                   {23,71,56},
                   {55,38,66}},
                  {{21,9,15 },
                   {38,69,18},
                   {90,101,89}}}
```

设计一个 C 程序，利用三重嵌套循环来找出此 2×3×3 三维数组中所存储数值中的最小值。

解答▶ 请参考范例程序 CH02_03.c。

```
01    #include <stdio.h>
02    #include <stdlib.h>
03
04    int main()
05    {
06        int num[2][3][3]={{{33,45,67},
07                           {23,71,56},
08                           {55,38,66}},
09                          {{21,9,15 },
10                           {38,69,18},
11                           {90,101,89}}};    //声明三维数组
12        int i,j,k,min=num[0][0][0];          //设置 main 为 num 数组的第一个元素
13
14        for(i=0;i<2;i++)
15            for(j=0;j<3;j++)
16                for(k=0;k<3;k++)
17                    if(min>=num[i][j][k])
18                        min=num[i][j][k];      //使用三重循环找出最小值
19
```

```
20          printf("最小值= %d\n",min);
21
22          system("pause");
23          return 0;
24      }
```

【执行结果】参见图 2-16。

图 2-16

2.2.3　n 维数组

有了一维、二维、三维数组，当然也可能有四维、五维或者更多维数的数组。不过受限于计算机内存，通常程序设计语言中的数组声明都会有维数的限制。在此，我们把三维以上的数组归纳为 n 维数组。在标准 C 语言中，n 维数组声明方式如下：

数据类型 变量名称[第一维长度][第二维长度]…[第 n 维长度]；

假设数组 A 声明为 $A(1{:}u_1, 1{:}u_2, 1{:}u_3,\cdots, 1{:}u_n)$，则可将数组视为有 u_1 个 n-1 维数组，每个 n-1 维数组中有 u_2 个 n-2 维数组，每个 n-2 维数组中有 u_3 个 n-3 维数组……有 u_{n-1} 个一维数组，在每个一维数组中有 u_n 个元素。

如果 α 为起始地址，$\alpha{=}\mathrm{Loc}(A(1, 1, 1, 1, \cdots, 1))$，$d$ 为单位空间，则数组 A 元素中的内存分配方式（即数组的存储方式）有如下两种：

① 以行为主

$$
\begin{aligned}
\mathrm{Loc}(A(i_1,i_2,i_3,\cdots,i_n))= &\ \alpha+(i_1\text{-}1)u_2u_3u_4\cdots u_nd \\
&+(i_2\text{-}1)u_3u_4\cdots u_nd \\
&+(i_3\text{-}1)u_4u_5\cdots u_nd \\
&+(i_4\text{-}1)u_5u_6\cdots u_nd \\
&+(i_5\text{-}1)u_6u_7\cdots u_nd \\
&\cdots \\
&+(i_{n-1}\text{-}1)u_nd \\
&+(i_n\text{-}1)d
\end{aligned}
$$

② 以列为主

$$
\begin{aligned}
\mathrm{Loc}(A(i_1,i_2,i_3,\cdots,i_n))= &\ \alpha+(i_n\text{-}1)u_{n-1}u_{n-2}\cdots u_1d \\
&+(i_{n-1}\text{-}1)u_{n-2}\cdots u_1d \\
&\cdots \\
&+(i_2\text{-}1)u_1d \\
&+(i_1\text{-}1)d
\end{aligned}
$$

范例▶ 2.2.11

在四维数组 $A[1:4, 1:6, 1:5, 1:3]$ 中，$\alpha = 200$，$d=1$，已知采用以列为主的存储方式，求 $A[3, 1, 3, 1]$ 的地址。

解答▶ 由于本题中原本就是数组的简单表示法，因此不需要转换，直接代入计算公式即可：

$$\text{Loc}(A[3, 1, 3, 1]) = 200 + (1-1)\times5\times6\times4 + (3-1)\times6\times4 + (1-1)\times4 + (3-1) = 250$$

2.3　矩阵

从数学的角度来看，对于 m×n 矩阵（Matrix）的形式，可以用计算机中 $A(m, n)$ 的二维数组来描述，因此许多矩阵的运算与应用都可以使用计算机中的二维数组来解决。如图 2-17 所示的矩阵，读者是否立即就想到了可以声明一个 $A[1:3, 1:3]$ 的二维数组来表示它呢？

$$A = \begin{bmatrix} a_{11} & a_{12} & a_{13} \\ a_{21} & a_{22} & a_{23} \\ a_{31} & a_{32} & a_{33} \end{bmatrix}_{3\times3}$$

图 2-17

矩阵是线性代数中常见的工具，也常用于统计分析等应用数学中。在三维图形学中也经常使用矩阵，因为矩阵可以清楚地表示模型数据的投影、扩大、缩小、平移、偏斜与旋转等运算，如图 2-18 所示。

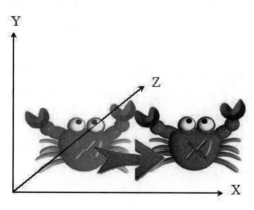

图 2-18

提示　在三维空间中，向量用(a, b, c)来表示，其中 a、b、c 分别表示向量在 x、y、z 轴的分量。图 2-19 中的向量 A 从原点出发指向三维空间中的一个点(a, b, c)，也就是说，向量同时包含大小及方向两种特性。所谓单位向量（Unit Vector），指的是向量长度为 1 的向量。通常在计算向量时，为了降低计算复杂度，会以单位向量进行运算，所以使用向量表示法就可以指明某变量的大小与方向。

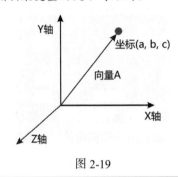

图 2-19

深度学习（Deep Learning，DL）是目前的热门话题，它不但是人工智能的一个分支，也可以看成是具有层次性的机器学习法（Machine Learning，ML），更是将人工智能推向类似人类学习模式的优异发展。在深度学习中，线性代数是一个强大的数学工具，常常遇到需要使用大量的矩阵运算来提高计算效率。

提示　深度学习可以看成是具有更深层次的机器学习法，源自人工神经网络（Artificial Neural Network）模型，并且结合了神经网络架构与大量的运算资源，目的在于让机器建立模拟人脑进行学习的神经网络，以解读大数据中的图像、声音和文字等多种数据或信息。

下面我们将讨论两个矩阵的相加、相乘，以及稀疏矩阵（Sparse Matrix）、转置矩阵（A^t）、上三角矩阵（Upper Triangular Matrix）与下三角矩阵（Lower Triangular Matrix）等。

2.3.1　矩阵相加

矩阵的加法运算较为简单，前提是相加的两个矩阵行数与列数必须相等，而相加后矩阵的行数与列数也是相同的。例如 $A_{m \times n} + B_{m \times n} = C_{m \times n}$。下面来看一个矩阵相加的例子，如图 2-20 所示。

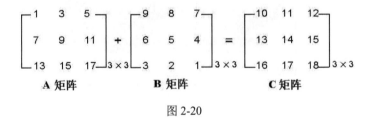

图 2-20

范例 ▶ 2.3.1

请设计一个 C 程序，声明 3 个二维数组（参照图 2-20 中的矩阵）来实现两个矩阵相加的过程，并显示两个矩阵相加后的结果。

解答 ▶ 请参考范例程序 CH02_04.c。

```
01      #include <stdio.h>
02      #include <stdlib.h>
03
04      int main()
05      {
06          int i,j;
07          int A[3][3] = {{1,3,5},{7,9,11},{13,15,17}}; /* 二维数组的声明 */
08          int B[3][3] = {{9,8,7},{6,5,4},{3,2,1}};        /* 二维数组的声明 */
09          int C[3][3] = {0};
10
11          for(i=0;i<3;i++)
12              for(j=0;j<3;j++)
13                  C[i][j]=A[i][j]+B[i][j];                /* 矩阵 C=矩阵 A+矩阵 B */
14
15          printf("[显示矩阵 A 和矩阵 B 相加的结果]\n");        /* 输出 A+B 的内容 */
16          for(i=0;i<3;i++)
17          {
18              for(j=0;j<3;j++)
19                  printf("%d\t",C[i][j]);
20              printf("\n");
21          }
22
23          system("pause");
24          return 0;
25      }
```

【执行结果】参见图 2-21。

图 2-21

2.3.2　矩阵相乘

两个矩阵 A 与 B 的相乘受到某些条件的限制。首先，必须符合 A 为一个 $m \times n$ 的矩阵，B 为一个 $n \times p$ 的矩阵，$A \times B$ 的结果为一个 $m \times p$ 的矩阵 C，如图 2-22 所示。

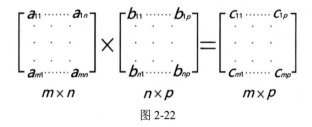

图 2-22

矩阵相乘的计算公式如下：

$$C_{11} = a_{11} \times b_{11} + a_{12} \times b_{21} + \cdots + a_{1n} \times b_{n1}$$

$\vdots$

$$C_{1p} = a_{11} \times b_{1p} + a_{12} \times b_{2p} + \cdots + a_{1n} \times b_{np}$$

$$\vdots$$

$$C_{mp} = a_{m1} \times b_{1p} + a_{m2} \times b_{2p} + \cdots + a_{mn} \times b_{np}$$

范例 ▶ 2.3.2

请设计一个 C 程序来实现两个矩阵相乘，这两个矩阵可由用户自行输入维数及矩阵的元素，程序最后显示矩阵相乘后的结果。

解答 ▶ 请参考范例程序 CH02_05.c。

```
01      /*
02      [示范]: 运算两个矩阵相乘的结果
03      */
04      #include <stdio.h>
05      #include <stdlib.h>
06      #include <conio.h>
07      void MatrixMultiply(int*,int*,int*,int,int,int);
08      int main()
09      {
10          int *A,*B,*C;
11          int M,N,P;
12          int i,j;
13          printf("请输入矩阵 A 的维数(M,N): \n");
14          printf("M= ");
15          scanf("%d",&M);
16          printf("N= ");
17          scanf("%d",&N);
18          A = (int*)malloc(M*N*sizeof(int));
19          printf("[请输入矩阵 A 的各个元素]\n");
20          for(i=0;i<M;i++)
21              for(j=0;j<N;j++)
22              {
23                  printf("a%d%d=",i,j);
24                  scanf("%d",&A[i*N+j]);
25              }
26          printf("请输入矩阵 B 的维数(N,P): ");
27          printf("\nN= ");
28          scanf("%d",&N);
29          printf("P= ");
30          scanf("%d",&P);
31          B = (int*)malloc(N*P*sizeof(int));
32          printf("[请输入矩阵 B 的各个元素]\n");
33          for(i=0;i<N;i++)
34              for(j=0;j<P;j++)
35              {
36                  printf("b%d%d=",i,j);
37                  scanf("%d",&B[i*P+j]);
38              }
39          C = (int*)malloc(M*P*sizeof(int));
40          MatrixMultiply(A,B,C,M,N,P);
41          printf("[AxB 的结果是]\n");
42          for(i=0;i<M;i++)
43          {
44              for(j=0;j<P;j++)
45                  printf("%d\t",C[i*P+j]);
46              printf("\n");
47          }
48          system("pause");
49      }
50      void MatrixMultiply(int* arrA,int* arrB,int* arrC,int M,int N,int P)
51      {
52          int i,j,k,Temp;
53          if(M<=0||N<=0||P<=0)
54          {
55              printf("[错误: 维数M,N,P 必须大于 0]\n");
```

```
56              return;
57          }
58      for(i=0;i<M;i++)
59          for(j=0;j<P;j++)
60              {
61                  Temp = 0;
62                  for(k=0;k<N;k++)
63                  Temp = Temp + arrA[i*N+k]*arrB[k*P+j];
64                  arrC[i*P+j] = Temp;
65              }
66      }
```

【执行结果】参见图 2-23。

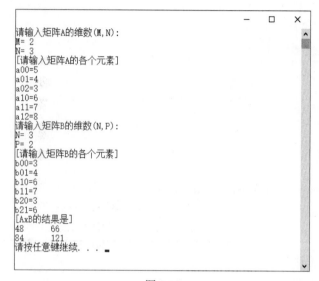

图 2-23

2.3.3　转置矩阵

转置矩阵（A^t）就是把原矩阵的行坐标元素与列坐标元素相互调换，假设 A^t 为 A 的转置矩阵，则有 $A^t[j, i]=A[i, j]$，如图 2-24 所示。

$$A = \begin{bmatrix} 1 & 2 & 3 \\ 4 & 5 & 6 \\ 7 & 8 & 9 \end{bmatrix}_{3\times3} \qquad A^t = \begin{bmatrix} 1 & 4 & 7 \\ 2 & 5 & 8 \\ 3 & 6 & 9 \end{bmatrix}_{3\times3}$$

图 2-24

范例▶ 2.3.3

请设计一个 C 程序用 4×4 的二维数组来实现一个矩阵的转置。

解答▶ 请参考范例程序 CH02_06.c。

```
01    #include <stdio.h>
02    #include <stdlib.h>
03
04    int main()
05    {
06        int arrB[4][4],i,j;
07        int arrA[4][4]={ {1,2,3,4},{5,6,7,8},{9,10,11,12},{13,14,15,16} };
08        printf("[转置前矩阵的内容]\n");
09
10        for(i=0;i<4;i++)
11        {
12            for(j=0;j<4;j++)
13            {
14                printf("%d\t",arrA[i][j]);
15            }
16            printf("\n");
17        }
18        /*进行矩阵转置的操作*/
19        for(i=0;i<4;i++)
20            for(j=0;j<4;j++)
21                arrB[i][j]=arrA[j][i];
22
23        printf("[转置矩阵的内容为]\n");
24        for(i=0;i<4;i++)
25        {
26            for(j=0;j<4;j++)
27            {
28                printf("%d\t",arrB[i][j]);
29            }
30            printf("\n");/* 打印出转置矩阵的内容 */
31        }
32        system("pause");
33        return 0;
34    }
```

【执行结果】参见图 2-25。

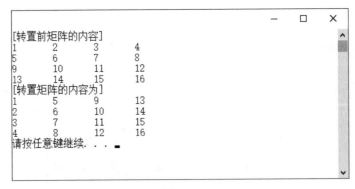

图 2-25

2.3.4   稀疏矩阵

对于抽象数据类型而言，希望阐述的是在计算机中具备某种意义的特别概念，稀疏矩阵（Sparse Matrix）就是一个很好的例子。什么是稀疏矩阵呢？简单地说："如果一个矩阵中的大部分元素为零，就可以称之为稀疏矩阵。"如图 2-26 所示的矩阵就是一种典型的稀疏矩阵。

对于稀疏矩阵而言，因为矩阵中的许多元素都是 0，实际存储的数据项很少，如果在计算机中使用传统的二维数组方式来存储稀疏矩阵，就十分浪费计算机的存储空间。特别是当矩阵很大时，例如存储一个 1000×1000 的稀疏矩阵，矩阵大部分的元素都是 0 的话，那么内存空间的利用率就太低了，确实不经济。

　　提高内存空间利用率的方法是使用三项式（3-tuple）的数据结构。我们把每一个非零项用（i, j, item-value）的形式来表示，假如一个稀疏矩阵有 n 个非零项，那么可以使用一个 $A(0:n, 1:3)$ 的二维数组来存储这些非零项，我们称这个过程为压缩矩阵。

　　其中，$A(0, 1)$ 存储这个稀疏矩阵的行数，$A(0, 2)$ 存储这个稀疏矩阵的列数，而 $A(0, 3)$ 则存储这个稀疏矩阵非零项的总数。另外，每一个非零项以 (i, j, item-value) 来表示，其中 i 为此矩阵非零项所在的行数，j 为此矩阵非零项所在的列数，item-value 则为此矩阵非零项的值。以图 2-26 所示的 6×6 稀疏矩阵为例，可以用如图 2-27 所示的方式来表示。

$$\begin{bmatrix} 25 & 0 & 0 & 32 & 0 & -25 \\ 0 & 33 & 77 & 0 & 0 & 0 \\ 0 & 0 & 0 & 55 & 0 & 0 \\ 0 & 0 & 0 & 0 & 0 & 0 \\ 101 & 0 & 0 & 0 & 0 & 0 \\ 0 & 0 & 38 & 0 & 0 & 0 \end{bmatrix} \quad 6 \times 6$$

图 2-26

	1	2	3
0	6	6	8
1	1	1	25
2	1	4	32
3	1	6	-25
4	2	2	33
5	2	3	77
6	3	4	55
7	5	1	101
8	6	3	38

图 2-27

$A(0, 1)$ => 表示此矩阵的行数。

$A(0, 2)$ => 表示此矩阵的列数。

$A(0, 3)$ => 表示此矩阵非零项的总数。

范例 2.3.4

请设计一个 C 程序，使用三项式数据结构来存储 6×6 稀疏矩阵（即压缩矩阵到三项式中），以减少对内存的浪费。

解答 请参考范例程序 CH02_07.c。

```
01    #include <stdio.h>
02    #include <stdlib.h>
03
04    int main ()
05    {
06        int i,j,NONZERO=0;
07        int temp=1;
08        int Sparse[6][6]={ 15,0,0,22,0,-15,0,11,3,0,0,0,
09                           0,0,0,-6,0,0,0,0,0,0,0,0,0,91,0,
10                           0,0,0,0,0,0,28,0,0,0};/*声明稀疏矩阵，稀疏矩阵的所有元素设为 0*/
11        int Compress[9][3];              /*声明压缩矩阵*/
12
13        printf("[稀疏矩阵的各个元素]\n"); /*打印出稀疏矩阵的各个元素*/
14        for (i=0;i<6;i++)
15        {
16            for (j=0;j<6;j++)
17            {
18                printf("[%d]\t ",Sparse[i][j]);
19                if (Sparse[i][j] !=0) NONZERO++;
20            }
21            printf("\n");
22        }
23        /*开始压缩稀疏矩阵*/
24        Compress[0][0] = 6;
25        Compress[0][1] = 6;
26        Compress[0][2] = NONZERO;
27        for (i=0;i<6;i++)
28            for (j=0;j<6;j++)
29                if (Sparse[i][j] != 0)
30                {
31                    Compress[temp][0]=i;
32                    Compress[temp][1]=j;
33                    Compress[temp][2]=Sparse[i][j];
34                    temp++;
35                }
36        printf("[稀疏矩阵压缩后的内容]\n"); /*打印出压缩矩阵的各个元素*/
37        for (i=0;i<NONZERO+1;i++)
38        {
39            for (j=0;j<3;j++)
40                printf("[%d] ",Compress[i][j]);
41            printf("\n");
42        }
43        system("pause");
44    }
```

【执行结果】参见图 2-28。

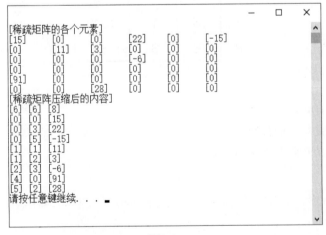

图 2-28

在清楚了压缩稀疏矩阵的存储方法后，还要了解稀疏矩阵的相关运算，例如转置矩阵的问题就挺有趣。按照转置矩阵的基本定义，对于任何稀疏矩阵而言，它的转置矩阵仍然是一个稀疏矩阵。

如果直接将此稀疏矩阵进行转置，因为只需要使用两个 for 循环，所以时间复杂度可以视为 $O(\text{columns} \times \text{rows})$。如果说使用一个用三项式存储的压缩矩阵，首先要确定原稀疏阵中每一列的元素个数。这样就可以事先确定转置矩阵中每一行的起始位置，接着再将原稀疏矩阵中的元素一个个地放到转置矩阵中的正确位置。这样的做法可以将时间复杂度调整到 $O(\text{columns} + \text{rows})$。

2.3.5 上三角矩阵

上三角矩阵（Upper Triangular Matrix）就是一种对角线以下元素都为 0 的 $n \times n$ 矩阵。其中又可分为右上三角矩阵（Right Upper Triangular Matrix）与左上三角矩阵（Left Upper Triangular Matrix）。由于上三角矩阵仍有许多元素为 0，为了避免浪费存储空间，可以把三角矩阵的二维模式存储在一维数组中。现在分别讨论如下：

- 右上三角矩阵

对于 $n \times n$ 的矩阵 A，假如 $i>j$，那么 $A(i, j) = 0$，如图 2-29 所示。

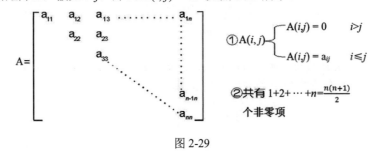

图 2-29

此二维矩阵的非零项可按序映射到一维矩阵，且需要一个一维数组 $B(1: \dfrac{n \times (n-1)}{2})$ 来存储。数组的存储方式也可分为以行为主和以列为主两种方式。

① 以行为主，如图 2-30 所示。

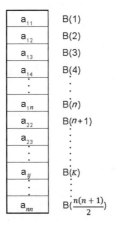

图 2-30

从图 2-30 可知 a_{ij} 在 B 数组中所对应的 k 值，也就是 a_{ij} 会存放在 $B(k)$ 中，k 值等于第 1 行到第 i-1 行所有的元素个数减去第 1 行到第 i-1 行中所有值为 0 的元素个数加上 a_{ij} 所在的列数 j，即：

$$k = n\times(i\text{-}1) - \frac{i\times(i\text{-}1)}{2} + j$$

② 以列为主，如图 2-31 所示。

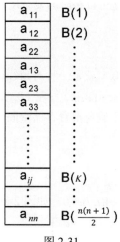

图 2-31

从图 2-31 可知 a_{ij} 在 B 数组中所对应的 k 值，也就是 a_{ij} 会存放在 $B(k)$ 中，k 值等于第 1 列到第 j-1 列的所有非零元素的个数加上 a_{ij} 所在的行数 i，即：

$$k = \frac{j\times(j\text{-}1)}{2} + i$$

范例 2.3.5

假如有一个 5×5 的右上三角矩阵 A，以行为主映射到一维数组 B，请问 a_{23} 所对应 $B(k)$ 的 k 值是多少？

解答 直接代入右上三角矩阵公式：

$$k = \frac{j\times(j\text{-}1)}{2} + i = \frac{3\times(3\text{-}1)}{2} + 2 = 5 => \text{对应到 } B(5)$$

范例 2.3.6

请设计一个 C 程序，将右上三角矩阵压缩为一维数组。

解答 请参考范例程序 CH02_08.c。

```
01    /*
02    [示范]：上三角矩阵
03    */
04    #include <stdio.h>
05    #define ARRAY_SIZE 5  /* 矩阵的维数大小 */
06    int getValue(int ,int);
07    int A[ARRAY_SIZE][ARRAY_SIZE]={  /*上三角矩阵的内容 */
08                                {7, 8, 12, 21, 9},
09                                {0, 5, 14, 17, 6},
10                                {0, 0, 7, 23, 24},
11                                {0, 0, 0, 32, 19},
```

```
12                                    {0, 0, 0,  0,  8}};
13    /* 声明一维数组 */
14    int B[ARRAY_SIZE*(1+ARRAY_SIZE)/2];
15    int main()
16    {
17        int i=0,j=0;
18        int index;
19        printf("=======================================\n");
20        printf("上三角矩阵: \n");
21        for ( i = 0 ; i < ARRAY_SIZE ; i++ )
22        {
23            for ( j = 0 ; j < ARRAY_SIZE ; j++ )
24                printf("\t%d",A[i][j]);
25            printf("\n");
26        }
27        /* 将右上三角矩阵压缩为一维数组 */
28        index=0;
29        for ( i = 0 ; i < ARRAY_SIZE ; i++ )
30        {
31            for ( j = 0 ; j < ARRAY_SIZE ; j++ )
32            {
33                if(A[i][j]!=0) B[index++]=A[i][j];
34            }
35        }
36        printf("=======================================\n");
37        printf("以一维数组的方式表示: \n");
38        printf("\t[");
39        for ( i = 0 ; i < ARRAY_SIZE ; i++ )
40        {
41            for ( j = i ; j < ARRAY_SIZE ; j++ )
42                printf(" %d",getValue(i,j));
43        }
44        printf(" ]");
45        printf("\n");
46        system("pause");
47        return 0;
48    }
49    int getValue(int i, int j) {
50        int index = ARRAY_SIZE*i - i*(i+1)/2 + j;
51        return B[index];
52    }
```

【执行结果】参见图 2-32。

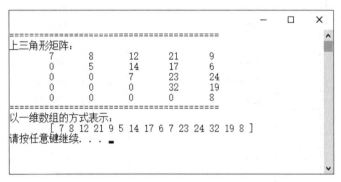

图 2-32

- 左上三角矩阵

对于 $n \times n$ 的矩阵 A，假如 $i > n - j + 1$，则 $A(i, j) = 0$，如图 2-33 所示。

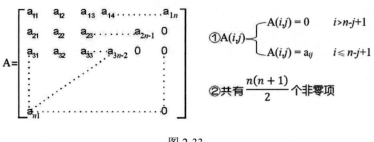

图 2-33

与右上三角矩阵相同，对应方式也分为以行为主和以列为主两种数组内存分配方式。

① 以行为主

从图 2-34 可知 a_{ij} 在 B 数组中所对应的 k 值，也就是 a_{ij} 会存放在 $B(k)$ 中，则 k 值会等于第 1 行到第 i-1 行所有元素的个数减去第 1 行到第 i-2 行中所有值为 0 的元素个数加上 a_{ij} 所在的列数 j，即：

$$k = n \times (i-1) - \frac{(i-2) \times ((i-2)+1)}{2} + j$$

$$= n \times (i-1) - \frac{(i-2) \times (i-1)}{2} + j$$

② 以列为主

从图 2-35 可知 a_{ij} 在 B 数组中所对应的 k 值，也就是 a_{ij} 会存放在 $B(k)$ 中，则 k 值会等于第 1 列到第 j-1 列的所有元素的个数减去第 1 列到第 j-2 列中所有值为 0 的元素个数加上 a_{ij} 所在的行数 i，即：

$$k = n \times (j-1) - \frac{(j-2) \times (j-1)}{2} + i$$

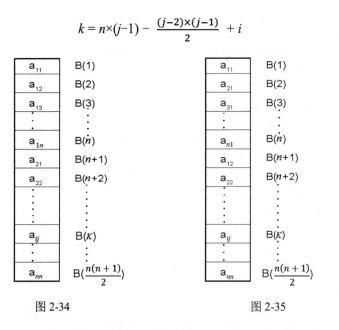

图 2-34   图 2-35

范例 ▶ 2.3.7

假如有一个 5×5 的左上三角矩阵，以列为主对应到一维数组 B，请问 a_{23} 所对应 $B(k)$ 的 k 值是多少？

解答▶ 由公式可得：

$$k = n \times (j-1) + i - \frac{(j-2) \times (j-1)}{2}$$
$$= 5 \times (3-1) + 2 - \frac{(3-2) \times (3-1)}{2}$$
$$= 10 + 2 - 1$$
$$= 11$$

2.3.6 下三角矩阵

与上三角矩阵相反，下三角矩阵是一种对角线以上元素都为 0 的 $n \times n$ 矩阵。也可分为左下三角矩阵（Left Lower Triangular Matrix）和右下三角矩阵（Right Lower Triangular Matrix）。现分别讨论如下：

- 左下三角矩阵

对于 $n \times n$ 的矩阵 A，假如 $i < j$，那么 $A(i, j) = 0$，如图 2-36 所示。

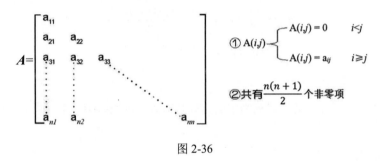

图 2-36

同样地，映射到一维数组 $B(1: \frac{n \times (n+1)}{2})$ 的方式也可分为以行为主和以列为主两种数组内存分配的方式。

① 以行为主，如图 2-37 所示。

从图 2-37 可知 a_{ij} 在 B 数组中所对应的 k 值，也就是 a_{ij} 会存放在 $B(k)$ 中，k 值等于第 1 行到第 $i-1$ 行所有非零元素的个数加上 a_{ij} 所在的列数 j。

$$k = \frac{i \times (i-1)}{2} + j$$

② 以列为主，如图 2-38 所示。

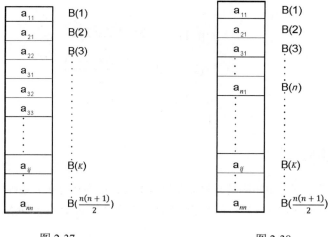

图 2-37　　　　　　　　　　　　图 2-38

从图 2-38 可知 a_{ij} 在 **B** 数组中所对应的 k 值，也就是 a_{ij} 会存放在 **B**(k) 中，k 值等于第 1 列到第 j-1 列所有非零元素的个数减去第 1 列到第 j-1 列所有值为 0 的元素个数，再加上 a_{ij} 所在的行数 i。

$$k = n \times (j-1) + i - \frac{(j-1) \times [1+(j-1)]}{2}$$
$$= n \times (j-1) + i - \frac{j \times (j-1)}{2}$$

范例▶ 2.3.8

有一个 6×6 的左下三角矩阵，以列为主的方式映射到一维数组 **B**，求元素 a_{32} 所对应 **B**(k) 的 k 值是多少？

解答▶ 代入公式：

$$k = n \times (j-1) + i - \frac{j \times (j-1)}{2}$$
$$= 6 \times (2-1) + 3 - \frac{2 \times (2-1)}{2}$$
$$= 6 + 3 - 1$$
$$= 8$$

范例▶ 2.3.9

请设计一个 C 程序，将左下三角矩阵压缩为一维数组。

解答▶ 请参考范例程序 CH02_09.c。

```
01      /*
02      [示范]：下三角矩阵
03      */
04      #include <stdio.h>
05      #define ARRAY_SIZE 5   /* 矩阵的维数大小 */
06      int getValue(int ,int);
07      int A[ARRAY_SIZE][ARRAY_SIZE]={  /*下三角矩阵的内容 */
08                              {76, 0, 0, 0, 0},
09                              {54, 51, 0, 0, 0},
10                                {23, 8, 26, 0, 0},
11                              {43, 35, 28, 18, 0},
```

```
12                              {12,  9,  14,  35,  46}};
13     /* 声明一维数组 */
14     int B[ARRAY_SIZE*(1+ARRAY_SIZE)/2];
15     int main()
16     {
17         int i=0,j=0;
18         int index;
19         printf("==================================\n");
20         printf("下三角矩阵: \n");
21         for ( i = 0 ; i < ARRAY_SIZE ; i++ )
22         {
23             for ( j = 0 ; j < ARRAY_SIZE ; j++ )
24                 printf("\t%d",A[i][j]);
25             printf("\n");
26         }
27         /* 将左下三角矩阵压缩为一维数组 */
28         index=0;
29         for ( i = 0 ; i < ARRAY_SIZE ; i++ )
30         {
31             for ( j = 0 ; j < ARRAY_SIZE ; j++ )
32             {
33                 if(A[i][j]!=0) B[index++]=A[i][j];
34             }
35         }
36         printf("==================================\n");
37         printf("以一维的方式表示: \n");
38         printf("\t[");
39         for ( i = 0 ; i < ARRAY_SIZE ; i++ )
40         {
41             for ( j = i ; j < ARRAY_SIZE ; j++ )
42                 printf(" %d",getValue(i,j));
43         }
44         printf(" ]");
45         printf("\n");
46         system("pause");
47     }
48     int getValue(int i, int j) {
49         int index = ARRAY_SIZE*i-i*(i+1)/2+j;
50         return B[index];
51     }
```

【执行结果】参见图 2-39。

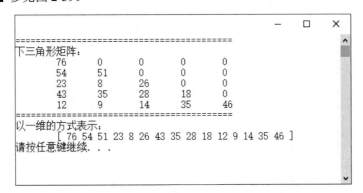

图 2-39

- 右下三角矩阵

对于 $n \times n$ 的矩阵 A，假如 $i < n-j+1$，那么 $A(i,j)=0$，如图 2-40 所示。

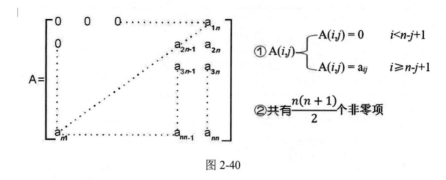

图 2-40

同样地，映射到一维数组 $\boldsymbol{B}(1: \dfrac{n \times (n+1)}{2})$ 的方式，也可分为以行为主和以列为主两种数组内存分配的方式。

① 以行为主，如图 2-41 所示。

从图 2-41 可知 a_{ij} 在 $\boldsymbol{B}$ 数组中所对应的 k 值，也就是 a_{ij} 会存放在 $\boldsymbol{B}(k)$ 中，k 值等于第 1 行到第 $i-1$ 行非零元素的个数加上 a_{ij} 所在的列数 j，再减去该列中所有值为 0 的个数。

$$
\begin{aligned}
k &= \frac{(i-1)}{2} \times [1+(i-1)] + j - (n-i) \\
&= \frac{[i \times (i-1) + 2 \times i]}{2} + j - n \\
&= \frac{i \times (i+1)}{2} + j - n
\end{aligned}
$$

② 以列为主，如图 2-42 所示。

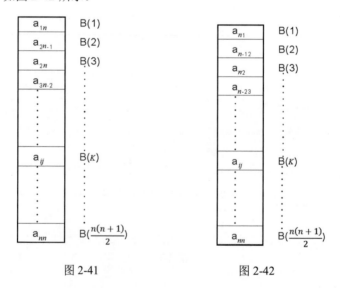

图 2-41   图 2-42

从图 2-42 可知 a_{ij} 在 $\boldsymbol{B}$ 数组中所对应的 k 值，也就是 a_{ij} 会存放在 $\boldsymbol{B}(k)$ 中，k 的值等于第 1 列到第 $j-1$ 列非零元素的个数加上 a_{ij} 所在的第 i 行减去该行中所有值为 0 的元素个数。

$$
k = \frac{(j-1) \times [1+(j-1)]}{2} + i - (n-j)
$$

$$= \frac{j \times (j+1)}{2} + i - n$$

范例 2.3.10

假如有一个 4×4 的右下三角矩阵，以列为主映射到一维数组 B，求元素 a_{32} 所对应 $B(k)$ 的 k 值是多少？

解答 代入公式：

$$k = \frac{j \times (j+1)}{2} + i - n$$
$$= \frac{2 \times (2+1)}{2} + 3 - 4$$
$$= 2$$

2.3.7 带状矩阵

所谓带状矩阵（Band Matrix），是一种在应用上较为特殊且稀少的矩阵，就是在上三角矩阵中，右上方的元素都为 0，在下三角矩阵中，左下方的元素也为 0，即除了第 1 行与第 n 行有两个元素外，其余每行都具有 3 个元素，使得中间主轴附近的值形成类似带状的矩阵，如图 2-43 所示。

$$\begin{bmatrix} a_{11} & a_{21} & 0 & 0 & 0 \\ a_{12} & a_{22} & a_{32} & 0 & 0 \\ 0 & a_{23} & a_{33} & a_{43} & 0 \\ 0 & 0 & a_{34} & a_{44} & a_{54} \\ 0 & 0 & 0 & a_{45} & a_{55} \end{bmatrix}_{5 \times 5}$$

$a_{ij}=0$，如果 $|i-j| > 1$，
那么 $k=n \times (j-1)-j \times (j-1)/2+i$。

图 2-43

由于本身也是稀疏矩阵，在存储上也只将非零项存储到一维数组中，映射关系同样可分为以行为主和以列为主两种。例如，对以行为主的存储方式而言，一个 $n \times n$ 的带状矩阵，除了第 1 行和第 n 行为 2 个元素，其余均为 3 个元素，因此非零项的总数最多为 $3n-2$ 个，而 a_{ij} 所映射到的 $B(k)$，其 k 值的计算为：

$$k = 2 + 3 + \cdots + 3 + j - i + 2$$
$$= 2 + 3i - 6 + j - i + 2$$
$$= 2i + j - 2$$

2.4 数组与多项式

多项式是数学中相当重要的表达方式，如果使用计算机处理多项式的各种相关运算，通常使用数组或链表来存储多项式。本节中，我们讨论多项式以数组结构表示的相关应用。

认识多项式

假如一个多项式 $P(x) = a_nx^n + a_{n-1}x^{n-1} + \cdots + a_1x + a_0$，这个多项式 $P(x)$ 就被称为 n 次多项式。一个多项式如果使用数组结构存储在计算机中的话，有以下两种表示法：

（1）使用一个 $n+2$ 长度的一维数组来存放，数组的第一个位置存储多项式的最大指数 n，数组之后的各个位置从指数 n 开始，依次递减按序存储对应项的系数：

```
P=(n,an,an-1,…,a1,a0)
```

存储在 $A(1:n+2)$ 中，例如 $P(x) = 2x^5 + 3x^4 + 5x^2 + 4x + 1$，可转换为 A 数组来表示，如下所示：

```
A={5,2,3,0,5,4,1}
```

使用这种表示法的优点是在计算机中运用时，对于多项式各种运算（如加法与乘法）的设计比较方便。不过，如果多项式的系数多数为 0，例如 $x^{100}+1$，就太浪费内存空间了。

（2）只存储多项式中的非零项。如果有 m 个非零项，就使用 $2m+1$ 长的数组来存储每一个非零项的指数及系数，但数组的第一个元素存储的是这个多项式非零项的个数。

例如 $P(x)=2x^5+3x^4+5x^2+4x+1$，可表示成 $A(1:2m+1)$ 数组，如下所示：

```
A={5,2,5,3,4,5,2,4,1,1,0}
```

这种方法的优点是在多项式零项较多时可以减少对内存空间的浪费，但缺点是在为多项式设计各种运算时会复杂许多。

范例 ▶ 2.4.1

以本节所介绍的第一种多项式表示法设计一个 C 程序，实现两个多项式 $A(x)=3x^4+7x^3+6x+2$ 和 $B(x)=x^4+5x^3+2x^2+9$ 的加法运算。

解答 ▶ 请参考范例程序 CH02_10.c。

```
01      /*
02      [示范]:将两个最高次方相等的多项式相加后的输出结果
03      */
04      #include <stdio.h>
05      #define ITEMS 6
06      void PrintPoly(int Poly[],int items);
07      void PolySum(int Poly1[ITEMS],int Poly2[ITEMS]);
08      int main()
09      {
10          int PolyA[ITEMS]={4,3,7,0,6,2};            /*声明多项式 A*/
11          int PolyB[ITEMS]={4,1,5,2,0,9};            /*声明多项式 B*/
12          printf("多项式 A=> ");
13          PrintPoly(PolyA,ITEMS);                         /*打印输出多项式 A*/
14          printf("多项式 B=> ");
15          PrintPoly(PolyB,ITEMS);                         /*打印输出多项式 B*/
16          printf("A+B => ");
17          PolySum(PolyA,PolyB);                           /*多项式 A+多项式 B*/
18          system("pause");
19      }
20      void PrintPoly(int Poly[],int items)
21      {
22          int i,MaxExp;
23          MaxExp=Poly[0];
24          for(i=1;i<=Poly[0]+1;i++)
```

```
25      {
26          MaxExp--;
27          if(Poly[i]!=0)                              /*如果该项为 0 就跳过*/
28          {
29              if((MaxExp+1)!=0)
30                  printf(" %dX^%d ",Poly[i],MaxExp+1);
31              else
32                  printf(" %d",Poly[i]);
33              if(MaxExp>=0)
34                  printf("%c",'+');
35          }
36      }
37      printf("\n");
38  }
39  void PolySum(int Poly1[ITEMS],int Poly2[ITEMS])
40  {
41      int i;
42      int result[ITEMS];
43      result[0] = Poly1[0];
44      for(i=1;i<=Poly1[0]+1;i++)
45          result[i]=Poly1[i]+Poly2[i];                /*等幂的系数相加*/
46      PrintPoly(result,ITEMS);
47  }
```

【执行结果】参见图 2-44。

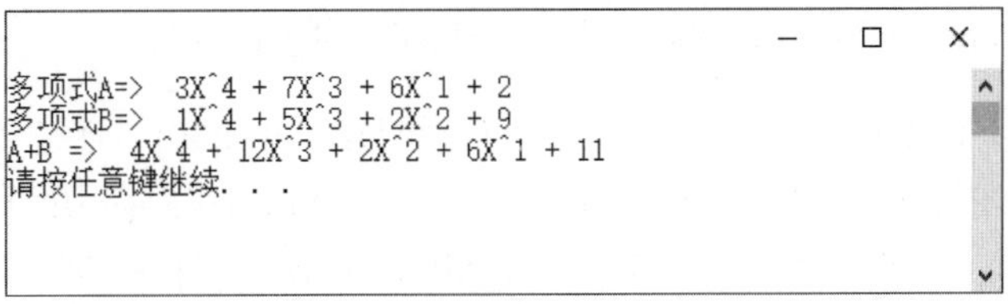

```
                                              —    □    ×
多项式A=>   3X^4 + 7X^3 + 6X^1 + 2
多项式B=>   1X^4 + 5X^3 + 2X^2 + 9
A+B =>     4X^4 + 12X^3 + 2X^2 + 6X^1 + 11
请按任意键继续. . .
```

图 2-44

本章习题

1. 密集表在某些应用上相当方便，请问（1）哪种情况下不适用？（2）如果原有 n 项数据，请计算插入一项新数据平均需要移动几项数据？

2. 试举出 8 种线性表常见的运算方式。

3. $A(-3:5, -4:2)$ 数组的起始地址 $\text{Loc}(A(-3, -4)) = 100$，数组 A 采用以行为主的内存分配方式（即存储方式），试求出 $A(1,1)$ 在内存中的地址。

4. 若 $A(3,3)$ 在内存中的地址为 121，$A(6,4)$ 在内存中的地址为 159，则 $A(4,5)$ 在内存中的地址是多少？（单位存储空间 $d=1$）

5. 若 $A(1,1)$ 在内存中的地址为 2（即 $\text{Loc}(A(1, 1)) = 2$），$A(2,3)$ 在内存中的地址为 18，$A(3,2)$ 在内存中的地址为 28，则 $A(4,5)$ 在内存中的地址是多少？

6. 请说明稀疏矩阵的定义，并举例说明。

7. 假设数组 $A[-1:3, 2:4, 1:4, -2:1]$ 采用以行为主的存储方式，起始地址 $\alpha = 200$，每个数组元素占用 5 个单位的存储空间，试求出 $A[-1, 2, 1, -2]$、$A[3, 4, 4, 1]$、$A[3, 2, 1, 0]$ 在内存中的地址。

8. 求下图稀疏矩阵的压缩数组表示法。

$$\begin{bmatrix} 0 & 0 & 0 & 0 & 3 \\ 1 & 0 & 0 & 0 & 0 \\ 0 & 0 & 0 & 4 & 0 \\ 6 & 0 & 0 & 0 & 7 \\ 0 & 5 & 0 & 0 & 0 \end{bmatrix}$$

9. 什么是带状矩阵？并举例说明。

10. 解释下列名词：

（1）转置矩阵。 （2）稀疏矩阵。

（3）左下三角矩阵。 （4）有序表。

11. 数组结构类型通常包含哪几个属性？

12. 数组是以 PASCAL 语言来声明的，每个数组元素占用 4 个单位的存储空间。若起始地址是 255，在下列声明中，所列元素在内存中的地址是多少？

（1）Var A=array[-55…1, 1…55]，求 $A[1,12]$ 在内存中的地址。

（2）Var A=array[5…20, -10…40]，求 $A[5,-5]$ 在内存中的地址。

13. 假设我们以 FORTRAN 语言来声明浮点数的数组 $A[8][10]$，且每个数组元素占用 4 个单位的存储空间，如果 $A[0][0]$ 的起始地址是 200，那么元素 $A[5][6]$ 在内存中的地址是多少？

14. 假设有一个三维数组声明为 $A(1:3, 1:4, 1:5)$，$\text{Loc}(A(1,1,1)) = 300$，且单位存储空间 $d=1$，采用以列为主的存储方式，试求出 $A(2,2,3)$ 在内存中的地址。

15. 有一个三维数组 $A(-3:2, -2:3, 0:4)$，采用以行为主的存储方式，数组的起始地址是 1118，试求出 $A(1,3,3)$ 在内存中的地址。（单位存储空间 $d=1$）

16. 假设有一个三维数组声明为 $A(-3:2, -2:3, 0:4)$，$\text{Loc}(A(1,1,1)) = 300$，且单位存储空间 $d = 2$，采用以列为主的存储方式，试求出 $A(2,2,3)$ 在内存中的地址。

17. 一个下三角数组，B 是一个 $n \times n$ 的数组，其中 $B[i,j]=0$，$i<j$。

（1）求数组 B 中不为 0 的最大个数。

（2）如何将数组 B 以最经济的方式存储在内存中。

（3）写出在（2）的存储方式中，如何求得 $B[i,j]$，$i \geq j$。

18. 请使用多项式的两种数组表示法来存储多项式 $P(x)=8x^5+7x^4+5x^2+12$。

19. 如何表示与存储多项式 $P(x,y) = 9x^5+4x^4y^3+14x^2y^2+13xy^2+15$？试说明。

第 3 章

链表

3

　　链表是由许多相同数据类型的数据项按特定顺序排列而成的线性表。链表的特性是其各个数据项在计算机内存中的位置是不连续且随机存放的。其优点是数据的插入或删除都相当方便，有新数据加入就向系统申请一块内存空间，数据被删除后，就可以把这块内存空间还给系统，加入和删除都不需要移动大量的数据。其缺点就是设计数据结构时较为麻烦，另外在查找数据时，也无法像静态数据（如数组）那样可随机读取数据，必须按序查找，直到找到该数据为止。

　　日常生活中有许多链表的抽象运用，例如可以把单向链表想象成火车，有多少人就接多少节的车厢，当假日人多需要较多车厢时就可多接些车厢，人少时就把车厢数量减少，十分具有弹性（见图 3-1）。像游乐场中的摩天轮就是一种环形链表的应用，可以根据需要增加或减少座舱的数量。

图 3-1

　　链表使用易失存储器（通过动态申请内存）来存放数据。对于 C 语言而言，其中的指针变量（Pointer）是组成链表的核心。本章关于动态数据结构的主要内容就是链表的建立与应用。

3.1　动态分配内存

　　链表与数组最大的不同点，就是它各个元素不必分配在连续的内存中，只要考虑逻辑上的顺序即可。虽然数组结构也可以仿真链表的结构，但在设计增删或移动元素时，相当不便，而且事先必须声明固定的数组空间，太多太少都各有利弊，缺乏弹性。因此，动态分配内存的模式最适合于链表的结构设计。

　　动态分配内存的基本精神是让内存运用更具弹性，即在程序执行期间，按照用户的设置与需求，可再分配所需要的变量内存空间。

- 动态分配变量

在 C 语言中，可以分别调用 malloc()与 free()函数在程序执行期间动态分配与释放内存空间，这两个函数定义于头文件 stdlib.h 中。动态分配变量的方式如下：

```
数据类型* 指针名称=(数据类型*)malloc(sizeof(数据类型)*n);
```

其中，n=1 表示动态申请一份变量的内存空间在 C 语言中，使用动态方式分配的内存，在用完之后必须主动调用释放内存的指令来释放，也就是需要编程者在程序中编写好释放这部分动态内存的指令，否则这些动态分配的内存会一直处于游离状态，造成内存泄漏（Memory Leak）的问题。对于使用静态方式分配的内存，用完之后是执行编译程序在目标执行程序中添加好的指令来释放，因而无须编程者主动编写释放静态内存的指令。C 语言中释放动态分配的内存须调用 free()函数，调用语法如下：

```
free(指针名称);
```

一旦调用 free()函数将内存释放以归还给系统后，就没有任何的方法可以再度存取刚被释放的这块内存，指向这块内存的指针就被称为悬挂引用（Dangling Reference），即空悬指针。另外，释放动态分配的内存空间时必须注意，当指针变量未分配或指针变量指向非动态分配的内存区段时，将有可能产生错误。因为释放动态分配的内存空间的操作，是按照指针变量所指向的内存空间进行内存释放的，若指针变量并非正确地指向动态分配的内存区段，那么程序将无法预料所释放的内存空间将产生的后果，所以使用上应慎之又慎。

通常避免这类错误的方式是尽量在同一个过程或函数内完成动态内存的分配及释放的操作，或者应用单向链表（Singly Linked List）的原理来形成一个可用节点（Available Node）链表，以便于回收不再使用的可用内存空间，日后需要内存空间时，不必调用 malloc()函数产生新节点，直接向可用链表索取即可。

参考以下示例语句：

```
piVal=(int*)malloc(sizeof(int));        /*指针变量指向动态分配的内存空间 */
free(piVal);
```

范例 3.1.1

请设计一个 C 程序，动态分配一个供单精度浮点数变量使用的内存空间，并输入该浮点数，再打印出指针变量所指向的内存地址及该内存中存储的内容（即浮点数数值），最后调用 free()函数将动态分配的该内存空间释放掉。

解答 请参考范例程序 CH03_01.c。

```
01    #include <stdio.h>
02    #include <stdlib.h>
03
04    int main()
05    {
06        float* piF=(float*)malloc(sizeof(float));
07        /* 将指针指向为浮点数变量动态分配的内存空间 */
08
09        printf("请输入 piF 的值 =");
10        scanf("%f",piF);/* 输入 piF 的值 */
11        printf("\n");
```

```
12      printf("piF 所指向的内存所存储的内容为 %f\n",*piF);
13      printf("piF 所指向的地址为 %p\n", piF);
14
15      free(piF);/* 释放指针 piF 指向的内存空间 */
16
17      system("pause");
18      return 0;
19  }
```

【执行结果】参见图 3-2。

请输入piF的值 =9.65

piF所指向的内存所存储的内容为 9.650000
piF所指向的地址为 0000000000AE6AF0
请按任意键继续. . .

图 3-2

3.2 单向链表

在动态分配内存空间时，最常使用的就是单向链表。一个单向链表节点基本上由两个元素组成：数据字段和指针。其中指针用于指向下一个节点所在的内存地址，如图 3-3 所示。

在单向链表中第一个节点是链表头指针，指向最后一个节点的指针设为 NULL，表示它是链表尾，不指向任何地方，如图 3-4 所示。

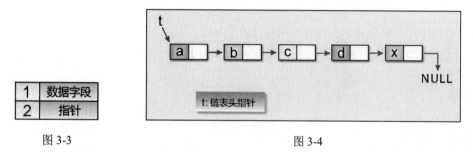

| 1 | 数据字段 |
| 2 | 指针 |

图 3-3

图 3-4

由于单向链表中所有节点都知道节点本身的下一个节点在哪里，但是对于前一个节点却没有办法知道，因此在单向链表的各种操作中，链表头指针就显得相当重要，只要存在链表头指针，就可以遍历整个链表，进行加入和删除节点等操作。注意，除非必要，否则不可移动链表头指针。

3.2.1 单向链表的建立

在 C 语言中，若以动态分配的方式产生链表节点，可以先行定义一个结构数据类型，接着在结构数据类型中定义一个指针变量，其数据类型与此结构数据类型相同，作用是指向下一个链表节点，另外这个结构数据类型中至少要有一个数据字段。例如，声明一个学生成绩链表节点的结构数据类型，其中包含姓名（name）和成绩（score）两个数据字段与一个指针（next）。在 C 语言中该结构数据类型的具体声明如下：

```
struct student
{
    char name[20];
    int score;
    struct student *next;
} s1,s2;
```

在完成结构数据类型的定义之后，就可以动态创建链表的每个节点。假设现在要添加一个节点至链表的末尾，且存取指针 ptr 指向链表的第一个节点，在程序上必须设计 4 个步骤：

步骤 **01** 动态分配内存空间给新节点使用。

步骤 **02** 将原链表尾部的指针（next）指向新添加节点所在的内存位置（即内存地址）。

步骤 **03** 将 ptr 指针指向新节点的内存位置，表示这是新的链表尾部。

步骤 **04** 由于新节点当前为链表的最后一个节点，因此将它的指针（next）指向 NULL。

例如要将 s1 的 next 变量指向 s2 的内存地址，而且将 s2 的 next 变量指向 NULL：

```
s1.next = &s2;
s2.next = NULL;
```

由于链表的基本特性就是 next 变量将会指向下一个节点的内存地址，因此 s1 节点与 s2 节点间的关系就如图 3-5 所示。

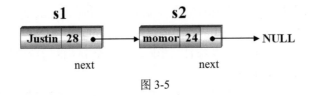

图 3-5

以下 C 程序片段是建立学生节点的单向链表的算法：

```
typedef struct student s_data;
s_data *ptr;        /* 存取指针 */
s_data *head;       /* 链表头指针 */
s_data *new_data;   /* 指向新添加节点所在位置的指针 */

head = (s_data*) malloc(sizeof(s_data));   /* 添加链表头指针 */
ptr = head;                  /* 设置存取指针的位置 */
ptr->next = NULL;   /* 当前无下一个节点 */

do
{
    printf("(1)添加 (2)离开 =>");
    scanf("%d", &select);
    if (select != 2)
    {
        printf("姓名 学号 数学成绩 英语成绩:");
        scanf("%s %s %d %d",ptr->name,ptr->no,&ptr->Math,&ptr->Eng);
        new_data = (s_data*) malloc(sizeof(s_data));    /* 添加下一个节点 */
        ptr->next=new_data;           /* 存取指针设置为新添加节点所在的位置 */
        new_data->next =NULL; /* 下一个节点的 next 先设置为 NULL */
        ptr=ptr->next;
    }
} while (select != 2);
```

3.2.2 单向链表的遍历

遍历（Traverse）单向链表的过程，就是使用指针运算来访问链表中的每个节点。在此延续使用上一小节中的范例，如果要遍历已建立了 3 个节点的单向链表，可使用存取指针 ptr 来作为链表的读取游标。一开始 ptr 指向链表的头节点（简称链表头），每次读完链表的一个节点，就将 ptr 往下一个节点移动（即指向下一个节点），直到 ptr 指向 NULL 为止，如图 3-6 所示。

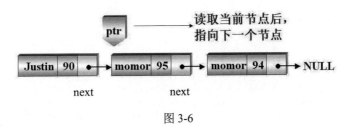

图 3-6

以下 C 程序片段为单向链表遍历的算法：

```
ptr = head;    /* 设置存取指针从链表头开始 */
while (ptr->next != NULL)
{
    printf("姓名: %s\t 学号: %s\t 数学成绩: %d\t 英语成绩: %d\n",
            ptr->name,ptr->no,ptr->Math,ptr->Eng);
    head = head ->next; /* 将 head 移往下一个节点*/
    ptr = head;                /* 设置存取指针为当前 head 所在位置 */
}
```

范例 ▶ 3.2.1

请设计一个 C 程序，建立一个单向链表，通过输入数据来添加学生数据节点。当数据输入结束后，遍历此链表并打印各个节点所记录的内容，此外计算并输出此链表中所有学生数学成绩的平均分与英语成绩的平均分。此链表的学生节点的结构数据类型的定义如下：

```
struct student
{
    char name[20];
    int Math;
    int Eng;
    char no[10];
    struct student *next;
};
```

解答 ▶ 请参考范例程序 CH03_02.c。

```
01  #include <stdio.h>
02  #include <stdlib.h>
03
04  int main()
05  {
06      int select,student_no=0,num=0;
07      float Msum=0,Esum=0;
08
09      struct student
10      {
11          char name[20];
12          int Math;
13          int Eng;
14          char no[10];
15          struct student *next;
```

```
16      };
17      typedef struct student s_data;
18      s_data *ptr;        /* 存取指针 */
19      s_data *head;       /* 链表头指针 */
20      s_data *new_data;   /* 指向添加节点所在位置的指针 */
21
22      head = (s_data*) malloc(sizeof(s_data)); /* 建立链表头 */
23      head->next=NULL;
24      ptr = head;
25      do
26      {
27          printf("(1)添加 (2)离开 =>");
28          scanf("%d", &select);
29          if (select != 2)
30          {
31              printf("姓名 学号 数学成绩 英语成绩: ");
32              new_data = (s_data*) malloc(sizeof(s_data)); /* 添加下一个节点 */
33              scanf("%s %s %d %d",new_data->name,new_data->no,&new_data->Math, &new_data->Eng);
34              ptr->next=new_data;      /* 存取指针设置为新添加节点所在的位置 */
35              new_data->next =NULL;  /* 指向下一个节点的 next 指针先设置为 NULL */
36              ptr=ptr->next;
37              num++;
38          }
39      } while (select != 2);
40      ptr = head->next;      /* 设置存取指针从链表头开始 */
41      putchar('\n');
42      while (ptr!= NULL)
43      {
44          printf("姓名: %s\t 学号: %s\t 数学成绩: %d\t 英语成绩: %d\n",
45          ptr->name,ptr->no,ptr->Math,ptr->Eng);
46          Msum+=ptr->Math;
47          Esum+=ptr->Eng;
48          student_no++;
49          ptr= ptr ->next;      /* 将 ptr 移往下一个节点 */
50      }
51      printf("----------------------------------------------------\n");
52      printf("本链表中学生的数学平均成绩: %.2f 英语平均成绩: %.2f\n",
        Msum/student_no,Esum/student_no);
53      system("pause");
54      return 0;
55  }
```

【执行结果】参见图 3-7。

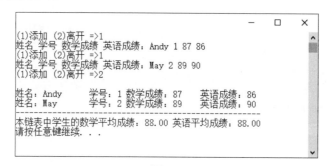

图 3-7

3.2.3　单向链表中新节点的插入

在单向链表中插入新节点，如同在一列火车中加入新的车厢，有 3 种情况：加到第一个节点（第一节车厢）之前，加到最后一个节点（最后一节车厢）之后以及加到此链表中间任一位置（中间任何一节车厢）。接下来，利用图解方式进行说明：

- 新节点插入第一个节点之前，即成为此链表的首节点：只需把新节点的指针指向链表原来的第一个节点，再把链表头指针指向新节点即可，如图 3-8 所示。

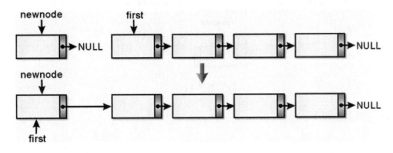

图 3-8

用 C 语言描述的算法如下：

```
newnode->next=first;
first=newnode;
```

- 新节点插入最后一个节点之后，即成为此链表的尾节点：只需把链表的最后一个节点的指针指向新节点，新节点的指针再指向 NULL 即可，如图 3-9 所示。

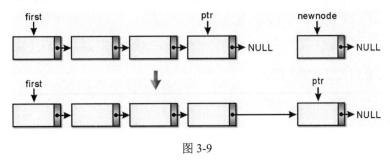

图 3-9

用 C 语言描述的算法如下：

```
ptr->next=newnode;
newnode->next=NULL;
```

- 将新节点插入链表中间的某个位置：例如插入的节点在 X 与 Y 之间，只要将 X 节点的指针指向新节点，新节点的指针指向 Y 节点即可，如图 3-10 和图 3-11 所示。

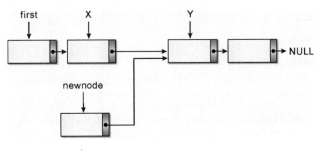

图 3-10

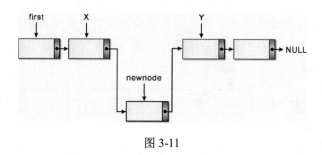

图 3-11

用 C 语言描述的算法如下：

```
newnode->next=x->next;
x->next=newnode;
```

范例 3.2.2

请设计一个 C 程序，建立一个存储员工数据的单向链表，并允许可以在链表头、链表尾及链表中间等三种位置插入新节点。在结束程序之前，打印此链表中所有节点的数据字段。用于该链表的结构成员类型定义如下：

```
struct employee
{
    int num,salary;
    char name[10];
    struct employee *next;
};
```

解答 请参考范例程序 CH03_03.c。

```
01    #include <stdio.h>
02    #include <stdlib.h>
03    #include <string.h>
04
05    struct employee
06    {
07        int num,salary;
08        char name[10];
09        struct employee *next;
10    };
11    typedef struct employee node;
12    typedef node *link;
13
14    link findnode(link head,int num)
15    {
16        link ptr;
17        ptr=head;
18        while(ptr!=NULL)
19        {
20            if(ptr->num==num)
21                return ptr;
22            ptr=ptr->next;
23        }
24        return ptr;
25    }
26
27    link insertnode(link head,link ptr,int num,int salary,char name[10])
28    {
29        link InsertNode;
30        InsertNode=(link)malloc(sizeof(node));
31        if(!InsertNode)
32            return NULL;
33        InsertNode->num=num;
34        InsertNode->salary=salary;
```

```
35          strcpy(InsertNode->name,name);
36          InsertNode->next=NULL;
37          if(ptr==NULL)               /* 插入到链表的第一个节点之前 */
38          {
39              InsertNode->next=head;
40              return InsertNode;
41          }
42          else
43          {
44              if(ptr->next==NULL)  /* 插入到链表的最后一个节点之后 */
45              {
46                  ptr->next=InsertNode;
47              }
48              else                    /* 插入到链表的中间节点 */
49              {
50                  InsertNode->next=ptr->next;
51                  ptr->next=InsertNode;
52              }
53          }
54          return head;
55      }
56
57      int main()
58      {
59          link head,ptr,newnode;
60          int new_num, new_salary;
61          char new_name[10];
62          int i,j,position=0,find;
63          int data[12][2]={ 1001,32367,1002,24388,1003,27556,1007,31299, 1012,42660,
            1014,25676,1018,44145,1043,52182,1031,32769,1037,21100, 1041,32196,1046,25776};
64          char namedata[12][10]={{"Allen"}, {"Scott"}, {"Marry"}, {"John"}, {"Mark"}, {"Ricky"},
            {"Lisa"}, {"Jasica"}, {"Hanson"}, {"Amy"}, {"Bob"}, {"Jack"}};
65          printf("员工编号  薪水  员工编号  薪水 员工编号  薪水 员工编号  薪水\n");
66          printf("----------------------------------------------\n");
67
68          for(i=0;i<3;i++)
69          {
70              for (j=0;j<4;j++)
71                  printf("[%4d] ￥%5d ",data[j*3+i][0], data[j*3+i][1]);
72              printf("\n");
73          }
74          printf("----------------------------------------------\n");
75          head=(link)malloc(sizeof(node));      /* 建立链表头 */
76          if(!head)
77          {
78              printf("Error! 内存分配失败! \n");
79              exit(1);
80          }
81          head->num=data[0][0];
82          for (j=0;j<10;j++)
83              head->name[j]=namedata[0][j];
84          head->salary=data[0][1];
85          head->next=NULL;
86          ptr=head;
87          for(i=1;i<12;i++)                       /* 建立链表 */
88          {
89              newnode=(link)malloc(sizeof(node));
90              newnode->num=data[i][0];
91              for (j=0;j<10;j++)
92                  newnode->name[j]=namedata[i][j];
93              newnode->salary=data[i][1];
94              newnode->next=NULL;
95              ptr->next=newnode;
96              ptr=ptr->next;
97          }
98          while(1)
99          {
100             printf("\n");
101             printf("请输入要插入其后的员工编号，如输入的编号不在此链表中, \n");
102             printf("新输入的员工节点将视为此链表的链表头，要结束链表节点的插入过程，请输入-1：");
```

```
103                scanf("%d",&position);
104                if(position==-1)    /* 停止循环的条件 */
105                    break;
106                else
107                {
108                    ptr=findnode(head,position);
109                    printf("请输入新插入的员工编号: ");
110                    scanf("%d",&new_num);
111                    printf("请输入新插入的员工薪水: ");
112                    scanf("%d",&new_salary);
113                    printf("请输入新插入的员工姓名: ");
114                    scanf("%s",new_name);
115                    head=insertnode(head,ptr,new_num,new_salary, new_name);
116                }
117            }
118            ptr=head;
119            printf("\n\t 员工编号     姓名\t 薪水\n");
120            printf("\t============================\n");
121            while(ptr!=NULL)
122            {
123                printf("\t[%2d]\t  [ %-7s]\t[%3d]\n",ptr->num, ptr->name, ptr->salary);
124            ptr=ptr->next;
125            }
126        system("pause");
127        return 0;
128    }
```

【执行结果】参见图 3-12。

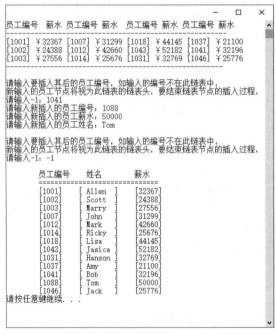

图 3-12

3.2.4 单向链表中节点的删除

在单向链表类型的数据结构中，若要在链表中删除一个节点，如同从一列火车中移走其中一节车厢，根据所删除节点的位置会有 3 种不同的情况。

- 删除链表的第一个节点：只要把链表头指针指向第二个节点即可，如图 3-13 所示。

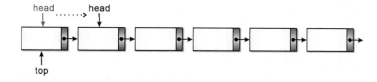

图 3-13

用 C 语言描述的算法如下：

```
top=head;
head=head->next;
free(top);
```

- 删除链表的最后一个节点：只要将指向最后一个节点的指针直接指向 NULL 即可，如图 3-14 所示。

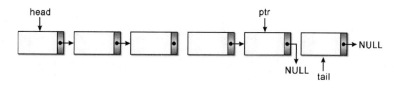

图 3-14

用 C 语言描述的算法如下：

```
ptr->next=tail;
ptr->next=NULL;
free(tail);
```

- 删除链表中间的某个节点：只要将要被删除的节点的前一个节点的指针，指向要被删除的节点的下一个节点即可，如图 3-15 所示。

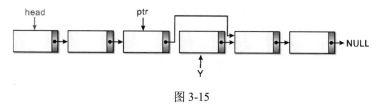

图 3-15

用 C 语言描述的算法如下：

```
Y=ptr->next;
ptr->next=Y->next;
free(Y);
```

范例▶ 3.2.3

请设计一个 C 程序，在一个包含员工数据的链表中删除节点，并且允许所删除的节点位置有链表头、链表尾及链表中间等三种情况。在程序结束前，打印此链表中所有节点的数据字段。用于该链表的结构成员类型定义如下：

```
struct employee
```

```
{
    int num,salary;
    char name[10];
    struct employee *next;
};
```

解答▶ 请参考范例程序 CH03_04.c。

```
01    #include <stdio.h>
02    #include <stdlib.h>
03    #include <string.h>
04    struct employee
05    {
06        int num,salary;
07        char name[10];
08        struct employee *next;
09    };
10    typedef struct employee node;
11    typedef node *link;
12    link del_ptr(link head,link ptr);
13    int main()
14    {
15        link head,ptr,newnode;
16        int i,j,find;
17        int findword=0;
18        char namedata[12][10]={{"Allen"}, {"Scott"}, {"Marry"}, {"John"}, {"Mark"}, {"Ricky"},
          {"Lisa"}, {"Jasica"}, {"Hanson"}, {"Amy"}, {"Bob"}, {"Jack"}};
19        int data[12][2]={ 1001,32367,1002,24388,1003,27556,1007,31299,1012,
          42660,1014,25676,1018,44145,1043,52182,1031,32769,1037,21100,1041,
          32196,1046,25776};
20        printf("员工编号 薪水 员工编号 薪水 员工编号 薪水  员工编号 薪水\n");
21        printf("----------------------------------------------------\n");
22
23        for(i=0;i<3;i++)
24        {
25            for (j=0;j<4;j++)
26                printf("%2d  [%3d]  ",data[j*3+i][0],data[j*3+i][1]);
27            printf("\n");
28        }
29        head=(link)malloc(sizeof(node));        /* 建立链表头 */
30        if(!head)
31        {
32            printf("Error! 内存分配失败! \n");
33            exit(1);
34        }
35        head->num=data[0][0];
36        strcpy(head->name,namedata[0]);
37        head->salary=data[0][1];
38        head->next=NULL;
39
40        ptr=head;
41        for(i=1;i<12;i++)                /* 建立链表 */
42        {
43            newnode=(link)malloc(sizeof(node));
44            newnode->num=data[i][0];
45            strcpy(newnode->name,namedata[i]);
46            newnode->salary=data[i][1];
47            newnode->num=data[i][0];
48            newnode->next=NULL;
49            ptr->next=newnode;
50            ptr=ptr->next;
51        }
52        while(1)
53        {
54            printf("\n 请输入要删除的员工编号，要结束删除过程，请输入-1: ");
55            scanf("%d",&findword);
56            if(findword==-1)            /* 停止循环的条件 */
57                break;
58            else
```

```
59              {
60                  ptr=head;
61                  find=0;
62                  while (ptr!=NULL)
63                      {
64                          if(ptr->num==findword)
65                          {
66                              ptr=del_ptr(head,ptr);
67                              find++;
68                              head=ptr;
69                              break;
70                          }
71                          ptr=ptr->next;
72                      }
73                  if(find==0)
74                      printf("######没有找到######\n");
75              }
76          }
77      ptr=head;
78      printf("\n\t 员工编号\t  姓名\t\t 薪水\n");   /* 打印链表中节点的数据 */
79      printf("\t============================\n");
80      while(ptr!=NULL)
81      {
82          printf("\t[%2d]\t[ %-10s]\t[%3d]\n",ptr->num,ptr->name, ptr->salary);
83          ptr=ptr->next;
84      }
85      system("pause");
86      return 0;
87  }
88  link del_ptr(link head,link ptr)            /* 子程序：删除链表中的节点 */
89  {
90      link top;
91      top=head;
92      if(ptr->num==head->num)                  /* 要被删除的节点在链表头 */
93      {
94          head=head->next;
95          printf("已删除第 %d 号员工 姓名：%s 薪水：%d\n",ptr->num,ptr->name,
                        ptr->salary);
96      }
97      else
98      {
99          while(top->next!=ptr)                /* 找到要被删除节点的前一个位置 */
100             top=top->next;
101         if(ptr->next==NULL)                  /* 要被删除的节点在链表尾 */
102         {
103             top->next=NULL;
104             printf("已删除第 %d 号员工 姓名：%s 薪水：%d\n",ptr->num,ptr->name,
                            ptr->salary);
105         }
106         else                      /* 要被删除的节点在链表中非头飞尾的位置 */
107         {
108             top->next=ptr->next;
109             printf("已删除第 %d 号员工 姓名：%s 薪水：%d\n",ptr->num,ptr->name,
                            ptr->salary);
110         }
111     }
112     free(ptr);          /* 释放内存空间 */
113     return head;        /* 返回链表 */
114 }
```

【执行结果】参见图 3-16。

图 3-16

3.2.5   单向链表的反转

了解了单向链表节点的删除和插入之后，大家会发现在这种具有方向性的链表结构中增删节点是一件相当容易的事。而要从头到尾输出整个单向链表也不难，但是如果要反转过来输出单向链表就需要某些技巧了。单向链表中的节点特性是知道下一个节点的位置，却无从得知它的上一个节点的位置。如果要将单向链表反转，则必须使用 3 个指针变量，如图 3-17 所示。

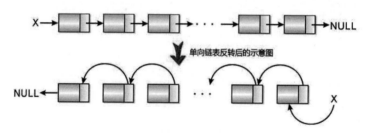

图 3-17

以 C 语言实现的单向链表反转算法如下：

```
struct list                /* 链表结构的声明 */
{
    int num;               /* 员工编号*/
    int salary;            /* 薪水 */
    char name[10];      /* 员工姓名 */
    struct list *next;  /* 指向下一个节点 */
};
typedef struct list node;   /* 定义 node 新的数据类型 */
typedef node *link;          /* 定义 link 新的数据类型指针 */
link invert(link x)          /* x 为链表的开始指针 */
{
    link p,q,r;
    p=x;                    /* 将 p 指向链表的开头 */
    q=NULL;                 /* q 是 p 的前一个节点 */
    while(p!=NULL)
```

```
    {
        r=q;                    /* 将 r 接到 q 之后 */
        q=p;                    /* 将 q 接到 p 之后 */
        p=p->next;  /* p 移到下一个节点 */
        q->next=r;  /* q 连接到之前的节点 */
    }
    return q;
}
```

在算法 invert(X)中，使用了 p、q、r 三个指针变量，它的演算过程如下：

- 执行 while 循环前，如图 3-18 所示。

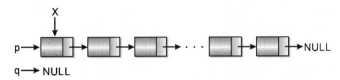

图 3-18

- 第一次执行 while 循环，如图 3-19 所示。

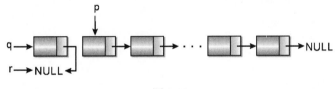

图 3-19

- 第二次执行 while 循环，如图 3-20 所示。

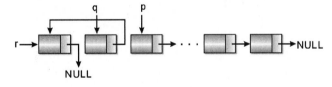

图 3-20

当执行到 p=NULL 时，整个单向链表就反转过来了。

范例 3.2.4

请设计一个 C 程序，延续范例 3.2.3，将含有员工数据的链表节点按照员工编号反转打印出来。

解答 请参考范例程序 CH03_05.c。

```
01    #include <stdio.h>
02    #include <stdlib.h>
03
04    struct employee
05    {
06        int num,salary;
07        char name[10];
08        struct employee *next;
09    };
10    typedef struct employee node;
11    typedef node *link;
12
```

```
13      int main()
14      {
15          link head,ptr,newnode,last,before;
16          int i,j,findword=0;
17          char namedata[12][10]={{"Allen"}, {"Scott"}, {"Marry"}, {"Jon"}, {"Mark"}, {"Ricky"},
            {"Lisa"}, {"Jasica"}, {"Hanson"}, {"Amy"}, {"Bob"}, {"Jack"}};
18          int data[12][2]={ 1001, 32367, 1002, 24388, 1003, 27556, 1007, 31299, 1012, 42660, 1014,
            25676, 1018, 44145, 1043, 52182, 1031, 32769, 1037, 21100, 1041, 32196, 1046, 25776 };
19          head=(link)malloc(sizeof(node)); /* 建立链表头 */
20          if(!head)
21          {
22              printf("Error! 内存分配失败! \n");
23              exit(1);
24          }
25          head->num=data[0][0];
26          for (j=0;j<10;j++)
27          head->name[j]=namedata[0][j];
28          head->salary=data[0][1];
29          head->next=NULL;
30          ptr=head;
31          for(i=1;i<12;i++)   /* 建立链表 */
32          {
33              newnode=(link)malloc(sizeof(node));
34              newnode->num=data[i][0];
35              for (j=0;j<10;j++)
36                  newnode->name[j]=namedata[i][j];
37              newnode->salary=data[i][1];
38              newnode->next=NULL;
39              ptr->next=newnode;
40              ptr=ptr->next;
41          }
42          ptr=head;
43          i=0;
44          printf("原始链表中的数据：\n");
45          while (ptr!=NULL)
46          {   /* 打印链表数据 */
47              printf("[%2d %6s %3d] -> ",ptr->num,ptr->name,ptr->salary);
48              i++;
49              if(i>=3)    /* 三个节点为一行 */
50              {
51                  printf("\n");
52                  i=0;
53              }
54              ptr=ptr->next;
55          }
56          ptr=head;
57          before=NULL;
58          printf("\n 反转后链表中的数据：\n");
59          while(ptr!=NULL)   /* 链表反转，使用三个指针来完成 */
60          {
61              last=before;
62              before=ptr;
63              ptr=ptr->next;
64              before->next=last;
65          }
66          ptr=before;
67          while(ptr!=NULL)
68          {
69              printf("[%2d %6s %3d] -> ",ptr->num,ptr->name,ptr->salary);
70              i++;
71              if(i>=3)
72              {
73                  printf("\n");
74                  i=0;
75              }
76              ptr=ptr->next;
77          }
78          system("pause");
79          return 0;
80      }
```

【执行结果】参见图 3-21。

```
原始链表中的数据:
[1001  Allen 32367] -> [1002  Scott 24388] -> [1003  Marry 27556] ->
[1007    Jon 31299] -> [1012   Mark 42660] -> [1014  Ricky 25676] ->
[1018   Lisa 44145] -> [1043 Jasica 52182] -> [1031 Hanson 32769] ->
[1037    Amy 21100] -> [1041    Bob 32196] -> [1046   Jack 25776] ->

反转后链表中的数据:
[1046   Jack 25776] -> [1041    Bob 32196] -> [1037    Amy 21100] ->
[1031 Hanson 32769] -> [1043 Jasica 52182] -> [1018   Lisa 44145] ->
[1014  Ricky 25676] -> [1012   Mark 42660] -> [1007    Jon 31299] ->
[1003  Marry 27556] -> [1002  Scott 24388] -> [1001  Allen 32367] ->
请按任意键继续. . .
```

图 3-21

3.2.6　单向链表的串接

对于两个或两个以上链表的串接（Concatenation，也称为级联或拼接），具体的实现方法很简单：只要将链表的首尾相连即可，如图 3-22 所示。

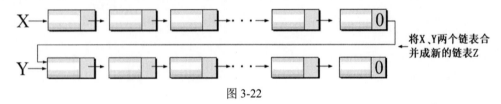

图 3-22

范例 3.2.5

以下请设计一个 C 程序，将存储学生成绩的两个链表串接起来，并输出串接后的新链表中的学生成绩。

解答 请参考范例程序 CH03_06.c。

```
01    /*
02    [示范]:单向链表的串接
03    */
04    #include <stdio.h>
05    #include <stdlib.h>
06    #include <time.h>
07
08    struct list
09    {
10        int num,score;
11        char name[10];
12        struct list *next;
13    };
14    typedef struct list node;
15    typedef node *link;
16    link concatlist(link,link);
17
18    int main()
19    {
20        link head,ptr,newnode,last,before;
21        link head1,head2;
22        int i,j,findword=0,data[12][2];
23        /* 用于第一个链表中各个节点 num（姓名）字段的值 */
24        char namedata1[12][10]={{"Allen"}, {"Scott"}, {"Marry"}, {"Jon"}, {"Mark"}, {"Ricky"},
        {"Lisa"}, {"Jasica"}, {"Hanson"}, {"Amy"}, {"Bob"}, {"Jack"}};
25        /* 用于第二个链表中各个节点 num（姓名）字段的值 */
```

```
26        char namedata2[12][10]={{"May"}, {"John"}, {"Michael"}, {"Andy"}, {"Tom"}, {"Jane"},
          {"Yoko"}, {"Axel"}, {"Alex"}, {"Judy"}, {"Kelly"}, {"Lucy"}};
27        srand((unsigned)time(NULL));
28        for (i=0;i<12;i++)
29        {
30            data[i][0]=i+1;
31            data[i][1]=rand()%50+51;
32        }
33        head1=(link)malloc(sizeof(node));      /* 建立第一个链表的链表头 */
34        if(!head1)
35        {
36            printf("Error! 内存分配失败! \n");
37            exit(1);
38        }
39        head1->num=data[0][0];
40        for (j=0;j<10;j++)
41            head1->name[j]=namedata1[0][j];
42        head1->score=data[0][1];
43        head1->next=NULL;
44        ptr=head1;
45        for(i=1;i<12;i++)       /* 建立第一个链表 */
46        {
47            newnode=(link)malloc(sizeof(node));
48            newnode->num=data[i][0];
49            for (j=0;j<10;j++)
50                newnode->name[j]=namedata1[i][j];
51            newnode->score=data[i][1];
52            newnode->next=NULL;
53            ptr->next=newnode;
54            ptr=ptr->next;
55        }
56
57        srand((unsigned)time(NULL));
58        for (i=0;i<12;i++)
59        {
60            data[i][0]=i+13;
61            data[i][1]=rand()%40+41;
62        }
63        head2=(link)malloc(sizeof(node)); /* 建立第二个链表的链表头 */
64        if(!head2)
65        {
66            printf("Error! 内存分配失败! \n");
67            exit(1);
68        }
69        head2->num=data[0][0];
70        for (j=0;j<10;j++)
71            head2->name[j]=namedata2[0][j];
72        head2->score=data[0][1];
73        head2->next=NULL;
74        ptr=head2;
75        for(i=1;i<12;i++)     /* 建立第二个链表 */
76        {
77            newnode=(link)malloc(sizeof(node));
78            newnode->num=data[i][0];
79            for (j=0;j<10;j++)
80                newnode->name[j]=namedata2[i][j];
81            newnode->score=data[i][1];
82            newnode->next=NULL;
83            ptr->next=newnode;
84            ptr=ptr->next;
85        }
86        i=0;
87        ptr=concatlist(head1,head2);/* 将链表串接 */
88        printf("两个链表串接的结果: \n");
89        while (ptr!=NULL)
90        {   /* 打印链表数据 */
91            printf("[%2d %6s %3d] -> ",ptr->num,ptr->name,ptr->score);
92            i++;
93            if(i>=3)          /* 三个节点为一行 */
94            {
```

```
95                    printf("\n");
96                    i=0;
97                }
98                ptr=ptr->next;
99            }
100           system("pause");
101           return 0;
102        }
103       link concatlist(link ptr1,link ptr2)
104       {
105           link ptr;
106           ptr=ptr1;
107           while(ptr->next!=NULL)
108           ptr=ptr->next;
109           ptr->next=ptr2;
110           return ptr1;
111       }
```

【执行结果】参见图 3-23。

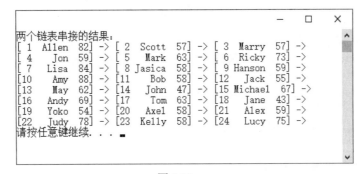

图 3-23

范例▶ 3.2.6

现有 5 位学生的成绩如表 3-1 所示。

表 3-1　学生成绩

学号	姓名	成绩
01	John	85
02	Helen	95
03	Dean	68
04	Sam	72
05	Kelly	79

请设计一个 C 程序，建立一个存储这 5 位学生成绩的单向链表，然后遍历该链表的每一个节点并打印学生的姓名与成绩。

解答▶ 请参考范例程序 CH03_07.c。

```
01        #include <stdio.h>
02        #include <stdlib.h>
03
04        struct student
05        {
06            int num;
07            char name[10];
```

```
08          int score;
09          struct student *next;
10      };
11      typedef struct student node;
12      typedef node *link;
13
14      int main()
15      {
16          link newnode,ptr,delptr;                /* 声明 3 个链表结构的指针 */
17          int i;
18          printf("请输入 5 位学生的数据：\n");
19          delptr=(link)malloc(sizeof(node));    /* delptr 暂时作为链表头指针 */
20          if (!delptr)
21          {
22              printf("[Error! 内存分配失败! ]\n");
23              exit(1);
24          }
25          printf("请输入学号：");
26          scanf("%d",&delptr->num);
27          printf("请输入姓名：");
28          scanf("%s",delptr->name);
29          printf("请输入成绩：");
30          scanf("%d",&delptr->score);
31          ptr=delptr;                    /* 保留链表头，以 ptr 为当前节点指针 */
32          for (i=1;i<5;i++)
33          {
34              newnode=(link)malloc(sizeof(node));  /* 建立新节点 */
35              if(!newnode)
36              {
37                  printf("[Error! 内存分配失败! \n");
38                  exit(1);
39              }
40              printf("请输入学号：");
41              scanf("%d",&newnode->num);
42              printf("请输入姓名：");
43              scanf("%s",newnode->name);
44              printf("请输入成绩：");
45              scanf("%d",&newnode->score);
46              newnode->next=NULL;
47              ptr->next=newnode;         /* 把新节点加在链表后面 */
48              ptr=ptr->next;             /* 让 ptr 保持在链表的最后面 */
49          }
50          printf("\n 学 生 成 绩\n");
51          printf(" 学号\t 姓名\t 成绩\n====================\n");
52          ptr=delptr;                    /* 让 ptr 回到链表头 */
53          while(ptr!=NULL)
54          {
55              printf("%3d\t%-s\t%3d\n",ptr->num,ptr->name,ptr->score);
56              delptr=ptr;
57              ptr=ptr->next;             /* ptr 按序往后遍历链表 */
58              free(delptr);              /* 将内存空间释放并归还给系统 */
59          }
60          system("pause");
61          return 0;
62      }
```

【执行结果】参见图 3-24。

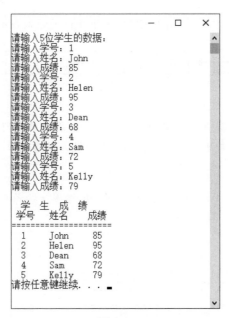

图 3-24

3.2.7　多项式链表表示法

在第 2 章中我们介绍了有关多项式的数组表示法,不过使用数组表示法经常会出现以下的问题:

(1)多项式内容变动时,对数组结构的影响相当大,算法处理不易。

(2)由于数组是静态数据结构,因此事先必须获取一块连续且够大的内存,而这容易造成存储空间的浪费。

使用单向链表来表示多项式,就可以克服以上的问题。多项式的链表表示法主要是存储非零项,且每一项均采用如图 3-25 所示的数据结构。

COEF:表示该变量的系数

EXP :表示该变量的指数

LINK:表示指向下一个节点的指针

图 3-25

假设多项式有 n 个非零项,且 $P(x)=a_{n-1}x^{e_{n-1}}+a_{n-2}x^{e_{n-2}}+\cdots+a_0$,则可用如图 3-26 所示的单向链表来表示。

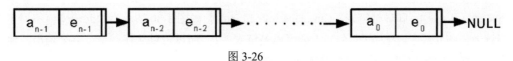

图 3-26

对于多项式 $A(x)=3x^2+6x-2$，可用如图 3-27 所示的单向链表来表示。

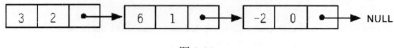

图 3-27

关于多项式的加法也相当简单，只要逐一比较两个链表的节点内的各个指数（即幂次）大小，将指数相同者的系数相加，指数不同的作为新节点直接加入新链表即可。

范例 ▶ 3.2.7

设计一个 C 程序，求出以下两个多项式 $A(x)+B(x)$ 的结果（参考图 3-28 所示的图解说明）。

$A = 3x^3 + 4x + 2$
$B = 6x^3 + 8x^2 + 6x + 9$

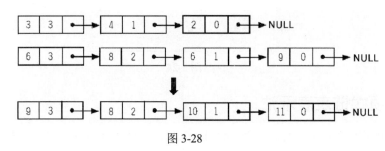

图 3-28

解答 ▶ 请参考范例程序 CH03_08.c（扫描文前"序"中二维码可获取本范例程序源码）。

【执行结果】参见图 3-29。

```
原多项式：
A=3X^3 + 4X + 2
B=6X^3 + 8X^2 + 6X + 9
多项式相加的结果：
C=9X^3 + 8X^2 + 10X + 11
请按任意键继续. . .
```

图 3-29

3.3　环形链表

在单向链表中，维持链表头指针是相当重要的事情，因为单向链表有方向性，所以如果链表头指针被破坏或遗失，则整个链表就会遗失，并且浪费了整个链表的内存空间。

如果把链表的最后一个节点指针指向链表头部，而不是指向 NULL，那么整个链表就成为一个单方向的环形结构，即环形链表（Circular Linked List），如图 3-30 所示。如此一来便不用担心链表头指针遗失的问题了，因为每一个节点都可以是链表头部，所以可以从任一个节点来遍历其他节点。环形链表通常应用于内存工作区与输入/输出缓冲区。

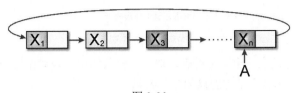

图 3-30

3.3.1　环形链表的建立与遍历

简单来说,环形链表的特点是链表中的任何一个节点,都可以达到此链表内的其他各个节点。环形链表建立的过程与单向链表建立的过程相似,唯一的不同点是必须要将最后一个节点指向第一个节点。

事实上,环形链表的优点是可以从任何一个节点开始遍历所有节点,而且回收整个链表所需的时间是固定的,与长度无关。缺点是需要多一个用于存储链接的空间,而且插入一个节点需要改变两个链接。以下程序片段是建立存储学生节点数据的环形链表的算法:

```
struct student
{
    char name[20];
    char no[10];
    struct student *next;
};
typedef struct student s_data;
s_data *ptr;         /* 存取指针 */
s_data *head;        /* 链表头指针 */
s_data *new_data;    /* 新添加的节点所在位置的指针 */

head = (s_data*) malloc(sizeof(s_data));   /* 链表头 */
ptr = head;          /* 设置存取指针的位置 */
ptr->next = NULL;    /* 无下一个节点 */
do
{
    printf("(1)添加 (2)离开 =>");
    scanf("%d", &select);
    if (select != 2)
    {
        printf("姓名 学号: ");
        scanf("%s %s", ptr->name, ptr->no);
        new_data = (s_data*) malloc(sizeof(s_data));    /* 添加下一个节点 */
        ptr->next = new_data;    /* 连接下一个节点 */
        new_data->next = NULL;   /* 下一个节点的 next 先设置为 NULL */
        ptr = new_data;          /* 存取指针设置为新节点所在的位置 */
    }
} while (select != 2);
ptr->next = head;    /* 将最后一个节点的指针指向链表头 */
```

环形链表的遍历与单向链表十分相似,不过检查链表结束的条件是 ptr->next != head,以下 C 程序片段是环形链表节点遍历的算法:

```
ptr=head;
do
{
    printf("姓名: %s\t 学号: %s\n",
    ptr->name,ptr->no);
    ptr = ptr ->next;          /* 将 head 移往下一个节点 */
```

```
    } while(ptr->next!= head);   /* 表示已遍历完整个环形链表 */
```

范例 ▶ 3.3.1

请设计一个 C 程序，建立一个环形链表，把用户输入的学生数据作为链表的节点，当用户输入结束后，遍历此链表并显示各个节点存储的学生数据。

解答 ▶ 请参考范例程序 CH03_09.c。

```
01    #include <stdio.h>
02    #include <stdlib.h>
03
04    int main()
05    {
06        int select,student_no=0;
07        float Msum=0,Esum=0;
08
09        struct student
10        {
11            char name[20];
12            char no[10];
13            struct student *next;
14        };
15        typedef struct student s_data;
16        s_data *ptr;          /* 存取指针 */
17        s_data *head;         /* 链表头指针 */
18        s_data *new_data;     /* 新添加的节点所在位置的指针 */
19
20        head = (s_data*) malloc(sizeof(s_data));   /* 链表头 */
21        ptr = head;           /* 设置存取指针的位置 */
22        ptr->next = NULL;     /* 无下一个节点 */
23        do
24        {
25            printf("(1)添加 (2)离开 =>");
26            scanf("%d", &select);
27            if (select != 2)
28            {
29                printf("姓名 学号: ");
30                scanf("%s %s",ptr->name,ptr->no);
31                new_data = (s_data*) malloc(sizeof(s_data));/* 添加下一个节点 */
32                ptr->next = new_data;      /* 连接下一个节点 */
33                new_data->next = NULL;     /* 下一个节点的 next 先设置为 NULL */
34                ptr = new_data;            /* 存取指针设置为新节点所在的位置 */
35            }
36        } while (select != 2);
37
38        ptr->next = head;                 /* 设置存取指针从头开始 */
39
40        putchar('\n');
41        ptr=head;
42        do
43        {
44            printf("姓名: %s\t 学号:%s\n", ptr->name, ptr->no);
45            ptr = ptr ->next;    /* 将 head 移往下一个节点 */
46        } while(ptr->next!= head);
47        printf("-----------------------------------------------\n");
48
49        system("pause");
50        return 0;
51    }
```

【执行结果】参见图 3-31。

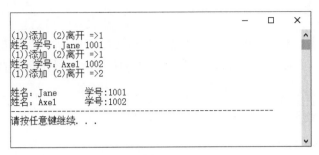

图 3-31

3.3.2 环形链表中新节点的插入

环形链表中新节点的插入，与单向链表的插入方式有点不同，由于每一个节点的指针都是指向下一个节点，因此没有从链表尾部插入的问题。通常会出现以下两种情况：

- 将新节点插在第一个节点前成为链表头部：首先将新节点 X 的指针指向原链表头节点，并遍历整个链表找到链表末尾，然后将它的指针指向新添加的节点，最后将链表头指针指向新节点，如图 3-32 所示。

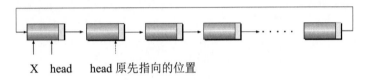

X   head   head 原先指向的位置

图 3-32

用 C 语言描述的将新节点插在第一个节点前成为链表头部的算法如下：

```
x->next=head;
CurNode=head;
while(CurNode->next!=head)
    CurNode=CurNode->next;  /* 找到链表末尾，将它的指针指向新添加的节点 */
CurNode->next=x;
head=x;  /* 将链表头指针指向新添加的节点 */
```

- 将新节点 X 插在链表中任意节点 I 之后：首先将新节点 X 的指针指向 I 节点的下一个节点，然后将 I 节点的指针指向 X 节点，如图 3-33 所示。

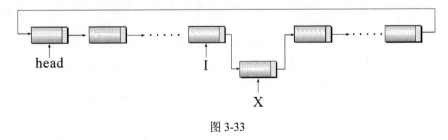

head   I

X

图 3-33

用 C 语言描述的将新节点 X 插在链表中任意节点 I 之后的算法如下：

```
X->next=I->next;
I->next=X
```

范例 3.3.2

请设计一个 C 程序，建立一个存储员工数据的环形链表，并且允许在链表头及链表中间插入新节点。在程序结束之前，打印此环形链表中所有节点的内容。用于该环形链表的结构类型定义如下：

```
struct employee
{
    int num, salary;
    char name[10];
    struct employee *next;
};
```

解答 请参考范例程序 CH03_10.c（扫描文前"序"中二维码可获取本范例程序源码）。

【执行结果】参见图 3-34。

图 3-34

3.3.3 环形链表中节点的删除

环形链表中节点的删除与节点的插入方法类似，也可分为两种情况，分别讨论如下。

- 删除环形链表的第一个节点：首先将链表头指针移到下一个节点，然后将最后一个节点的指针指向新的链表头部，新的链表头部是原链表的第二个节点，如图 3-35 所示。

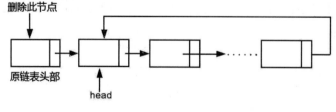

图 3-35

用 C 语言描述的删除环形链表的第一个节点的算法如下：

```
CurNode=head;
while(CurNode->next!=head)
    CurNode=CurNode->next;    /* 找到最后一个节点并记录下来 */
 TailNode=CurNode;            /* 将链表头指针移到下一个节点 */
 head=head->next;             /* 将链表最后一个节点的指针指向新的链表头部 */
 TailNode->next=head;
```

- 删除环形链表中间的某个节点：首先找到节点 Y（即要被删除的节点）的前一个节点 previous，然后将 previous 节点的指针指向节点 Y 的下一个节点，如图 3-36 所示。

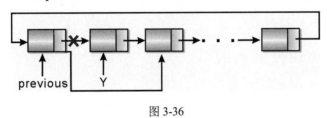

图 3-36

用 C 语言实现的删除环形链表的中间节点的算法如下：

```
CurNode=head;
while(CurNode->next!=del)
    CurNode=CurNode->next;
/* 找到要被删除节点的前一个节点并记录下来 */
PreNode=CurNode;    /* 要被删除的节点 */
CurNode=CurNode->next;
/* 将要被删除节点的前一个指针指向要被删除节点的下一个节点 */
PreNode->next=CurNode->next;
```

范例 ▶ 3.3.3

请设计一个 C 程序，建立一个用于存储员工数据的环形链表，并且允许在链表头及链表中间任一位置删除节点。在程序结束之前，打印此环形链表的所有节点的内容。用于该环形链表节点的结构类型的定义如下：

```
struct employee
{
    int num, salary;
    char name[10];
    struct employee *next;
};
```

解答 ▶ 请参考范例程序 CH03_11.c。

```
01    #include <stdio.h>
02    #include <stdlib.h>
03
04    struct employee
05    {
06        int num, salary;
07        char name[10];
08        struct employee *next;
09    };
10    typedef struct employee node;
11    typedef node *link;
12
13    link findnode(link head,int num)
14    {
15        link ptr;
16        ptr=head;
17        while(ptr->next!=head)
```

```
18        {
19            if(ptr->num==num)
20                return ptr;
21            ptr=ptr->next;
22        }
23        ptr=NULL;
24        return ptr;
25    }
26
27    link deletenode(link head,link del)
28    {
29        link CurNode=NULL;
30        link PreNode=NULL;
31        link TailNode=NULL;
32        if(head==NULL)
33        {
34            printf("[环形链表已经空了]");
35            return NULL;
36        }
37        else
38        {
39            if(del==head)  /* 要删除的节点是链表头 */
40            {
41                CurNode=head;
42                while(CurNode->next!=head)
43                    CurNode=CurNode->next;
44                /* 找到最后一个节点并记录下来 */
45                TailNode=CurNode;
46                /* 将链表头移到下一个节点 */
47                head=head->next;
48                /* 将链表最后一个节点的指针指向新的链表头 */
49                TailNode->next=head;
50                return head;
51            }
52            else  /* 要删除的节点不是链表头 */
53            {
54                CurNode=head;
55                while(CurNode->next!=del)
56                    CurNode=CurNode->next;
57                /* 找到要删除节点的前一个节点并记录下来 */
58                PreNode=CurNode;
59                /* 要删除的节点 */
60                CurNode=CurNode->next;
61                /* 将要删除节点的前一个指针指向要删除节点的下一个节点 */
62                PreNode->next=CurNode->next;
63                return head;
64            }
65        }
66    }
67
68
69    int main()
70    {
71        link head,ptr,newnode;
72        int new_num, new_salary;
73        char new_name[10];
74        int i,j,position=0,find;
75        char namedata[12][10]={{"Allen"}, {"Scott"}, {"Marry"}, {"John"}, {"Mark"}, {"Ricky"},
            {"Lisa"}, {"Jasica"}, {"Hanson"}, {"Amy"}, {"Bob"}, {"Jack"}};
76        int data[12][2]={ 1001, 32367, 1002, 24388, 1003, 27556, 1007, 31299,    1012, 42660,
                1014, 25676, 1018, 44145, 1043, 52182, 1031, 32769, 1037, 21100, 1041, 32196,
                1046, 25776};
77        printf("员工编号 薪水    员工编号 薪水    员工编号 薪水    员工编号 薪水\n");
78        printf("----------------------------------------------------\n");
79
80        for(i=0;i<3;i++)
81        {
82            for (j=0;j<4;j++)
83                printf("[%2d] [%3d]  ",data[j*3+i][0],data[j*3+i][1]);
84            printf("\n");
```

```
85          }
86          head=(link)malloc(sizeof(node));        /* 建立链表头 */
87          if(!head)
88          {
89              printf("Error! 内存分配失败! \n");
90              exit(1);
91          }
92          head->num=data[0][0];
93          for (j=0;j<10;j++)
94              head->name[j]=namedata[0][j];
95          head->salary=data[0][1];
96          head->num=data[0][0];
97          head->next=NULL;
98          ptr=head;
99          for(i=1;i<12;i++)                   /* 建立链表 */
100         {
101             newnode=(link)malloc(sizeof(node));
102             newnode->num=data[i][0];
103             for (j=0;j<10;j++)
104                 newnode->name[j]=namedata[i][j];
105             newnode->salary=data[i][1];
106             newnode->num=data[i][0];
107             newnode->next=NULL;
108             ptr->next=newnode; /* 将前一个节点指向新建立的节点 */
109             ptr=newnode;        /* 新节点成为前一个节点 */
110         }
111         newnode->next=head;      /* 将最后一个节点指向头节点就成了环形链表 */
112         while(1)
113         {
114             printf("\n 请输入要删除的员工编号，要结束插入过程，请输入-1: ");
115             scanf("%d",&position);
116             if(position==-1)     /*循环中断条件*/
117                 break;
118             else
119             {
120                 ptr=findnode(head,position);
121                 if(ptr==NULL)
122                 {
123                     printf("-----------------------\n");
124                     printf("链表中没这个节点…\n");
125                     break;
126                 }
127                 else
128                 {
129                     head=deletenode(head,ptr);
130                     printf("已删除第 %d 号员工 姓名: %s 薪水: %d\n",ptr->num,
                                ptr->name,ptr->salary);
131                 }
132             }
133         }
134         ptr=head; /* 指向链表头 */
135         printf("\n\t 员工编号     姓名\t 薪水\n");
136         printf("\t===========================\n");
137
138         do
139         {
140             printf("\t[%2d]\t[ %-10s]\t[%3d]\n",ptr->num, ptr->name, ptr->salary);
141             ptr=ptr->next; /* 指向下一个节点 */
142         } while(head!=ptr && head!=head->next);
143         system("pause");
144         return 0;
145     }
```

【执行结果】参见图 3-37。

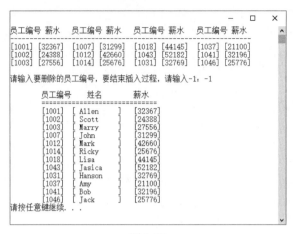

图 3-37

3.3.4   环形链表的串接

相信大家对于单向链表的串接已经很清楚了，单向链表的串接只要改变一个指针即可，如图 3-38 所示。

如果是两个环形链表要串接在一起的话该怎么做呢？其实并没有想象中那么复杂。因为环形链表没有头尾之分，所以无法直接把环形链表 1

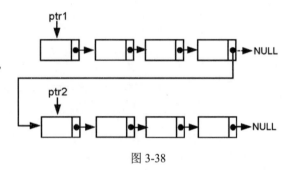

图 3-38

的尾部指向环形链表 2 的头部。就因为不分头尾，所以不需要遍历链表去寻找链表尾部，直接改变两个指针就可以把两个环形链表串接在一起，如图 3-39 所示。

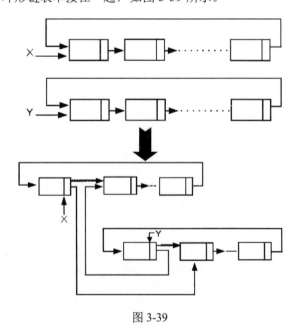

图 3-39

范例 ▶ 3.3.4

请设计一个 C 程序，以存储学生成绩的两个环形链表为例，把这两个环形链表串接起来，显示串接后的新环形链表，同时打印新环形链表中学生的成绩与学号。

解答 ▶ 请参考范例程序 CH03_12.c。

```
01    #include <stdio.h>
02    #include <stdlib.h>
03    #include <time.h>
04    struct list   /* 声明链表结构 */
05    {
06        int num,score;
07        struct list *next;
08    };
09    typedef struct list node;
10    typedef node *link;
11    link creat_link(int data[10][2],int num);
12    void print_link(link head);
13    link concat(link ptr1,link ptr2);
14    int main()
15    {
16        link ptr1,ptr2,ptr;
17        int i,data1[6][2],data2[6][2];
18        srand((unsigned)time(NULL));
19        for (i=1;i<=6;i++)
20        {
21            data1[i-1][0]=i*2-1;
22            data1[i-1][1]=rand()%49+52;
23            data2[i-1][0]=i*2;
24            data2[i-1][1]=rand()%49+52;
25        }
26        ptr1=creat_link(data1,6);   /* 建立链表 1 */
27        ptr2=creat_link(data2,6);   /* 建立链表 2 */
28        i=0;
29        printf("\t\t   原 始 链 表 中 的 数 据: \n");
30        printf("\t    学号 成绩   学号 成绩   学号 成绩\n");
31        printf("\t   ==================================\n");
32        printf("环形链表 1:   ");
33        print_link(ptr1);
34        printf("环形链表 2:   ");
35        print_link(ptr2);
36        printf("\t   ==================================\n");
37        printf("串接后的链表: ");
38        ptr=concat(ptr1,ptr2);      /* 串接链表 */
39        print_link(ptr);
40        system("pause");
41        return 0;
42    }
43    link creat_link(int data[10][2],int num) /* 子程序: 建立链表 */
44    {
45        int i;
46        link head,ptr,newnode;
47        for(i=0;i<num;i++)
48        {
49            newnode=(link)malloc(sizeof(node));
50            if(!newnode)
51            {
52                printf("Error! 内存分配失败! \n");
53                exit(i);
54            }
55            if(i==0)   /* 建立链表头 */
56            {
57                newnode->num=data[i][0];
58                newnode->score=data[i][1];
59                newnode->next=NULL;
60                head=newnode;
```

```
61                ptr=head;
62            }
63            else        /* 建立链表其他节点 */
64            {
65                newnode->num=data[i][0];
66                newnode->score=data[i][1];
67                newnode->next=NULL;
68                ptr->next=newnode;
69                ptr=newnode;
70            }
71            newnode->next=head;
72        }
73        return ptr;      /* 返回链表 */
74    }
75    void print_link(link head) /* 子程序：打印链表 */
76    {
77        link ptr;
78        int i=0;
79        ptr=head->next;
80        do
81        {
82            printf("[%2d-%3d] -> ",ptr->num,ptr->score);
83            i++;
84            if(i>=3)                /* 每行打印三个节点 */
85            {
86                printf("\n\t    ");
87                i=0;
88            }
89            ptr=ptr->next;
90        }while(ptr!=head->next);
91        printf("\n");
92    }
93    link concat(link ptr1,link ptr2) /* 子程序：串接链表 */
94    {
95        link head;
96        head=ptr1->next;           /* 在ptr1 和ptr2 中，各找任意一个节点 */
97        ptr1->next=ptr2->next;  /* 把两个节点的 next 对调即可 */
98        ptr2->next=head;
99       return ptr2;
100   }
```

【执行结果】参见图 3-40。

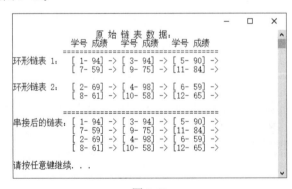

图 3-40

3.3.5 稀疏矩阵的环形链表表示法

在第 2 章中，曾经使用 3-tuple <row, col, value>的数组结构来表示稀疏矩阵，虽然优点为节省时间，但是当要增删非零项时，会造成数组内大量数据的移动，而且程序代码的编写也不容易。以图 3-41 所示的稀疏矩阵为例。

$$A = \begin{bmatrix} 0 & 0 & 0 \\ 12 & 0 & 0 \\ 0 & 0 & -2 \end{bmatrix}_{3\times 3}$$

图 3-41

用 3-tuple 的数组表示，如图 3-42 所示。

	1	2	3
A(0)	3	3	3
A(1)	2	1	12
A(2)	3	3	-2

图 3-42

也可以使用环形链表来表示稀疏矩阵，链表法的最大优点是：在变更矩阵内的数据时，不需大量移动数据。主要的技巧是用节点来表示非零项，由于矩阵是二维的，因此每个节点除了必须有 3 个数据字段 Row（行）、Col（列）和 Value（值或数据）外，还必须有两个指针变量 Right（右）、Down（下指针），其中 Right 指针可用来链接同一行的节点，而 Down 指针则用来链接同一列的节点，如图 3-43 所示。

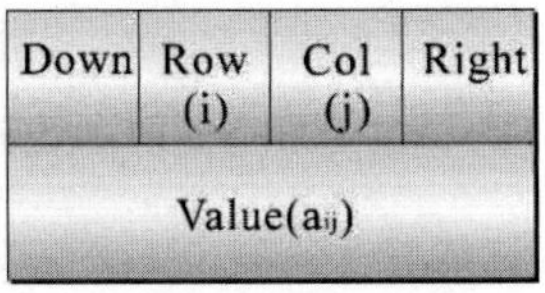

Down	Row (i)	Col (j)	Right
	Value(a_{ij})		

图 3-43

- Value：表示此非零项的值。
- Row：以 i 表示非零项元素所在行数。
- Col：以 j 表示非零项元素所在列数。
- Down：为指向同一列中下一个非零项元素的指针。
- Right：为指向同一行中下一个非零项元素的指针。

用 C 语言声明环形链表节点的结构类型如下：

```
struct list /* 声明环形链表节点的结构类型 */
{
    int  row,col;
    int  value;
    struct list *right,*down;
};
```

图 3-44 是以环形链表表示的图 3-41 所示的 3×3 稀疏矩阵。

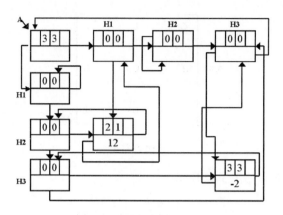

图 3-44

　　大家会发现，在此稀疏矩阵的数据结构中，每一行与每一列必须用一个环形链表附加一个链表头指针 A 来表示，这个链表的第一个节点内是存放此稀疏矩阵的行与列。上方 H1、H2、H3 为列首节点，最左方 H1、H2、H3 为行首节点，其他的两个节点分别对应到数组中的非零项。为了模拟二维的稀疏矩阵，每一个非零节点会指回行或列的首节点形成环形链表。

　　例如，图 3-45 所示是 4×4 稀疏矩阵。

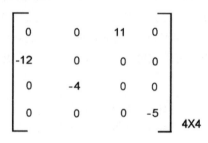

图 3-45

图 3-46 是以环形链表表示的图 3-45 所示的稀疏矩阵。

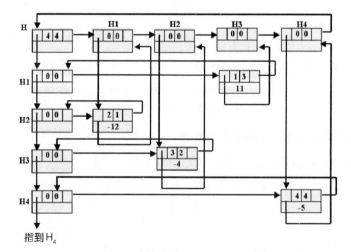

图 3-46

3.4　双向链表

单向链表和环形链表都是属于拥有方向性的链表，只能单向遍历，万一不幸其中有一个链接断裂，那么后面的链表数据便会遗失而无法复原了。因此，可以将两个方向不同的链表结合起来，除了存放数据的字段外，每个节点还有两个指针变量，其中一个指针指向后面的节点，另一个则指向前面的节点，这样的链表被称为双向链表（Double Linked List）。

由于每个节点都有两个指针，可以双向遍历，因此能够轻松地找到前后节点，同时从链表中任意的节点也可以找到其他节点，而不需经过反转或对比节点等处理，执行速度较快。另外，如果任一节点的链接断裂，可经由反方向链表进行遍历，从而快速重建完整的链表。这也是双向链表的优点。

双向链表的缺点是由于双向链表有两个链接，因此在加入或删除节点时都得花更多时间来调整指针。另外因为每个节点含有两个指针变量，比较浪费空间。

3.4.1　双向链表的建立与遍历

首先来介绍双向链表的数据结构。双向链表的每个节点具有三个字段，中间为数据字段，左右各有一个链接字段（或指针变量），分别为 llink（左指针）和 rlink（右指针），其中 rlink 指向下一个节点，llink 指向上一个节点，如图 3-47 所示。

| llink | data | rlink |

图 3-47

以 C 语言定义的双向链表节点的结构数据类型如下：

```
struct Node
{
    int data;
    struct Node* llink;
    struct Node* rlink;
};
typedef struct Node dnode;
dnode *ptr;            /* 存取指针 */
dnode_data *head;   /* 链表头指针 */
dnode *new_data;    /* 新添加节点所在位置的指针 */
```

此外，假设 ptr 为一个指向此双向链表上任一节点的指针，则有：

```
ptr=rlink(llink(ptr)) = llink(rlink(ptr))
```

事实上，双向链表可以是环形的，也可以不是环形的，如果最后一个节点的右指针指向链表的头节点，而头节点的左指针指向双向链表的尾节点，这样的链表就被称为环形双向链表。另外，为了使用方便，通常加上一个链表头指针，它的数据字段不存放任何数据，它的左指针指向链表的尾节点，而它的右指针指向头节点。建立双向链表，其实就是多了一个头指针。用 C 语言描述的建立双向链表的算法如下：

```
typedef struct student s_data;
s_data *ptr;              /* 存取指针 */
```

```
s_data *head;            /* 链表头指针 */
s_data *new_data;        /* 新添加节点所在位置的指针 */

head = (s_data*) malloc(sizeof(s_data)); /* 建立链表头节点 */
head->llink=NULL;
head->rlink=NULL;
ptr = head;              /* 设置存取指针开始的位置 */
do
{
    printf("(1)添加 (2)离开 =>");
    scanf("%d", &select);
    if (select != 2)
    {
        printf("姓名 学号 数学成绩 英语成绩：");
        new_data = (s_data*) malloc(sizeof(s_data)); /* 添加下一个节点 */
        scanf("%s %s %d %d", new_data->name, new_data->no, &new_data->Math, &new_data->Eng);
        /* 输入节点结构中的数据 */
        ptr->rlink=new_data;
        new_data->rlink = NULL;  /* 下一个节点的 next 先设置为 NULL */
        new_data->llink=ptr;     /* 存取指针设置为新节点所在的位置 */
        ptr=new_data;
    }
} while (select != 2);
```

双向链表的遍历相当灵活，因为可以有向右或向左两个方向来进行遍历的两种方式，如果是向右遍历，则和单向链表的遍历相似。用 C 语言描述的遍历双向链表节点的算法如下：

```
ptr = head->rlink;       /* 设置存取指针从链表头的右指针所指节点开始 */
while (ptr!= NULL)
{
    printf("姓名：%s\t 学号：%s\t 数学成绩：%d\t 英语成绩：%d\n", ptr->name, ptr->no, ptr->Math,
ptr->Eng);
    ptr = ptr ->rlink;   /* 将 ptr 移往右边下一个节点 */
}
```

范例 3.4.1

请设计一个 C 程序来建立一个双向链表，让用户输入的学生数据作为新添加的链表节点。当用户输入结束后，遍历此双向链表并打印各个节点的内容。该双向链表节点的结构数据类型定义如下：

```
struct student
{
    char name[20];
    int Math;
    int Eng;
    char no[10];
    struct student *rlink;
    struct student *llink;
};
```

解答 请参考范例程序 CH03_13.c。

```
01    #include <stdio.h>
02    #include <stdlib.h>
03
04    int main()
05    {
06        int select;
07
08        struct student
09        {
10            char name[20];
```

```
11              int Math;
12              int Eng;
13              char no[10];
14              struct student *rlink;
15              struct student *llink;
16          };
17          typedef struct student s_data;
18          s_data *ptr;           /* 存取指针 */
19          s_data *head;          /* 链表头指针 */
20          s_data *new_data;      /* 新添加节点所在位置的指针 */
21
22          head = (s_data*) malloc(sizeof(s_data));
23          head->llink=NULL;
24          head->rlink=NULL;
25          ptr = head;            /* 设置存取指针开始的位置 */
26          do
27          {
28              printf("(1)添加 (2)离开 =>");
29              scanf("%d", &select);
30              if (select != 2)
31              {
32                  printf("姓名 学号 数学成绩 英语成绩：");
33                  new_data = (s_data*) malloc(sizeof(s_data));  /* 添加下一个节点 */
34                  scanf("%s %s %d %d", new_data->name, new_data->no, &new_data->Math,
    &new_data->Eng);
35                  /* 输入节点数据 */
36                  ptr->rlink=new_data;
37                  new_data->rlink = NULL;    /* 下一个节点的 next 先设置为 NULL */
38                  new_data->llink=ptr;       /* 存取指针设置为新节点所在的位置 */
39                  ptr=new_data;
40              }
41          } while (select != 2);
42
43          ptr = head->rlink;         /* 设置存取指针从链表头的右指针所指的节点开始 */
44          putchar('\n');
45
46          while (ptr!= NULL)
47          {
48              printf("姓名:%s\t 学号:%s\t 数学成绩:%d\t 英语成绩:%d\n", ptr->name, ptr->no, ptr->Math,
    ptr->Eng);
49              ptr = ptr ->rlink;      /* 将 ptr 移往右边下一个节点 */
50          }
51
52          system("pause");
53          return 0;
54      }
```

【执行结果】参见图 3-48。

图 3-48

范例 3.4.2

延续范例 3.4.1，请设计一个 C 程序，先向右遍历所建立的双向链表并输出所有节点，接着再向左遍历所有节点并输出。

解答▶ 请参考范例程序 CH03_14.c（扫描文前"序"中二维码可获取本范例程序源码）。

【执行结果】参见图 3-49。

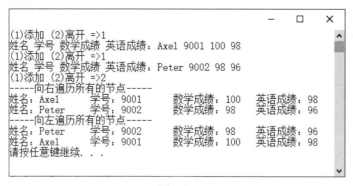

图 3-49

3.4.2　双向链表中新节点的插入

在双向链表中插入新节点与在单向链表中插入新节点相似，有以下 3 种可能情况。

- 将新节点插入双向链表的第一个节点之前：将新节点的右指针（rlink）指向原链表的第一个节点，接着再将原链表第一个节点的左指针（llink）指向新节点，将原链表的链表头指针指向新节点，且新节点的左指针指向 NULL，如图 3-50 所示。

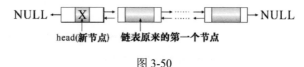

图 3-50

用 C 语言描述的将新节点插入到双向链表的第一个节点之前的算法如下：

```
X->rlink=head;
heda->llink=X;
head=X;
```

- 将新节点插入到双向链表的最后一个节点之后：将原链表的最后一个节点的右指针指向新节点，将新节点的左指针指向原链表的最后一个节点，并将新节点的右指针指向 NULL，如图 3-51 所示。

图 3-51

用 C 语言描述的将新节点插入到双向链表的最后一个节点之后的算法如下：

```
ptr->rlink=X;
X->rlink=NULL;
```

```
X->llink=ptr;
```

- 将新节点插入到双向链表中某一节点之后（例如 ptr 节点之后）：首先将 ptr 节点的右指针指向新节点，再将新节点的左指针指向 ptr 节点，接着又将 ptr 节点的下一个节点的左指针指向新节点，最后将新节点的右指针指向 ptr 的下一个节点，如图 3-52 所示。

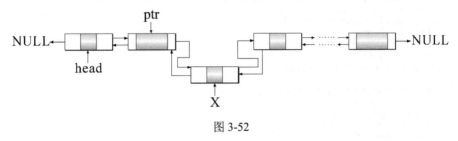

图 3-52

用 C 语言描述的将新节点插入到双向链表中某一节点之后的算法如下：

```
ptr->rlink->llink=X;
X->rlink=ptr->rlink;
X->llink=ptr;
ptr->rlink=X;
```

范例 3.4.3

请设计一个 C 程序，建立一个员工数据的双向链表，并允许在链表头部、链表末尾和链表中间某一位置等 3 种不同位置插入新节点。在程序结束之前，打印此双向链表中所有节点的内容。该双向链表中节点的结构数据类型定义如下：

```
struct employee
{
    int num,salary;
    char name[10];
    struct employee *llink; /* 左指针 */
    struct employee *rlink; /* 右指针 */
};
```

解答 请参考范例程序 CH03_15.c。

```
01    #include <stdio.h>
02    #include <stdlib.h>
03    #include <string.h>
04
05    struct employee
06    {
07        int num,salary;
08        char name[10];
09        struct employee *llink; /* 左指针 */
10        struct employee *rlink; /* 右指针 */
11    };
12    typedef struct employee node;
13    typedef node *link;
14
15    link findnode(link head,int num)
16    {
17        link ptr;
18        ptr=head;
19        while(ptr!=NULL)
20        {
21            if(ptr->num==num)
22            return ptr;
```

```
23            ptr=ptr->rlink;
24        }
25        return ptr;
26   }
27
28   link insertnode(link head,link ptr,int num,int salary,char name[10])
29   {
30        link newnode=(link)malloc(sizeof(node));
31        link newhead=(link)malloc(sizeof(node));
32        memset(newnode,0,sizeof(node));
33        newnode->num=num;
34        newnode->salary=salary;
35        strcpy(newnode->name,name);
36        if(head==NULL)  /* 双向链表是空的 */
37        {
38            memset(newhead,0,sizeof(node));
39            newhead->num=num;
40            newhead->salary=salary;
41            strcpy(newhead->name,name);
42            return newhead;
43        }
44        else
45        {
46            if(ptr==NULL)
47            {
48                head->llink=newnode;
49                newnode->rlink=head;
50                head=newnode;
51            }
52            else
53            {
54                if(ptr->rlink==NULL)  /* 插入双向链表末尾的位置 */
55                {
56                    ptr->rlink=newnode;
57                    newnode->llink=ptr;
58                }
59                else /* 插入双向链表中间某个节点的位置 */
60                {
61                    newnode->rlink=ptr->rlink;
62                    ptr->rlink->llink=newnode;
63                    ptr->rlink=newnode;
64                    newnode->llink=ptr;
65                }
66            }
67        }
68        return head;
69   }
70
71   int main()
72   {
73        link head,ptr;
74        link llinknode=NULL;
75        link newnode=NULL;
76        int new_num, new_salary;
77        char new_name[10];
78        int i,j,position=0,find;
79        int data[12][2]={ 1001, 32367, 1002, 24388, 1003, 27556, 1007, 31299,     1012, 42660,
1014, 25676, 1018, 44145, 1043, 52182, 1031, 32769, 1037, 21100, 1041, 32196, 1046, 25776};
80        char namedata[12][10]={{"Allen"}, {"Scott"}, {"Marry"}, {"John"}, {"Mark"}, {"Ricky"},
{"Lisa"}, {"Jasica"}, {"Hanson"}, {"Amy"}, {"Bob"}, {"Jack"}};
81        printf("员工编号 薪水    员工编号 薪水    员工编号 薪水    员工编号 薪水\n");
82        printf("----------------------------------------------------\n");
83
84        for(i=0;i<3;i++)
85        {
86            for (j=0;j<4;j++)
87            printf("[%2d] [%3d]  ",data[j*3+i][0],data[j*3+i][1]);
88            printf("\n");
89        }
90        head=(link)malloc(sizeof(node));  /* 建立链表头 */
```

```
91      if(head==NULL)
92      {
93          printf("Error! 内存分配失败! \n");
94          exit(1);
95      }
96      else
97      {
98          memset(head,0,sizeof(node));
99          head->num=data[0][0];
100         for (j=0;j<10;j++)
101             head->name[j]=namedata[0][j];
102         head->salary=data[0][1];
103         llinknode=head;
104         for(i=1;i<12;i++)  /* 建立链表 */
105         {
106             newnode=(link)malloc(sizeof(node));
107             memset(newnode,0,sizeof(node));
108             newnode->num=data[i][0];
109             for (j=0;j<10;j++)
110                 newnode->name[j]=namedata[i][j];
111             newnode->salary=data[i][1];
112             llinknode->rlink=newnode;
113             newnode->llink=llinknode;
114             llinknode=newnode;
115         }
116     }
117
118     while(1)
119     {
120         printf("请输入要插入其后的员工编号，如输入的编号不在此链表中，\n");
121         printf("新输入的员工节点将视为此链表的链表头，要结束插入过程，请输入-1: ");
122
123         scanf("%d",&position);
124         if(position==-1)      /* 停止循环的条件*/
125             break;
126         else
127         {
128             ptr=findnode(head,position);
129             printf("请输入新插入的员工编号: ");
130             scanf("%d",&new_num);
131             printf("请输入新插入的员工薪水: ");
132             scanf("%d",&new_salary);
133             printf("请输入新插入的员工姓名: ");
134             scanf("%s",new_name);
135             head=insertnode(head, ptr, new_num, new_salary, new_name);
136         }
137     }
138     printf("\n\t 员工编号     姓名\t 薪水\n");
139     printf("\t=============================\n");
140     ptr=head;
141     while(ptr!=NULL)
142     {
143         printf("\t[%2d]\t[ %-10s]\t[%3d]\n", ptr->num, ptr->name, ptr->salary);
144         ptr=ptr->rlink;
145     }
146     system("pause");
147     return 0;
148 }
```

【执行结果】参见图 3-53。

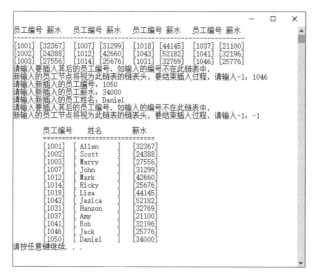

图 3-53

3.4.3 双向链表中节点的删除

双向链表中节点的删除和单向链表相似，也可分为 3 种情况，现在分别介绍如下。

- 删除双向链表的第一个节点（链表的头节点）：将链表头指针 head 指向原链表的第二个节点，再将链表新的第一个节点的左指针指向 NULL，如图 3-54 所示。

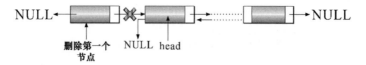

图 3-54

用 C 语言描述的删除双向链表的第一个节点的算法如下：

```
head=head->rlink;
head->llink=NULL;
```

- 删除双向链表的最后一个节点（X 指向的节点）：将原链表最后一个节点之前的一个节点的右指针指向 NULL 即可，如图 3-55 所示。

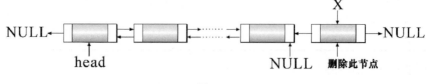

图 3-55

用 C 语言描述的删除双向链表的最后一个节点的算法如下：

```
X->llink->rlink=NULL;
```

- 删除双向链表中间的某个节点（X 指向的节点）：将 X 节点的前一个节点的右指针指

向 X 节点的后一个节点，再将 ptr 节点的后一个节点的左指针指向 ptr 节点的前一个节点，如图 3-56 所示。

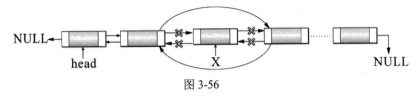

图 3-56

用 C 语言描述的删除双向链表中间的某个节点的算法如下：

```
X->llink->rlink=X->rlink;
X->rlink->llink=X->llink;
```

范例▶ 3.4.4

请设计一个 C 程序，建立一个员工数据的双向链表，并允许在链表头部、链表末尾及链表中间某个位置等 3 种不同位置删除节点。在程序结束之前，打印此双向链表中所有节点的内容。该双向链表中节点的结构数据类型定义如下：

```
struct employee
{
    int num, salary;
    char name[10];
    struct employee *llink; /* 左指针 */
    struct employee *rlink; /* 右指针 */
};
```

解答▶ 请参考范例程序 CH03_16.c。

```
01   #include <stdio.h>
02   #include <stdlib.h>
03   #include <string.h>
04
05   struct employee
06   {
07       int num,salary;
08       char name[10];
09       struct employee *llink;
10       struct employee *rlink;
11   };
12   typedef struct employee node;
13   typedef node *link;
14
15   link findnode(link head,int num)
16   {
17       link ptr;
18       ptr=head;
19       while(ptr!=NULL)
20       {
21           if(ptr->num==num)
22               return ptr;
23           ptr=ptr->rlink;
24       }
25       return ptr;
26   }
27
28   link deletenode(link head,link del)
29   {
30       if(head==NULL)  /* 双向链表是空的 */
31       {
32           printf("[链表是空的]\n");
```

```
33          return NULL;
34      }
35      if(del==NULL)
36      {
37          printf("[错误：不是链表中的节点]\n");
38          return NULL;
39      }
40      if(del==head)
41      {
42          head=head->rlink;
43          head->llink=NULL;
44      }
45      else
46      {
47          if(del->rlink==NULL)  /* 删除链表末尾的节点 */
48          {
49              del->llink->rlink=NULL;
50          }
51          else  /* 删除链表中间的某个节点 */
52          {
53              del->llink->rlink=del->rlink;
54              del->rlink->llink=del->llink;
55          }
56      }
57      free(del);
58      return head;
59  }
60
61  int main()
62  {
63      link head,ptr;
64      link llinknode=NULL;
65      link newnode=NULL;
66      int new_num, new_salary;
67      char new_name[10];
68      int i,j,position=0,find;
69      int data[12][2]={ 1001, 32367, 1002, 24388, 1003, 27556, 1007, 31299,    1012, 42660,
    1014, 25676, 1018, 44145, 1043, 52182, 1031, 32769, 1037, 21100, 1041, 32196, 1046, 25776};
70      char namedata[12][10]={{"Allen"}, {"Scott"}, {"Marry"}, {"John"}, {"Mark"}, {"Ricky"},
    {"Lisa"}, {"Jasica"}, {"Hanson"}, {"Amy"}, {"Bob"}, {"Jack"}};
71      printf("员工编号 薪水 员工编号 薪水 员工编号 薪水 员工编号 薪水\n");
72      printf("-----------------------------------------------------\n");
73
74      for(i=0;i<3;i++)
75      {
76          for (j=0;j<4;j++)
77          printf("[%2d] [%3d]  ",data[j*3+i][0],data[j*3+i][1]);
78          printf("\n");
79      }
80      head=(link)malloc(sizeof(node));  /* 建立链表头 */
81      if(head==NULL)
82      {
83          printf("Error! 内存分配失败！\n");
84          exit(1);
85      }
86      else
87      {
88          memset(head,0,sizeof(node));
89          head->num=data[0][0];
90          for (j=0;j<10;j++)
91              head->name[j]=namedata[0][j];
92          head->salary=data[0][1];
93          llinknode=head;
94          for(i=1;i<12;i++)  /* 建立链表 */
95          {
96              newnode=(link)malloc(sizeof(node));
97              memset(newnode,0,sizeof(node));
98              newnode->num=data[i][0];
99              for (j=0;j<10;j++)
100                 newnode->name[j]=namedata[i][j];
```

```
101             newnode->salary=data[i][1];
102             llinknode->rlink=newnode;
103             newnode->llink=llinknode;
104             llinknode=newnode;
105         }
106     }
107
108     while(1)
109     {
110         printf("\n 请输入要删除的员工编号，要结束插入过程，请输入-1：");
111         scanf("%d",&position);
112         if(position==-1)      /* 停止循环的条件*/
113             break;
114         else
115         {
116             ptr=findnode(head,position);
117             head=deletenode(head,ptr);
118         }
119     }
120     printf("\n\t 员工编号     姓名\t 薪水\n");
121     printf("\t============================\n");
122     ptr=head;
123     while(ptr!=NULL)
124     {
125         printf("\t[%2d]\t[ %-10s]\t[%3d]\n", ptr->num, ptr->name, ptr->salary);
126         ptr=ptr->rlink;
127     }
128     system("pause");
129     return 0;
130 }
```

【执行结果】参见图 3-57。

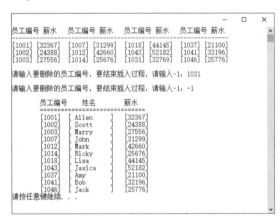

图 3-57

![本章习题]

1. 如下图所示，请使用任何一种程序设计语言或伪语言来描述添加一个节点 I 的算法。

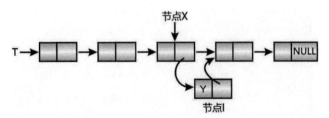

2. 请简述如何将稀疏矩阵以环形链表来表示，并说明这种表示法的优点？

3. 什么是悬挂引用（Dangling Reference）？

4. 在有 n 项数据的链表中查找一项数据，若以平均花费的时间考虑，其时间复杂度是多少？

5. 试说明环形链表的优缺点。

6. 试写出计算环形链表长度的算法。

7. 绘图和写出回收环形链表节点到可用空间链表（AV 链表）的算法，并比较回收单向链表与环形链表的时间复杂度。

8. 利用绘图与任何语言来描述环形链表的反转算法。

9. 如何使用数组来表示与存储多项式 $P(x, y) = 9x^5 + 4x^4y^3 + 14x^2y^2 + 13xy^2 + 15$？

10. 设计一个链表数据结构表示如下多项式。

$$P(x, y, z) = x^{10}y^3z^{10} + 2x^8y^3z^2 + 3x^8y^2z^2 + x^4y^4z + 6x^3y^4z + 2yz$$

11. 使用多项式的两种数组表示法来存储 $P(x) = 8x^5 + 7x^4 + 5x^2 + 12$。

12. 假设一个链表的节点结构如下图所示。

用这个链表结构来表示多项式 $X^A Y^B Z^C$ 的各项。

（1）画出多项式 $X^6 - 6XY^5 + 5Y^6$ 的链表图。

（2）画出多项式 "0" 的链表图。

（3）画出多项式 $X^6 - 3X^5 - 4X^4 + 2X^3 + 3X + 5$ 的链表图。

13. 设计一个存储学生成绩的双向链表的节点，并说明双向链表结构的意义。

第 4 章

堆栈

堆栈是一组相同数据类型的组合，所有的操作均在堆栈顶端进行，具有"后进先出"（Last In First Out，LIFO）的特性。堆栈结构在计算机领域的应用相当广泛，时常被用来解决计算机领域中的各种问题，例如前面谈到的递归调用、子程序的调用。堆栈的应用在日常生活中亦随处可见，如大楼电梯（见图4-1）、货架的货品等都是类似堆栈的数据结构原理。

4.1 堆栈简介

图 4-1

堆栈的所谓后进先出的概念，其实就如同吃自助餐时餐盘在桌面上一个一个叠放，在取用时先拿最上面的餐盘，如图 4-2 所示，这是典型的堆栈概念的应用。

取用时先拿最上面的餐盘

餐盘一个一个往上叠放

图 4-2

堆栈是一种抽象数据类型，具有下列特性：

（1）只能从堆栈的顶端存取数据。

（2）数据的存取遵循"后进先出"的原则。

在堆栈的数据结构中，将每一个元素放入堆栈顶端，被称为压入（push），而从堆栈顶端取出元素，则被称为弹出（pop）。堆栈压入和弹出的操作过程如图 4-3 和图 4-4 所示。

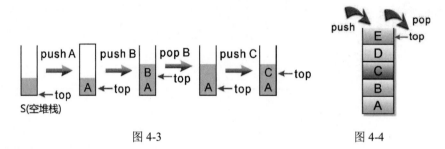

图 4-3   图 4-4

堆栈有 5 种基本操作，如表 4-1 所示。

表4-1   堆栈的5种基本操作

Create	创建一个空堆栈
Push	把数据压入堆栈顶端，并返回新堆栈
Pop	从堆栈顶端弹出数据，并返回新堆栈
Empty	判断堆栈是否为空堆栈，是则返回 true，否则返回 false
Full	判断堆栈是否已满，是则返回 true，否则返回 false

在 C 程序中使用数组和链表都可以实现堆栈，分别介绍如下。

4.1.1　用数组实现堆栈

以数组结构来实现堆栈的好处是设计的算法都相当简单，但是，如果堆栈本身的大小是变动的，而数组的大小只能事先规划和声明好，那么数组规划太大了又浪费空间，规划太小了则又不够用。

以 C 语言描述的用数组实现堆栈的相关算法如下：

```
int isEmpty()        /* 判断堆栈是否为空堆栈 */
{
    if(top==-1) return 1;
    else return 0;
}


int push(int data) /* 把数据压入堆栈顶端，并返回新堆栈 */
{
    if(top>=MAXSTACK)
    {
        printf("堆栈已满，无法再压入。\n");
        return 0;
    }
    else
    {
        stack[++top]=data; /* 将数据压入堆栈 */
        return 1;
    }
}
```

```
int pop()
{
    if(isEmpty())    /* 判断堆栈是否为空，如果是则返回-1 */
        return -1;
    else
        return stack[top--];    /* 将数据从堆栈顶端弹出后，再将堆栈指针往下移 */
}
```

范例 ▶ 4.1.1

请使用数组结构来设计一个 C 程序，用循环来控制元素压入堆栈或弹出堆栈，并仿真堆栈的各种操作，此堆栈最多可容纳 100 个元素，其中必须包括压入与弹出函数，并在最后输出堆栈内的所有元素。

解答 ▶ 请参考范例程序 CH04_01.c。

```
01    #include <stdio.h>
02    #include <stdlib.h>
03    #define MAXSTACK 100  /* 定义最大堆栈容量 */
04
05    int stack[MAXSTACK];  /* 声明用于堆栈的数组 */
06    int top=-1;           /* 堆栈的顶端 */
07    /* 判断是否为空堆栈 */
08    int isEmpty()
09    {
10        if(top==-1) return 1;
11        else return 0;
12    }
13    /* 将指定的数据压入堆栈 */
14    int push(int data)
15    {
16        if(top>=MAXSTACK)
17        {
18            printf("堆栈已满，无法再压入。\n");
19            return 0;
20        }
21        else
22        {
23            stack[++top]=data; /* 将数据压入堆栈 */
24            return 1;
25
26        }
27    }
28    /* 从堆栈弹出数据 */
29    int pop()
30    {
31        if(isEmpty()) /* 判断堆栈是否为空，如果是则返回-1*/
32            return -1;
33        else
34            return stack[top--]; /*将数据从堆栈顶端弹出后，再将堆栈指针往下移 */
35    }
36    /* 主程序 */
37    int main()
38    {
39        int value;
40        int i;
41        do
42        {
43            printf("要压入堆栈，请输入 1；要从堆栈弹出则输入 0；停止操作则输入-1: ");
44            scanf("%d",&i);
45            if(i==-1)
46                break;
47            else if (i==1)
48            {
49                printf("请输入数据: ");
```

```
50              scanf("%d",&value);
51              push(value);
52          }
53          else if(i==0)
54              printf("弹出的数据为: %d\n",pop());
55      } while(i!=-1);
56
57      printf("=============================\n");
58      while(!isEmpty())  /* 将数据陆续从顶端弹出 */
59      printf("堆栈弹出的顺序为: %d\n",pop());
60      printf("=============================\n");
61      system("pause");
62      return 0;
63  }
```

【执行结果】参见图 4-5。

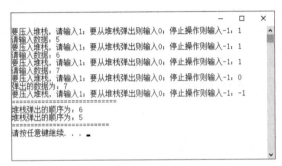

图 4-5

范例▶ 4.1.2

请设计一个 C 程序，以数组仿真扑克牌洗牌和发牌的过程。以随机数生成扑克牌后压入堆栈，放满 52 张牌后开始发牌，使用堆栈功能来给 4 个人发牌。

解答▶ 请参考范例程序 CH04_02.c（扫描文前"序"中二维码可获取本范例程序源码）。

【执行结果】参见图 4-6。

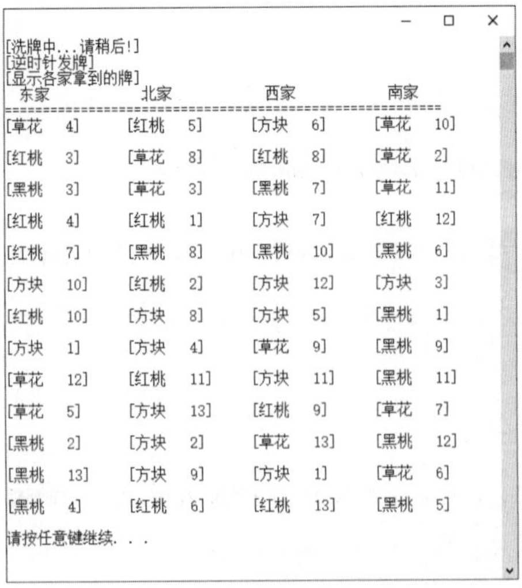

图 4-6

4.1.2　用链表实现堆栈

用链表来实现堆栈的优点是随时可以动态改变链表的长度，能有效利用内存资源，不过缺点是设计的算法较为复杂。

以 C 语言描述的用链表实现堆栈的相关算法如下：

```c
struct Node            /* 声明堆栈链表节点的结构数据类型 */
{
    int data;  /* 声明堆栈中存储数据的字段 */
    struct Node *next;  /* 堆栈中用来指向下一个节点的指针 */
};
typedef struct Node Stack_Node;       /* 定义堆栈中节点的新类型 */
typedef Stack_Node *Linked_Stack;     /* 定义链表堆栈的新类型 */
Linked_Stack top=NULL;                /* 指向堆栈顶端的指针 */
```

```c
int isEmpty() /* 判断是否为空堆栈 */
{
    if(top==NULL) return 1;
    else return 0;
}
```

```c
void push(int data) /* 将指定的数据压入堆栈 */
{
    Linked_Stack new_add_node;     /* 新加入节点的指针*/
    /* 给新节点分配内存 */
    new_add_node=(Linked_Stack)malloc(sizeof(Stack_Node));
    new_add_node->data=data; /* 将传入的值指定为节点的内容 */
    new_add_node->next=top;        /* 将新节点指向堆栈的顶端 */
    top=new_add_node;              /* 新节点成为堆栈的顶端 */
}
```

```c
int pop() /* 从堆栈弹出数据 */
{
    Linked_Stack ptr;     /* 指向堆栈顶端的指针 */
    int temp;
    if(isEmpty())          /* 判断堆栈是否为空，如果是则返回-1 */
    {
        printf("===当前为空堆栈===\n");
        return -1;
    }
    else
    {
        ptr=top;               /* 指向堆栈的顶端 */
        top=top->next;  /* 将堆栈顶端的指针指向下一个节点 */
        temp=ptr->data;  /* 从堆栈弹出数据 */
        free(ptr);        /* 将节点占用的内存释放 */
        return temp;            /* 将从堆栈弹出的数据返回给主程序 */
    }
}
```

范例▶ 4.1.3

请设计一个 C 程序以链表来实现堆栈操作，使用循环来控制元素压入堆栈和弹出堆栈，其中必须包括压入与弹出函数，并在最后输出堆栈内的所有元素。

解答▶ 请参考范例程序 CH04_03.c。

```
01    #include <stdio.h>
02    #include <stdlib.h>
03
04    struct Node  /* 声明堆栈链表节点的结构数据类型 */
05    {
06       int data; /* 声明堆栈中存储数据的字段 */
07       struct Node *next;/* 堆栈中用来指向下一个节点 */
08    };
09    typedef struct Node Stack_Node;     /* 定义堆栈中节点的新类型 */
10    typedef Stack_Node *Linked_Stack; /* 定义链表堆栈的新类型 */
11    Linked_Stack top=NULL;              /* 指向堆栈顶端的指针 */
12    int isEmpty();
13    int pop();
14    void push(int data);
15    /* 判断是否为空堆栈 */
16
17    /* 主程序 */
18    int main()
19    {
20        int value;
21        int i;
22
23        do
24        {
25            printf("要将数据压入堆栈，请输入1；要弹出数据则输入0；停止操作则输入-1: ");
26            scanf("%d",&i);
27            if(i==-1)
28                break;
29            else if (i==1)
30            {
31                printf("请输入数据: ");
32                scanf("%d",&value);
33                push(value);
34            }
35            else if(i==0)
36                printf("弹出的数据为: %d\n",pop());
37        } while(i!=-1);
38
39        printf("============================\n");
40        while(!isEmpty()) /* 将数据陆续从堆栈顶端弹出 */
41            printf("堆栈弹出的顺序为: %d\n",pop());
42        printf("============================\n");
43
44        system("pause");
45        return 0;
46    }
47    int isEmpty()
48    {
49        if(top==NULL) return 1;
50        else return 0;
51    }
52    /* 将指定的数据压入堆栈 */
53    void push(int data)
54    {
55        Linked_Stack new_add_node; /* 新加入节点的指针 */
56        /* 给新节点分配内存 */
57        new_add_node=(Linked_Stack)malloc(sizeof(Stack_Node));
58        new_add_node->data=data;    /* 将传入的值指定为节点的内容 */
59        new_add_node->next=top;     /* 将新节点指向堆栈的顶端 */
60        top=new_add_node;           /* 新节点成为堆栈的顶端 */
61    }
62    /* 从堆栈弹出数据 */
63    int pop()
64    {
65        Linked_Stack ptr; /* 指向堆栈顶端的指针 */
66        int temp;
67        if(isEmpty())       /* 判断堆栈是否为空，如果是则返回-1 */
68        {
```

```
69              printf("===当前为空堆栈===\n");
70              return -1;
71          }
72      else
73          {
74              ptr=top;           /* 指向堆栈的顶端 */
75              top=top->next;    /* 将堆栈顶端的指针指向下一个节点 */
76              temp=ptr->data;   /* 从堆栈弹出数据*/
77              free(ptr);         /* 将节点占用的内存释放 */
78              return temp;       /* 将从堆栈弹出的数据返回给主程序*/
79          }
80      }
```

【执行结果】参见图 4-7。

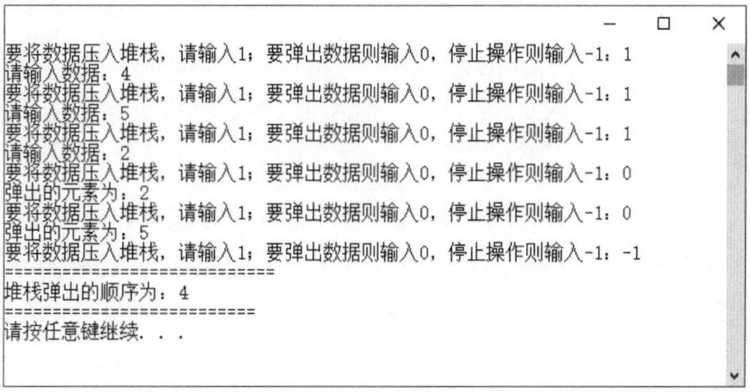

图 4-7

4.2 堆栈的应用

堆栈在计算机领域的应用相当广泛，主要特性是限制了数据插入与删除的位置和方法，属于有序表的应用。各种应用可列举如下：

（1）二叉树及森林的遍历，例如中序遍历（Inorder）、前序遍历（Preorder）等。

（2）计算机中央处理单元（CPU）的中断处理（Interrupt Handling）。

（3）图的深度优先（DFS）遍历法。

（4）某些所谓堆栈计算机（Stack Computer），采用空地址（Zero-address）指令，其指令没有操作数，大都通过弹出和压入两个指令来处理程序。

（5）递归程序的调用及返回：在每次递归之前，必须先将下一个指令的地址和变量的值保存到堆栈中，当以后递归返回时，则依次从堆栈顶端弹出这些相关值，回到原来执行递归前的状态，再往下执行。

（6）数学表达式的转换和求值，例如中序法转换成后序法。

（7）调用子程序及返回处理，例如要执行调用的子程序前，必须先将返回位置（即下一个指令的地址）压入堆栈中，然后才执行调用子程序的操作，等到子程序执行完毕后，再从堆栈中弹出返回地址。

（8）编译错误处理（Compiler Syntax Processing），例如当编译程序发生错误或提示警告信息时，会将所在的地址压入堆栈，之后才显示错误相关的信息对照表。

范例 ▶ 4.2.1

考虑如图 4-8 所示的铁路交换网络。

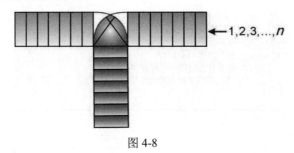

$$\leftarrow 1,2,3,\dots,n$$

图 4-8

在图 4-8 右边为编号 1, 2, 3, …, n 的火车厢，可将每一节车厢适时拖入堆栈，并可以在任何时候将它拖出。如 $n=3$，我们可以拖入 1、拖入 2、拖入 3，然后再将车厢拖出，此时可产生新的车厢编组顺序 3,2,1。请问：

（1）当 $n=3$ 时，分别有哪几种排列的方式？哪几种排序方式不可能发生？

（2）当 $n=6$ 时，325641 这样的排列是否可能发生？154236 或者 154623 呢？当 $n=5$ 时，32154 这样的排列是否可能发生？

（3）找出一个公式 S_n，计算当有 n 节车厢时，共有多少种排方式？

解答 ▶

（1）当 $n=3$ 时，可能的排列方式有 5 种，分别是 123、132、213、231、321。不可能的排列方式有 312。

（2）依据堆栈后进先出的原则，325641 的车厢号码顺序可以产生。154236 与 154623 都不可能发生。当 $n=5$ 时，可以产生 32154 的排列。

（3）$S_n = \dfrac{1}{n+1} \times \dbinom{2n}{n} = \dfrac{1}{n+1} \times \dfrac{(2n)!}{n! \times n!}$。

4.2.1　递归算法

递归法是一种很特殊的算法，分治法和递归法很像一对孪生兄弟，都是将一个复杂的算法问题进行分解，让其规模越来越小，最终使子问题容易求解，原理就是分治法的精神。递归在早期人工智能所用的语言（如 Lisp、Prolog）中几乎是整个语言运行的核心，现在许多程序设计语言（包括 C、C++、Java、Python 等）都具备递归功能。简单来说，在某些程序设计语言中，函数或子程序不只是能够被其他函数调用或引用，还可以自己调用自己，这种调用的功能就是所谓的递归（Recursion）。

何时才是使用递归的最好时机呢？是不是递归只能解决少数问题？事实上，任何可以用选择结构和重复结构来编写的程序，都可以用递归来编写和实现。

1. 递归的定义

从程序设计语言的角度来说，谈到递归的定义，可以这样来描述：假如一个函数或子程序是由自身所定义或调用的，就称为递归。它至少要定义两个条件：一个可以反复执行的递归过程与一个跳出执行过程的出口。

阶乘函数在数学上大名鼎鼎，对递归法而言，阶乘是很典型的范例，一般以符号"！"来代表阶乘。例如 4 的阶乘可写为 4!，而 $n!$则可以表示为：

$$n! = n \times (n-1) \times (n-2) \times \cdots \times 1$$

下面逐步分解它的运算过程，以观察出其规律性。

$$5! = (5 \times 4!)$$
$$= 5 \times (4 \times 3!)$$
$$= 5 \times 4 \times (3 \times 2!)$$
$$= 5 \times 4 \times 3 \times (2 \times 1)$$
$$= 5 \times 4 \times (3 \times 2)$$
$$= 5 \times (4 \times 6)$$
$$= (5 \times 24)$$
$$= 120$$

用 C 语言实现的阶乘递归函数算法如下：

```c
int factorial(int i)
{
    int sum;
    if(i == 0)   /* 递归终止的条件 */
    return(1);
    else
        sum = i * factorial(i-1); /* 反复执行的递归调用 */
    return sum;
}
```

范例▶ 4.2.2

利用 C 语言的 for 循环实现一个计算 0!~n!的递归程序。

解答▶ 请参考范例程序 CH04_04.c。

```c
01    /* 以 for 循环计算 n! */
02    #include<stdio.h>
03    #include<stdlib.h>
04
05    int main()
06    {
07        int i,j,n,sum = 1;
08        printf("请输入 n = ");
09        scanf("%d",&n);
10
11        for(i=0;i<=n;i++)      /* 0~n 的阶乘 */
12        {
13            for(j=i;j>0;j--) /* n!=n*(n-1)*(n-2)*...*1 */
14                sum *= j;      /* sum=sum*j */
15            printf("%d!=%3d\n",i,sum);
16            Sum = 1;
17        }
18        system("pause");
19        return 0;
20    }
```

【执行结果】参见图 4-9。

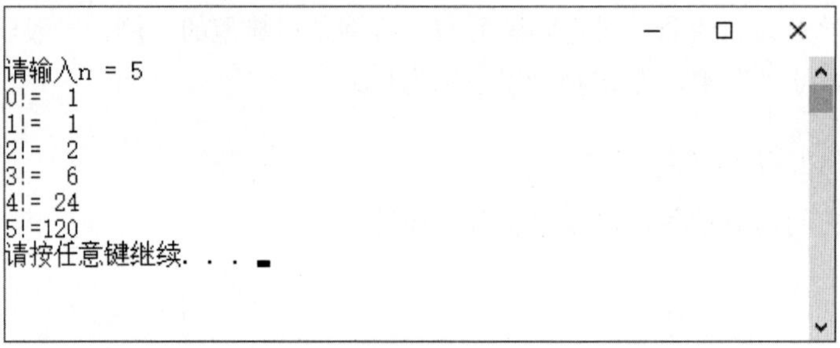

图 4-9

范例 4.2.3

设计一个 C 程序，以递归计算 *n*!。

解答 请参考范例程序 CH04_05.c。

```
01    /* 用递归函数求 n 阶乘的值*/
02    #include <stdio.h>
03    #include <stdlib.h>
04
05    int factorial(int);   /* 函数原型 */
06    int main()
07    {
08        int i,n;
09
10        printf("请输入阶乘数：");
11        scanf("%d",&n);
12
13        for (i=0;i<=n;i++)
14        printf("%d!的值为：%3d\n", i,factorial(i));
15
16        system("pause");
17        return 0;
18    }
19
20    int factorial(int i)
21    {
22        int sum;
23        if(i == 0)/* 递归终止的条件 */
24            return(1);
25        else
26            sum = i * factorial(i-1); /* sum=n*(n-1)! 所以直接调用自身 */
27        return sum;
28    }
```

【执行结果】参见图 4-10。

图 4-10

此外，根据递归调用对象的不同，可以把递归分为以下两种。

- 直接递归：是指在递归函数中允许直接调用该函数自身。例如：

```
int Fun(...)
{
    .
    .
    if(...)
        Fun(...)
    .
    .
}
```

- 间接递归：是指在递归函数中调用其他递归函数，再从其他递归函数调用回原来的递归函数。

```
int Fun1(...)        int Fun2(...)
{                    {
    .                    .
    .                    .
    if(...)              if(...)
        Fun2(...)            Fun1(...)
    .                    .
    .                    .
}                    }
```

> 提示　尾递归（Tail Recursion）就是函数或子程序的最后一条语句为递归调用，因为每次调用后，再回到前一次调用的第一条语句就是 return 语句，所以不需要再进行任何运算工作了。

2. 斐波那契数列

以上递归应用以阶乘函数为范例来说明递归的运行方式。我们再来看看著名的斐波那契数列（Fibonacci Polynomial）的递归法求解。斐波那契数列的基本定义为：

$$F_n = \begin{cases} 1 & n = 0,1 \\ F_{n-1} + F_{n-2} & n = 2,3,4,5,6,\cdots（n \text{ 为正整数}） \end{cases}$$

简单来说，这个数列的第 0 项是 0，第 1 项是 1，之后各项的值是由其前面两项的值相加的结果（后面每项的值都是其前两项值的和）。根据斐波那契数列的定义，可以尝试把它设计成递归形式：

```
int fib(int n)
{
    if(n==0)return 0;
    if(n==1)
        return 1;
    else
        return fib(n-1)+fib(n-2); /* 递归调用自身两次 */
}
```

范例 ▶ 4.2.4

设计一个 C 程序，以递归法求解 n 项斐波那契数列。

解答 ▶ 请参考范例程序 CH04_06.c。

```
01    #include <stdio.h>
02    #include <stdlib.h>
03
04    int fib(int);    /* fib()函数的原型声明 */
05
06    int main()
07    {
08        int i,n;
09        printf("请输入要计算到第几项斐波那契数列: ");
10        scanf("%d",&n);
11        for(i=0;i<=n;i++)    /* 计算前 n 项斐波那契数列 */
12            printf("fib(%d)=%d\n",i,fib(i));
13
14        system("pause");
15        return 0;
16    }
17
18    int fib(int n)                /* 定义函数 fib() */
19    {
20
21        if (n==0)
22            return 0;                /* 如果 n=0,则返回 0 */
23        else if(n==1 || n==2)    /* 如果 n=1 或 n=2,则返回 1 */
24            return 1;
25        else                            /* 否则返回 fib(n-1)+fib(n-2) */
26            return (fib(n-1)+fib(n-2));
27    }
```

【执行结果】参见图 4-11。

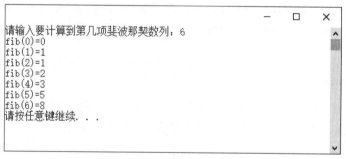

图 4-11

4.2.2　动态规划算法

动态规划法（Dynamic Programming Algorithm，DPA）类似于分治法，在 20 世纪 50 年代初由美国数学家 R. E. Bellman 发明，用于研究多阶段决策过程的优化过程与求得一个问题的最优解。动态规划法的主要做法：如果一个问题的答案与子问题相关的话，就能将大问题拆解成各个小问题。其中与分治法最大的不同是可以让每一个子问题的答案被存储起来，以供下次求解时直接取用。这样的做法不但可以减少再次计算的时间，而且可以将这些子问题的解组合成大问题的解，故而使用动态规划法可以解决重复计算的问题。

动态规划法是分治法的延伸。当用递归法分割出来的问题"一而再，再而三"出现时，就可以运用记忆法来存储这些问题。

前面的斐波那契数列是使用类似分治法的递归法，如果改用动态规划法，已计算过的数据就不必重复计算了，也不会再往下递归，这样可以提高性能。例如，若想求斐波那契数列的第 4 项数 Fib(4)，则它的递归过程可以用图 4-12 表示。

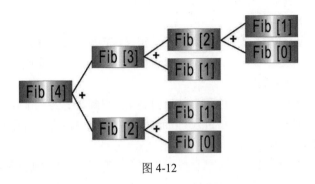

图 4-12

从上面的执行路径图中可知递归调用了 9 次，而加法运算了 4 次，Fib(1)执行了 3 次，Fib(0)执行了 2 次，重复计算影响了执行性能。根据动态规划法的算法思路可以绘制出如图 4-13 所示的执行示意图。

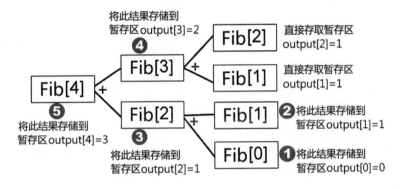

图 4-13

前面提过动态规划法的精神是已计算过的数据不必重复计算。为了达到这个目的，我们可以先设置一个用来记录该斐波那契数列中的项是否已计算过的数组——output，该数组中的每一个元素用来分别记录已被计算过的斐波那契数列中的各项。不过在计算之前，该 output 数组的初值全部设置为空值（C 语言的空值为 NULL），当该斐波那契数列中的项被计算过后，就必须将该项计算得到的值存储到 output 数组中。举例来说，我们可以将 Fib(0)记录到 output[0]，Fib(1)记录到 output[1]，以此类推。

每当要计算斐波那契数列中的项时，就先从 output 数组中判断，如果是空值，就进行计算，再将计算得到的斐波那契数列项存储到对应的 output 数组中（数组下标对应数列的项次），这样就可以确保斐波那契数列的每一项只被计算过一次。算法的执行过程如下：

（1）第一次计算 Fib(0)，按照斐波那契数列的定义，得到数值为 0，将此值存入用来记录已计算斐波那契数列的数组中，即 output[0]=0。

（2）第一次计算 Fib(1)，按照斐波那契数列的定义，得到数值为 1，将此值存入用来记录已计算斐波那契数列的数组中，即 output[1]=1。

（3）第一次计算 Fib(2)，依照斐波那契数列的定义，得到数值为 Fib(1)+ Fib(0)，因为这两个数值都已计算过，因此可以直接计算 output[1] + output[0] = 1+0 = 1，将此值存入用来记录已计算斐波那契数列的数组中，即 output[2]=1。

（4）第一次计算 Fib(3)，按照斐波那契数列的定义，得到数值为 Fib(2)+Fib(1)，因为这两个数值都已计算过，因此可以直接计算 output[2] + output[1] = 1 + 1 = 2，将此值存入用来记录已计算斐波那契数列的数组中，即 output[3]=2。

（5）第一次计算 Fib(4)，按照斐波那契数列的定义，得到数值为 Fib(3)+ Fib(2)，因为这两个数值都已计算过，因此可以直接计算 output[3] + output[2] = 2+1 = 3，将此值存入用来记录已计算斐波那契数列的数组中，即 output[4]=3。

（6）第一次计算 Fib(5)，按照斐波那契数列的定义，得到数值为 Fib(4)+ Fib(3)，因为这两个数值都已计算过，所以可以直接计算 output[4] + output[3] = 3+2 = 5，将此值存入用来记录已计算斐波那契数列的数组中，即 output[5]=5，后续各项以此类推。

根据上面动态规划法改进斐波那契数列的递归算法，参照图 4-13，用 C 语言实现改进的算法，示例代码如下：

```c
int output[1000]={0}; /* Fibonacci 的暂存区 */

int fib(int n)
{
    int result;
    result=output[n];
    if (result==0)
    {
        if(n==0)
            return 0;
        if(n==1)
            return 1;
        else
            return (fib(n-1)+fib(n-2));
        output[n]=result;
    }
    return result;
}
```

4.2.3 汉诺塔问题

法国数学家 Lucas 在 1883 年介绍了一个十分经典的汉诺塔（Tower of Hanoi）智力游戏，该游戏的求解是递归应用最传神的表现（见图 4-14）。内容是说在古印度神庙，庙中有 3 根木桩，天神希望和尚们把某些大小不同的圆盘从第 1 号木桩全部移到第 3 号木桩。

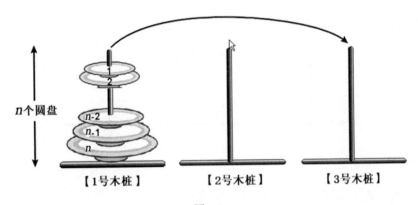

图 4-14

从更精确的角度来说，汉诺塔问题可以这样描述：假设有 1 号、2 号、3 号共 3 根木桩和 n 个大小均不相同的圆盘（Disc），圆盘从小到大编号为 1, 2, 3, …, n，编号越大，直径越大。开始的时候，n 个圆盘都套在 1 号木桩上，现在希望能找到以 2 号木桩为中间桥梁，将 1 号木桩上的圆盘全部移到 3 号木桩上次数最少的方法。在移动时必须遵守以下规则：

（1）直径较小的圆盘永远只能置于直径较大的圆盘上。

（2）圆盘可任意地从任何一个木桩移到其他的木桩上。

（3）每一次只能移动一个圆盘，而且只能从最上面的圆盘开始移动。

现在我们考虑 $n=1\sim3$ 的情况，以图示方式示范求解汉诺塔问题的步骤。

● 　$n=1$ 个圆盘

直接把圆盘从 1 号木桩移到 3 号木桩，如图 4-15 所示。

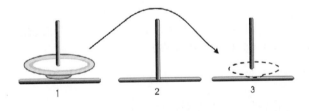

图 4-15

● 　$n=2$ 个圆盘

① 将 1 号圆盘从 1 号木桩移到 2 号木桩，如图 4-16 所示。

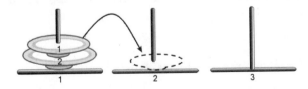

图 4-16

② 将 2 号圆盘从 1 号木桩移到 3 号木桩，如图 4-17 所示。

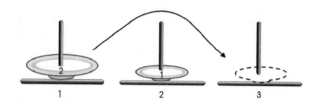

图 4-17

③ 将 1 号圆盘从 2 号木桩移到 3 号木桩，如图 4-18 所示。

图 4-18

④ 完成，如图 4-19 所示。

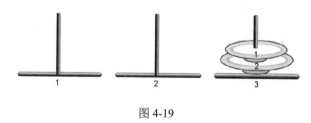

图 4-19

结论：移动了 $2^2-1=3$ 次，圆盘移动的次序为 1，2，1（此处为圆盘次序）。
步骤：1→2，1→3，2→3（此处为木桩次序）。

- $n=3$ 个圆盘

① 将 1 号圆盘从 1 号木桩移到 3 号木桩，如图 4-20 所示。

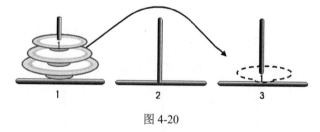

图 4-20

② 将 2 号圆盘从 1 号木桩移到 2 号木桩，如图 4-21 所示。

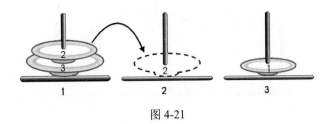

图 4-21

③ 将 1 号圆盘从 3 号木桩移到 2 号木桩，如图 4-22 所示。

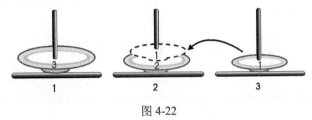

图 4-22

④ 将 3 号圆盘从 1 号木桩移到 3 号木桩，如图 4-23 所示。

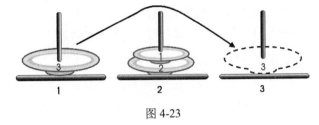

图 4-23

⑤ 将 1 号圆盘从 2 号木桩移到 1 号木桩，如图 4-24 所示。

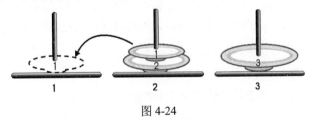

图 4-24

⑥ 将 2 号圆盘从 2 号木桩移到 3 号木桩，如图 4-25 所示。

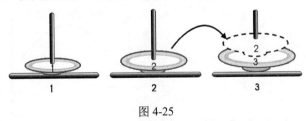

图 4-25

⑦ 将 1 号圆盘从 1 号木桩移到 3 号木桩，如图 4-26 所示。

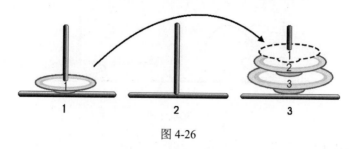

图 4-26

⑧ 完成，如图 4-27 所示。

图 4-27

结论：移动了 $2^3-1=7$ 次，圆盘移动的次序为 1，2，1，3，1，2，1（圆盘的次序）。

步骤：1→3，1→2，3→2，1→3，2→1，2→3，1→3（木桩的次序）。

- 当有 4 个圆盘时，我们实际操作后（在此不用插图说明），圆盘移动的次序为 1，2，1，3，1，2，1，4，1，2，1，3，1，2，1，而木桩移动的顺序为 1→2，1→3，2→3，1→2，3→1，3→2，1→2，1→3，2→3，2→1，3→1，2→3，1→2，1→3，2→3，移动次数为 $2^4-1=15$。

当 n 的值不大时，大家可以逐步用图解办法解决问题，但 n 的值较大时，就十分伤脑筋了。事实上，我们可以得出一个结论，当有 n 个圆盘时，可将汉诺塔问题归纳成 3 个步骤（见图 4-28）。

步骤 01 将 $n-1$ 个圆盘从 1 号木桩移到 2 号木桩。

步骤 02 将第 n 个最大圆盘从 1 号木桩移到 3 号木桩。

步骤 03 将 $n-1$ 个圆盘从 2 号木桩移到 3 号木桩。

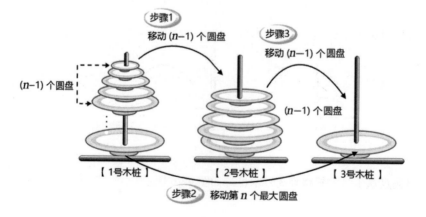

图 4-28

　　根据上面的分析和图解，大家应该可以发现汉诺塔问题非常适合用递归方式与堆栈数据结构来求解。因为汉诺塔问题满足了递归的两大特性：①有反复执行的过程；②有退出递归的出口。

　　以下是用 C 语言实现的采用递归方式来描述的汉诺塔递归函数算法：

```
void hanoi(int n, int p1, int p2, int p3)
{
    if (n==1) /* 递归出口 */
        printf("圆盘从 %d 移到 %d\n", p1, p3);
    else
    {
        hanoi(n-1, p1, p3, p2);
        printf("圆盘从 %d 移到 %d\n", p1, p3);
        hanoi(n-1, p2, p1, p3);
    }
}
```

范例▶ 4.2.5

请设计一个 C 程序，以递归方式来实现汉诺塔算法的求解。

解答▶ 请参考范例程序 CH04_07.c。

```
01    #include <stdio.h>
02    #include <stdlib.h>
03
04    void hanoi(int, int, int, int);     /* 函数原型 */
05
06    int main()
07    {
08        int j;
09        printf("请输入圆盘数量: ");
10        scanf("%d", &j);
11        hanoi(j,1, 2, 3);
12
13        system("pause");
14        return 0;
15    }
16
17    void hanoi(int n, int p1, int p2, int p3)
18    {
19        if (n==1) /* 递归出口 */
20            printf("圆盘从 %d 号木桩移到 %d 号木桩\n", p1, p3);
21        else
22        {
23            hanoi(n-1, p1, p3, p2);
24            printf("圆盘从 %d 号木桩移到 %d 号木桩\n", p1, p3);
25            hanoi(n-1, p2, p1, p3);
26        }
27    }
```

【执行结果】参见图 4-29。

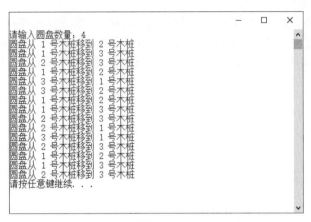

图 4-29

4.2.4　回溯法——老鼠走迷宫

回溯法（Backtracking）是枚举法的一种，对于某些问题而言，回溯法是一种可以找出所有（或一部分）解的一般性算法，同时避免枚举不正确的数值。一旦发现不正确的数值，就不再递归到下一层，而是回溯到上一层，以节省时间，是一种走不通就退回再走的方式。它的特点主要是在搜索过程中寻找问题的解，当发现不满足求解条件时，就回溯（返回），尝试别的路径，避免无效搜索。

例如，老鼠走迷宫就是一种回溯法的应用。老鼠走迷宫问题的描述是：假设把一只老鼠放在一个没有盖子的大迷宫盒的入口处，盒中有许多墙，使得大部分路径都被挡住而无法前进。老鼠可以采用尝试错误的方法找到出口。不过，这只老鼠必须在走错路时就退回来并把走过的路记下来，避免下次走重复的路，就这样直到找到出口为止。简单来说，老鼠行进时必须遵守以下 3 个原则：

（1）一次只能走一格。

（2）遇到墙无法往前走时，则退回一步找找看是否有其他的路可以走。

（3）走过的路不会再走第二次。

人们对这个问题感兴趣的原因是它可以提供一种典型堆栈应用的思考方法，有许多大学曾举办"计算机老鼠走迷宫"的比赛，就是要设计这种利用堆栈技巧走迷宫的程序。在编写走迷宫程序之前，先来了解如何在计算机中表现一个仿真迷宫的方式。这时可以利用二维数组 MAZE[row][col]，并符合以下规则：

$$MAZE[i][j] =1 \text{ 表示}[i][j]\text{处有墙，无法通过}$$
$$=0 \text{ 表示}[i][j]\text{处无墙，可通行}$$
$$MAZE[1][1]\text{是入口，} MAZE[m][n]\text{是出口}$$

图 4-30 就是一个使用 10×12 二维数组的仿真迷宫地图。

假设老鼠从左上角的 MAZE[1][1]进入，从右下角的 MAZE[8][10]出来，老鼠当前位置以 MAZE[x][y]表示，那么老鼠可能移动的方向如图 4-31 所示。

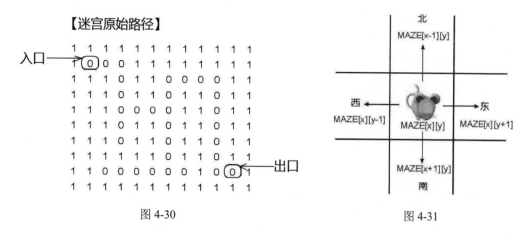

图 4-30 图 4-31

由图 4-31 可知，老鼠可以选择的方向共有 4 个，分别为东、西、南、北。但并非每个位置都有 4 个方向可以选择，必须视情况而定，例如 T 字形的路口就只有东、西、南 3 个方向可以选择。

可以使用链表来记录走过的位置，并且将走过的位置所对应的数组元素内容标记为 2，然后将这个位置压入堆栈，再进行下一个方向或路的选择。如果走到死胡同并且还没有抵达终点，就退回上一个位置，直到退回到上一个岔路后再选择其他的路。由于每次新加入的位置必定会在堆栈的顶端，因此堆栈顶端指针所指向的方格编号便是当前搜索迷宫出口的老鼠所在的位置。如此重复这些动作，直到走到迷宫出口为止。在图 4-32 和图 4-33 中以小球代表迷宫中的老鼠。

图 4-32

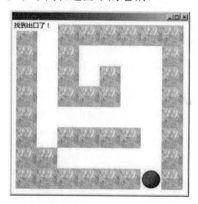

图 4-33

上面这样的一个迷宫探索的过程可以使用如下 C 语言来描述：

```
01   if(上一格可走)
02   {
03       把方格编号压入堆栈;
04       往上走;
05       判断是否为出口;
06   }
07   else if(下一格可走)
08   {
09       把方格编号压入堆栈;
10       往下走;
11       判断是否为出口;
12   }
13   else if(左一格可走)
```

```
14  {
15       把方格编号压入堆栈;
16       往左走;
17       判断是否为出口;
18  }
19  else if(右一格可走)
20  {
21       把方格编号压入堆栈;
22       往右走;
23       判断是否为出口;
24  }
25  else
26  {
27       从堆栈删除一个方格编号;
28       从堆栈弹出一个方格编号;
29       往回走;
30  }
```

上面的算法是每次进行移动时所执行的操作，主要用于判断当前所在位置的上、下、左、右是否有可以前进的方格，若找到可前进的方格，则将该方格的编号压入到记录移动路径的堆栈中，并往该方格移动，而当四周没有可走的方格时（第 25 行程序语句），也就是当前所在的方格无法走出迷宫，必须退回到前一格重新检查是否有其他可走的路径，所以在上面算法中的第 27 行会将当前所在位置的方格编号从堆栈中删除，之后第 28 行从堆栈再弹出的就是前一次所走过的方格编号。

范例 ▶ 4.2.6

设计一个 C 程序，使用链表堆栈来找出老鼠走迷宫的路线，1 表示该处有墙无法通过，0 表示 [i][j] 处无墙可通行，并且将走过的位置对应的数组元素内容标记为 2。

解答 ▶ 请参考范例程序 CH04_08.c（扫描文前"序"中二维码可获取本范例程序源码）。

【执行结果】参见图 4-34。

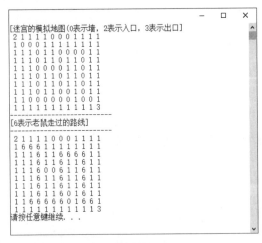

图 4-34

4.2.5 八皇后问题

八皇后问题也是一种常见的堆栈应用实例。在国际象棋中的皇后可以在没有限定一步走几格的前提下，对棋盘中的其他棋子直吃、横吃和对角斜吃（左斜吃或右斜吃都可）。现在要放入多个皇后到棋盘上，后放入的新皇后，放入前必须考虑所放位置的直线方向、横线方向或对角线方向是否已被放置了旧皇后，否则就会被先放入的旧皇后吃掉。

　　利用这种概念，我们可以将其应用在 4×4 的棋盘上，就称为四皇后问题；应用在 8×8 的棋盘上，就称为八皇后问题；应用在 N×N 的棋盘上，就称为 N 皇后问题。要解决 N 皇后问题（在此以八皇后问题为例），首先在棋盘中放入一个新皇后，且不会被先前放置的旧皇后吃掉，然后将这个新皇后的位置压入堆栈。

　　如果放置新皇后的行（或列）的 8 个位置都没有办法放置新皇后（放入任何一个位置都会被先前放置的旧皇后吃掉），就必须从堆栈中弹出前一个皇后的位置，并在该行（或该列）中重新寻找一个新的位置，再将该位置压入堆栈，这种方式就是一种回溯算法的应用。

　　N 皇后问题的解答就是结合堆栈和回溯两种数据结构，以逐行（或逐列）寻找新皇后合适的位置（如果找不到，就回溯到前一行寻找前一个皇后的另一个新位置，以此类推）的方式来寻找 N 皇后问题的其中一组解答。

　　下面是四皇后问题和八皇后问题在堆栈存放的内容以及对应棋盘的其中一组解，如图 4-35 和图 4-36 所示。

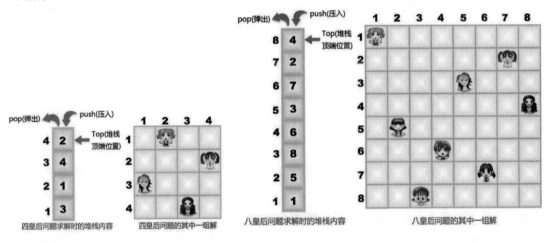

图 4-35　　　　　　　　　　　　　　　图 4-36

范例 ▶ 4.2.7

请设计一个 C 程序，实现八皇后问题的求解。

解答 ▶ 请参考范例程序 CH04_09.c（扫描文前"序"中二维码可获取本范例程序源码）。

【执行结果】参见图 4-37。

图 4-37

4.3　算术表达式的表示法

在程序中，经常需要将变量或常数等操作数（Operand）用系统预先定义好的运算符（Operator）来进行各种算术运算（如＋、－、×、÷等）、逻辑判断（如 AND、OR、NOT 等）与关系运算（如＞、＜、＝等），以求出一个结果。程序中这些操作数和运算符的组合，就称为表达式。其中 =、+、* 和/符号称为运算符，而变量 A、B、C 和常数 10、3 都属于操作数。

根据运算符在表达式中的位置，表达式可以分为以下 3 种表示法。

（1）中序法（infix）：运算符在两个操作数中间，例如 A+B、(A+B)*(C+D)等都是中序表示法。

（2）前序法（prefix）：运算符在操作数的前面，例如+AB、*+AB+CD 等都是前序表示法。

（3）后序法（postfix）：运算符在操作数的后面，例如 AB+、AB+CD+*等都是后序表示法。

在一般日常生活中都使用中序法，但是中序法存在运算符号优先级的问题，再加上复杂括号的困扰，计算机编译程序在处理上就较为复杂。解决之道是将它转换成后序法（比较常用）或前序法，尤其是后序法只需一个堆栈缓存器（而前序法需要 2 个），所以在计算机内部多半使用后序法。

堆栈运用于表达式的计算与转换，就是用来解决中序、后序和前序 3 种表示法之间的转换问题，或者用于转换后的求值。

4.3.1　中序法转为前序法与后序法

如果要将中序法转换为前序法与后序法，可以采用两种方法：括号法与堆栈法。括号法适合人工手动操作，堆栈法则普遍用于计算机的操作系统或系统程序中。相关介绍如下：

1. 括号法

括号法就是先用括号把中序法表达式的运算符优先级分出来，再进行运算符的移动，最后把括号拿掉就可完成中序法转后序法或中序法转前序法。表 4-2 是 C/C++中运算符的优先级。

表4-2 C/C++中运算符的优先级

优先级	运算符
1	.、[]
2	++、--、!、~、+（正）、-（负）
3	*、/、%
4	+（加）、-（减）
5	<<、>>、>>>
6	<、<=、>、>=
7	==、!=
8	&
9	^
10		
11	&&
12			
13	?:
14	=
15	+=、-=、*=、/=、%=、&=、|=、^=

现在就来练习用括号把下列中序法表达式转成前序法表达式和后序法表达式。

    6 + 2*9/3 + 4*2 - 8

- 中序法→前序法

（1）先把中序法表达式按照运算符优先级以括号括起来。

（2）针对运算符，用括号内的运算符取代所有的左括号，以最近者为优先。

（3）将所有右括号去掉，即得到前序法表达式。

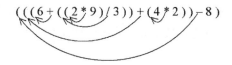

前序法表达式：-++6/*293*428

- 中序法→后序法

（1）先把中序法表达式按照运算符优先级以括号括起来。

（2）针对运算符，用括号内的运算符取代所有的右括号，以最近者为优先。

（3）将所有左括号去掉，即得到后序法表达式。

后序法表达式：629*3/+42*+8-

范例▶ 4.3.1

将中序法表达式 A/B**C + D*E - A*C 用括号法转换成前序法表达式与后序法表达式。

解答▶ 首先按照前面的括号法说明将中序法表达式加括号，可以得到下列式子，然后移动运算符来取代左括号。

$$(((A/(B**C))+(D*E))-(A*C))$$

最后去掉所有右括号，可得下式：

→前序法表达式：-+/A**BC*DE*AC

要转换成后序法也一样，将中序法表达式分别括号完后，移动运算符来取代右括号。

$$(((A/(B**C))+(D*E))-(A*C))$$

最后再去掉所有左括号，可得下式：

→后序法表达式：ABC**/DE*+AC*-

2. 堆栈法

这种方法必须使用运算符堆栈，也就是使用堆栈来协助进行运算符优先级的转换。

● 　中序法→前序法

（1）从右到左读进中序法表达式的每个字符（Token）。

（2）如果读进的字符为操作数，则直接输出到前序法表达式中。

（3）如果遇到"("，则弹出堆栈内的运算符，直到弹出一个")"，两者互相抵消。

（4）")"的优先级在堆栈内比任何运算符都小，任何运算符的优先级都高过它，不过在堆栈外却是优先级最高者。

（5）当运算符准备进入堆栈内时，必须和堆栈顶端的运算符比较，如果外面的运算符优先级高于或等于堆栈顶端的运算符则压入堆栈，如果优先级低于堆栈顶端的运算符就把堆栈顶端的运算符弹出，直到堆栈顶端的运算符优先级低于外面的运算符或堆栈为空时，就再把外面这个运算符压入堆栈。

（6）中序法表达式读完后，如果运算符堆栈不是空的，则将其内的运算符逐一弹出，输出到前序法表达式中即可。

下面将练习把中序法表达式(A+B)*D + E/(F+A*D) + C以堆栈法转换成前序法表达式。首先从右到左读取字符，并将步骤列出，如表4-3所示。

表4-3　用堆栈法把中序法表达式转换成前序法表达式

读入字符	运算符堆栈中的内容	输出
None	Empty	None
C	Empty	C
+	+	C
)	)+	C
D	)+	DC
*	*)+	DC

（续表）

读入字符	运算符堆栈中的内容	输出
A	*)+	ADC
+	+)+	*ADC
F	+)+	F*ADC
(	+	+ F*ADC
/	/+	+ F*ADC
E	/+	E+ F*ADC
+	++	/E+ F*ADC
D	++	D/E+ F*ADC
*	*++	D/E+ F*ADC
)	)*++	D/E+ F*ADC
B	)*++	B D/E+ F*ADC
+	+)*++	B D/E+ F*ADC
A	+)*++	A B D/E+ F*ADC
(	*++	+A B D/E+ F*ADC
None	Empty	++*+A B D/E+ F*ADC

- 中序法→后序法

（1）从左到右读进中序法表达式的每个字符。

（2）如果读进的字符为操作数，则直接输出到后序法表达式中。

（3）如果遇到"）"，则弹出堆栈内的运算符，直到弹出一个"（"，两者互相抵消。

（4）"（"的优先级在堆栈内比任何运算符都小，任何运算符的优先级都可压过它，不过在堆栈外却是优先级最高者。

（5）当运算符准备进入堆栈内时，必须和堆栈顶端的运算符比较，如果外面的运算符优先级高于堆栈顶端的运算符则压入堆栈，如果优先级低于或等于堆栈顶端的运算符就把堆栈顶端的运算符弹出，直到堆栈顶端的运算符优先级低于外面的运算符或堆栈为空时，就再把外面的这个运算符压入堆栈。

（6）中序法表达式读完后，如果运算符堆栈不是空，则将其内的运算符逐一弹出，输出到后序法表达式中即可。

下面将练习把中序法表达式 (A+B)*D + E/(F+A*D) + C 以堆栈法转换成后序法表达式。首先从左到右读取字符，并将步骤列出，如表 4-4 所示。

表4-4　堆栈法转换成后序法表达式

读入字符	运算符堆栈中的内容	输出
None	Empty	None
(	(	
A	(	A
+	+(	A

（续表）

读入字符	运算符堆栈中的内容	输出
B	+(	AB
)	Empty	AB+
*	*	AB+
D	*	AB+D
+	+	AB+D*
E	+	AB+D*E
/	/+	AB+D*E
(	(/+	AB+D*E
F	(/+	AB+D*EF
+	+(/+	AB+D*EF
A	+(/+	AB+D*EFA
*	*+(/+	AB+D*EFA
D	*+(/+	AB+D*EFAD
)	/+	AB+D*EFAD*+/
+	+	AB+D*EFAD*+/+
C	+	AB+D*EFAD*+/+C
None	Empty	AB+D*EFAD*+/+C+

范例▶ 4.3.2

设计一个 C 程序，使用堆栈法将所输入的中序法表达式转换为后序法表达式。

解答▶ 请参考范例程序 CH04_10.c。

```
01    #include <stdio.h>
02    #include <stdlib.h>
03    #define MAX 50
04    char infix_q[MAX];
05    int compare(char stack_o, char infix_o);
06    void infix_to_postfix();
07    /* 运算符优先级的比较，若输入运算符小于堆栈中的运算符， */
08    /* 则返回值为 1，否则为 0。                            */
09
10    /* 主函数声明 */
11    int main ()
12    {
13        int i=0;
14        for (i=0; i<MAX; i++)
15        infix_q[i]='\0';
16        printf("\t--------------------------------------------\n");
17        printf("\t 中序法表达式转成后序法表达式\n");
18        printf("\t 可以使用的运算符包括：^, *, +, -, /, (, ) 等。\n");
19        printf("\t--------------------------------------------\n");
20        printf("\t 请开始输入中序法表达式：");
21        infix_to_postfix();
22        printf("\n");
23        printf("\t--------------------------------------------\n");
24        system("pause");
25        return 0;
26    }
27    int compare(char stack_o, char infix_o)
28    {
29        /* 在中序法表达式所在队列和暂存堆栈中，运算符的优先级表， */
30        /* 其优先级值为 INDEX/2                                */
31        char infix_priority[9];
32        char stack_priority[8];
33        int index_s=0, index_i=0;
```

```
34      infix_priority[0]='q';infix_priority[1]=')';
35      infix_priority[2]='+';infix_priority[3]='-';
36      infix_priority[4]='*';infix_priority[5]='/';
37      infix_priority[6]='^';infix_priority[7]=' ';
38      infix_priority[8]='(';
39      stack_priority[0]='q';stack_priority[1]='(';
40      stack_priority[2]='+';stack_priority[3]='-';
41      stack_priority[4]='*';stack_priority[5]='/';
42      stack_priority[6]='^';stack_priority[7]=' ';
43      while (stack_priority[index_s] != stack_o)
44          index_s++;
45      while (infix_priority[index_i] != infix_o)
46          index_i++;
47      return ((int)(index_s/2) >= (int)(index_i/2) ? 1 : 0);
48   }
49   void infix_to_postfix()
50   {
51      int rear=0, top=0, flag=0,i=0;
52      char stack_t[MAX];
53      for (i=0; i<MAX; i++)
54          stack_t[i]='\0';
55      gets(infix_q);
56      i=0;
57      while(infix_q[i]!='\0')
58      {
59          i++;
60          rear++;
61      }
62      infix_q[rear] = 'q';
63      printf("\t 后序法表达式: ");
64      stack_t[top]  = 'q';
65      for (flag = 0; flag <= rear; flag++)\
66      {
67          switch (infix_q[flag])
68          {
69              /* 输入为), 则输出堆栈内运算符, 直到堆栈内为( */
70              case ')':
71                  while(stack_t[top]!='(')
72                      printf("%c",stack_t[top--]);
73                  top--;
74                  break;
75              /* 输入为q, 则将堆栈内还未输出的运算符输出 */
76              case 'q':
77                  while(stack_t[top]!='q')
78                      printf("%c",stack_t[top--]);
79                  break;
80              /* 输入为运算符, 若该运算符小于 TOP 在堆栈中所指向的运算符,   */
81              /* 则将堆栈所指向的运算符输出, 若大于等于 TOP 在堆栈中所指向的   */
82              /* 运算符, 则将输入的运算符压入堆栈                      */
83              case '(':
84              case '^':
85              case '*':
86              case '/':
87              case '+':
88              case '-':
89                  while (compare(stack_t[top], infix_q[flag])==1)
90                      printf("%c",stack_t[top--]);
91                  stack_t[++top] = infix_q[flag];
92                  break;
93              /* 输入为操作数, 则直接输出 */
94              default :
95                  printf("%c",infix_q[flag]);
96                  break;
97          }
98      }
99   }
```

【执行结果】参见图 4-38。

图 4-38

4.3.2　前序法与后序法表达式转为中序法表达式

经过了前面的介绍与范例演示，相信大家对于如何将中序法表达式转换为前序法与后序法表达式已经有所认识，同样可以使用括号法和堆栈法来将前序法表达式与后序法表达式转换为中序法表达式，不过在方法上有细微的差异。

1. 括号法

以括号法来将前序法表达式与后序法表达式转换为中序法表达式的做法，必须遵守以下规则。

- 前序法→中序法

适当地以"运算符+操作数"方式加括号，然后依次将每个运算符以最近为原则取代后方的右括号，最后再去掉所有左括号。例如将-+/A**BC*DE*AC 前序法表达式转换为中序法表达式，结果是 A/B**C+D*E-A*C。

$$(-(+(/A)(** B)C)(* D)E)(* A) C$$

- 后序法→中序法

适当地以"操作数+运算符"方式加括号，然后依次将每个运算符以最近为原则取代前方的左括号，最后再去掉所有右括号。例如将 ABC↑/DE*+AC*-后序法表达式转换为中序法表达式，结果是 A/B↑C+D*E-A*C。

$$A(B(C↑)/)(D(E*)+)(A(C*)-)$$

2. 堆栈法

前序法、后序法转换为中序法的反向运算做法和前面小节所介绍的堆栈法稍有不同，必须遵循下列规则：

（1）若要将前序法表达式转换为中序法表达式，从右到左读进表达式的每个字符；若是要将后序法表达式转换为中序法表达式，则读取方向改成从左到右。

（2）辨别读入的字符，若是操作数则压入堆栈。

（3）辨别读入的字符，若为运算符则从堆栈弹出两个字符，组合成一个基本的中序法表达式（<操作数><运算符><操作数>）后，再把结果压入堆栈。

（4）在转换过程中，前序法和后序法的组合方式是不同的，前序法表达式的顺序是<操作数 2><运算符><操作数 1>，而后序法表达式则是<操作数 1><运算符><操作数 2>，如图 4-39 所示。

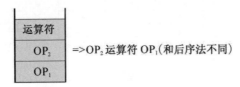

图 4-39

前序法转中序法：<OP₂><运算符><OP₁>

后序法转中序法：<OP₁><运算符><OP₂>

例如，以下将使用堆栈法把前序法表达式-+/A**BC*DE*AC 转换为中序法表达式，结果是 A/B**C+D*E-A*C，步骤如图 4-40 所示。

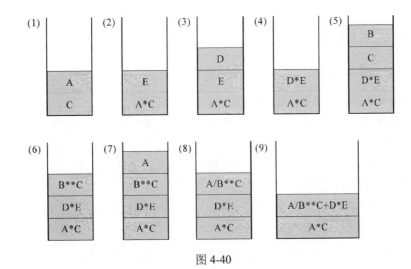

图 4-40

下面将使用堆栈法把后序法表达式 AB+C*DE-FG+*-转换为中序法表达式，结果是 (A/B)*C-(D-E)*(F+G)，具体步骤如图 4-41~图 4-43 所示。

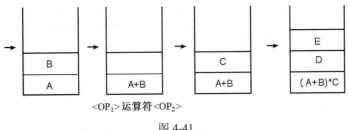

图 4-41

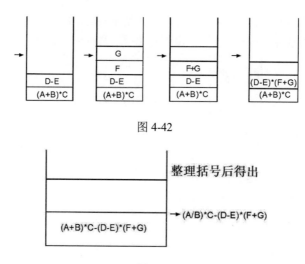

图 4-42

图 4-43

4.3.3　中序法求值

使用中序法来求值，可以按照以下 5 个步骤操作。

（1）建立两个堆栈，分别存放运算符和操作数。

（2）读取运算符时，必须先比较堆栈内的运算符优先级，若堆栈内运算符的优先级较高，则先计算堆栈内运算符的值。

（3）计算时，弹出（即取出）一个运算符和两个操作数来进行运算，运算结果直接存回操作数堆栈中，当成一个独立的操作数。

（4）当表达式处理完毕后，一步一步地清除运算符堆栈，直到堆栈清空为止。

（5）从操作数堆栈弹出的值就是计算结果。

现在就以上述 5 个步骤，来求中序法表达式 2+3*4+5 的值。具体步骤如下。

步骤01　中序法求值必须使用两个堆栈分别存放运算符和操作数，并按优先级进行运算，如图 4-44 所示。

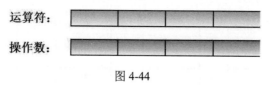

图 4-44

步骤02　按序将中序法表达式压入堆栈，遇到两个运算符时，先比较它们的优先级再决定是否要先行运算，如图 4-45 所示。

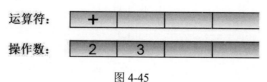

图 4-45

步骤03 遇到运算符“*”，与堆栈中最后一个运算符“+”比较，因前者优先级较高，故而压入堆栈，如图 4-46 所示。

运算符：	+	*		
操作数：	2	3	4	

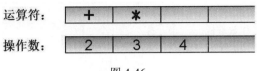

图 4-46

步骤04 遇到运算符“+”，与堆栈顶部的一个运算符“*”进行比较，因前者优先级较低，故先计算运算符“*”的值。弹出运算符“*”及两个操作数进行运算，运算完毕后把运算的结果压回操作数堆栈，如图 4-47 所示（图中保留了“(3*4)”的形式是为了演示的目的，实际存储的值应该为 12）。

运算符：	+			
操作数：	2	(3*4)		

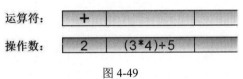

图 4-47

步骤05 把运算符“+”及操作数 5 压入堆栈，等表达式完全处理后，就开始进行清除堆栈内运算符的操作，等运算符清理完毕后运算结果也就得到了，如图 4-48 所示。

运算符：	+	+		
操作数：	2	(3*4)	5	

图 4-48

步骤06 弹出一个运算符及两个操作数进行运算，运算完毕后把运算结果压入操作数堆栈，如图 4-49 所示。

运算符：	+		
操作数：	2	(3*4)+5	

图 4-49

步骤07 完成。从堆栈弹出最后一个运算符，从操作数堆栈弹出两个操作数进行运算，运算完毕后把运算结果压入操作数堆栈，直到运算符堆栈清空为止。

4.3.4　前序法求值

使用中序法来求值，必须考虑到运算符的优先级，所以要建立两个堆栈，分别存放运算符和操作数。而使用前序法求值的好处是不需要考虑括号及运算符优先级的问题，直接使用一个堆栈来处理表达式即可，也不需要把操作数和运算符分开处理。下面来演示前序法表达式+*23*45 如何使用堆栈来运算，如图 4-50 所示。

前序法表达式堆栈：	+	*	2	3	*	4	5

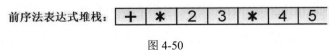

图 4-50

步骤 **01** 从堆栈弹出元素，如图 4-51 所示。

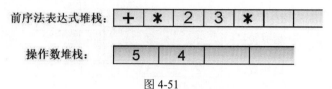

图 4-51

步骤 **02** 从堆栈弹出元素，若遇到运算符，则进行运算，再把运算结果压回操作数堆栈，如图 4-52 所示。

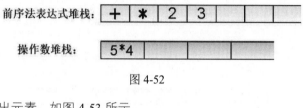

图 4-52

步骤 **03** 从堆栈弹出元素，如图 4-53 所示。

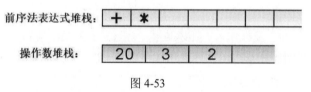

图 4-53

步骤 **04** 从堆栈弹出元素，若遇到运算符，则从操作数堆栈弹出两个操作数进行运算，再把运算结果压回操作数堆栈，如图 4-54 所示。

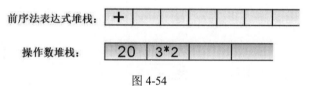

图 4-54

步骤 **05** 完成。从堆栈弹出最后一个运算符，从操作数堆栈弹出两个操作数进行运算，运算结果压回操作数堆栈。最后从操作数堆栈弹出的值即为最终的运算结果，如图 4-55 所示。

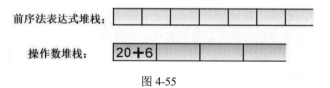

图 4-55

4.3.5　后序法求值

后序法具有和前序法类似的好处，它没有运算符优先级的问题，可以直接在计算机上进行运算，而且无须先将全部数据放入堆栈后再读回。另外，在后序法表达式中，它使用循环直接读取表达式，如果遇到运算符，就从堆栈弹出操作数进行运算。下面来演示后序法表达式 23*45*+的求值运算过程。

步骤 **01** 直接读取后序法表达式，若遇到运算符，则进行运算，如图 4-56 所示。

操作数堆栈：| 2 | 3 | | | | |

图 4-56

压入 2 和 3 到操作数堆栈后弹出"*"，这时弹出堆栈内两个操作数进行运算（2*3=6），运算完毕后把结果压回操作数堆栈。

步骤 02 接着压入 4 和 5 到操作数堆栈，遇到运算符"*"，弹出两个操作数进行运算（4*5=20），运算完毕后把结果压回操作数堆栈，如图 4-57 所示。

操作数堆栈：| 6 | 20 | | | | |

图 4-57

步骤 03 完成。最后弹出运算符，重复上述步骤（6+20=26），运算结果如图 4-58 所示。

操作数堆栈：| 26 | | | | | |

图 4-58

本章习题

1. 将下列中序法表达式转换为前序法表达式与后序法表达式。

（1）(A/B*C − D) + E/F/(G+H)

（2）(A + B)*C − (D−E)*(F+G)

2. 将下列中序法表达式转换为前序法表达式与后序法表达式。

（1）(A+B)*D + E/(F+A*D) + C

（2）A↑B↑C

（3）A↑ − B + C

3. 以堆栈法求中序法表达式 A−B*(C+D)/E 的后序法表达式与前序法表达式。

4. 用括号法求 A−B*(C+D)/E 的前序法表达式和后序法表达式。

5. 用堆栈法求中序法表达式(A+B)*D−E/(F+C) + G 的后序法表达式。

6. 用堆栈法把中序法表达式 A*(B+C)*D 转换为前序法表达式和后序法表达式。

7. 将下列中序法表达式转换为后序法表达式。

（1）A** − B + C

（2）¬ (A&¬ (B<C or C>D)) or C<E

8. 将前序法表达式+*23*45 转换为中序法表达式。

9. 将下列中序法表达式转换为前序法表达式和后序法表达式。

（1）A**B**C

（2）A**B−B+C

（3）(A&B)orCor¬(E>F)

10. 将 6 + 2*9/3 + 4*2-8 用括号法转换为前序法表达式或后序法表达式。

11. 计算下列后序法表达式 abc–d+/ea–*c*的值（a=2，b=3，c=4，d=5，e=6）。

12. 用堆栈法将 AB*CD+-A/转换为中序法表达式。

13. 下列哪个数学表达式不符合前序法表达式的语法规则？

（A）+++ab*cde   （B）–+ab+cd*e   （C）+–**abcde   （D）+a*–+bcde

14. 如果主程序调用子程序 A，A 再调用子程序 B，在 B 完成后，A 再调用子程序 C，试以堆栈的方法说明调用过程。

15. 请举出至少 7 种常见的堆栈应用。

16. 什么是多重堆栈（Multi Stack）？试说明定义与目的？

17. 下式为一般的数学表达式，其中"*"表示乘法，"/"表示除法。

$$A*B + (C/D)$$

请回答下列问题：

（1）写出上式的前序法表达式。
（2）要编写一个程序完成表达式的转换，下列数据结构哪一个较合适？
    （A）队列   （B）堆栈
    （C）列表   （D）环

18. 试写出利用两个堆栈对下列数学表达式求值的每一个步骤。

$$a + b*(c-1) + 5$$

19. 若 A=1，B=2，C=3，求出下面后序法表达式的值。

（1）ABC+*CBA–+*
（2）AB+C–AB+*

20. 回答下列问题：

（1）堆栈是什么？
（2）TOP (PUSH(i, s))的结果是什么？
（3）POP (PUSH(i, s))的结果是什么？

21. 在汉诺塔问题中，移动 n 个圆盘所需的最小移动次数是多少？试说明。

22. 试述尾递归的含义。

23. 以下程序是递归程序的应用，请问输出结果是什么？

```
int main()
{
    dif1(21);
    cout<<endl;
    system("pause");
    return 0;
}
void dif1(int y)
```

```
{
    if(y>0) dif2(y-3);
    cout<<y;
}
void dif2(int x)
{
    if(x) dif1(x);
}
```

24. 说明环形队列的基本概念。

25. 将下面的中序法表达式转换为前序法表达式与后序法表达式（用堆栈法）。

A/B↑C+D*E–A*C

第 5 章

队列

5

队列（Queue）和堆栈都是有序列表，都属于抽象型数据类型，不过队列的加入与删除操作发生在队列的两端，并且符合先进先出（First In First Out，FIFO）的特性。队列的概念就好比乘坐火车时买票的队伍，先到的人自然可以优先买票，买完票后就从队伍前端离去准备乘坐火车，而队伍的后端又陆续有新的乘客加入，如图 5-1 所示。

图 5-1

5.1 认识队列

我们同样可以使用数组或链表来建立队列。相对于堆栈只需要一个 top 指针（或称为游标）指向堆栈顶端，队列因为首尾两端都会有数据进出的操作，所以必须记录队列的队首与队尾，如图 5-2 所示使用了 front 与 rear 这两个指针来分别指向队列的队首和队尾。

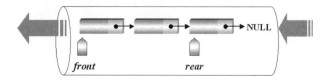

图 5-2

队列在计算机领域的应用也相当广泛，例如：

（1）图遍历的广度优先搜索法（BFS）就是使用队列。

（2）可用于计算机的模拟（Simulation），在模拟过程中，由于各种事件（Event）的输入时间不一定，可以使用队列来反映真实的情况。

（3）可用于 CPU 的作业调度（Job Scheduling），利用队列来处理，可实现作业先到先执行的要求。

（4）外围设备联机并发处理系统（Spooling）的应用，也就是让输入/输出的数据先在高速磁盘驱动器中完成，把磁盘当成一个大型的工作缓冲区（Buffer），如此可让输入/输出操作快速完成，从而缩短了系统响应的时间，接下来由系统软件负责将磁盘数据输出到打印机，其中就应用了队列的工作原理。

5.1.1　队列的基本操作

在程序设计中该如何实现一个队列呢？因为队列是一种抽象数据类型的线性表，所以无论用数组还是用链表都可以实现，最重要的是要遵循先进先出（FIFO）的原则，并运用 5 种基本操作，如表 5-1 所示。

表5-1　队列的5种基本操作

Create	创建空队列
Add	将新数据加入队列的末尾，返回新队列
Delete	删除队列前端的数据，返回新队列
Front	返回队列前端的数据
Empty	若队列为空集合，则返回 true，否则返回 false

5.1.2　用数组来实现队列

用数组结构来实现队列的好处是算法相当简单，不过与堆栈不同的是需要拥有两种基本操作：加入与删除，而且要使用 front 与 rear 两个指针来分别指向队列的前端与末尾。缺点是数组大小无法根据队列的实际需要来动态申请，只能声明固定的大小。现在我们声明一个有限容量的数组，并以图解来一一说明：

```
#define MAXSIZE  4
int queue[MAXSIZE]; /* 队列大小为4 */
int front=-1;
int rear=-1;
```

（1）开始时，我们将 front 与 rear 都预设为-1，当 front = rear 时，则为空队列。

事件说明	front	rear	Q(0)	Q(1)	Q(2)	Q(3)
空队列 Q	-1	-1				

（2）加入 dataA，front = -1，rear = 0，每加入一个元素，将 rear 值加 1。

加入 dataA	-1	0	dataA			

（3）加入 dataB、dataC，front = -1，rear = 2。

| 加入 dataB、dataC | -1 | 2 | | data | dataB | dataC | |

（4）取出 dataA，front = 0，rear = 2，每取出一个元素，将 front 值加 1。

| 取出 dataA | 0 | 2 | | | dataB | dataC | |

（5）加入 dataD，front = 0，rear = 3，此时 rear = MAXSIZE-1，表示队列已满。

| 加入 dataD | 0 | 3 | | | dataB | dataC | dataD |

（6）取出 dataB，front = 1，rear = 3。

| 取出 dataB | 1 | 3 | | | | dataC | dataD |

以上队列操作的过程可以用 C 语言以数组来实现，相关算法编写如下：

```
#defineMAX_SIZE 100      /* 队列的最大容量 */
int queue[MAX_SIZE];
int front=-1;
int rear=-1;              /* 空队列时，front=-1，rear=-1 */
/* front 和 rear 都为全局变量 */
```

```
void  enqueue(int item)  /* 将新数据加入 Q 的末尾，返回新队列 */
{
    if (rear==MAX_SIZE-1)
        printf("%s","队列已满！");
    else
    {
        rear++;
        queue(rear)=item;
    }/* 将新数据加到队列的末尾 */
}
```

```
void dequeue(int item)  /* 删除队列前端数据，返回新队列 */
{
    if (front==rear)
        printf("%s","队列已空！");
    else
    {
        front++;
        item=Queue[front];
    }
} /* 删除队列前端的数据 */
```

```
void FRONT_VALUE(int *Queue)   /* 返回队列前端的数据 */
{
    if (front==rear)
        printf("%s"," 这是空队列！");
    else
        printf("%s", queue[front]);
} /* 返回队列前端的数据并打印 */
```

范例▶ 5.1.1

请设计一个 C 程序，来实现队列的操作，要把数据加入队列时先输入字母 a，要从队列中取出数据时先输入字母 d，并直接打印出队列前端的数据，要结束程序请按字母 e。

解答▶ 请参考范例程序 CH05_01.c。

```
01    #include <stdio.h>
02    #include <stdlib.h>
03    #include <conio.h>
04    #define MAX 10                        /*定义队列的大小*/
05
06    int main()
07    {
08        int front,rear,val,queue[MAX]={0};
09        char choice;
10        front=rear=-1;
11        while(rear<MAX-1 && choice!='e')
12        {
13            printf("[a]往队列中加入一个数据 [d]从队列中取出一个数据 [e]表示结束此程序: ");
14            choice=getche();
15            switch(choice)
16            {
17                case 'a':
18                    printf("\n[请输入数据]: ");
19                    scanf("%d",&val);
20                    rear++;
21                    queue[rear]=val;
22                    break;
23                case 'd':
24                    if(rear>front)
25                    {
26                        front++;
27                        printf("\n[取出的数据为]: [%d]\n",queue[front]);
28                        queue[front]=0;
29                    }
30                    else
31                    {
32                        printf("\n[队列已经空了]\n");
33                        exit(0);
34                    }
35                    break;
36                default:
37                    printf("\n");
38                    break;
39            }
40        }
41        printf("\n-------------------------------------\n");
42        printf("[输出队列中的所有数据]: ");
43
44        if(rear==MAX-1)
45            printf("[队列已满]\n");
46        else if (front>=rear)
47        {
48            printf("没有\n");
49            printf("[队列已空]\n");
50        }
51        else
52        {
53            while (rear>front)
54            {
55                front++;
56                printf("[%d] ",queue[front]);
```

```
57            }
58        printf("\n");
59        printf("--------------------------------------------\n");
60    }
61    printf("\n");
62    system("pause");
63    return 0;
64 }
```

【执行结果】参见图 5-3。

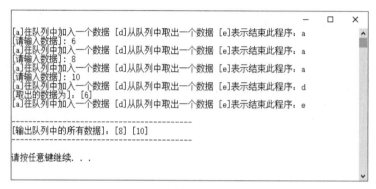

图 5-3

5.1.3　用链表来实现队列

队列除了能以数组的方式来实现外，也可以用链表来实现。在声明队列的结构数据类型之后，还必须声明指向队首和队尾的指针，即 front 和 rear。例如我们以学生姓名及成绩作为节点数据来建立队列链表，声明链表节点的结构数据类型以及对应的 front 与 rear 指针如下：

```
struct student
{
    char name[20];
    int score;
    struct student *next;
};
typedef struct student s_data;

s_data *front =NULL;
s_data *rear = NULL;
```

在链表队列中加入新节点，就是加入此链表的最后端（队列末尾），而删除节点就是将此链表最前端的节点删除。用 C 语言实现的链表队列加入与删除操作的算法如下：

```
int enqueue(char* name, int score)
{
    s_data *new_data;

    new_data = (s_data*) malloc(sizeof(s_data));  /* 分配内存给新节点 */
    strcpy(new_data->name, name);        /* 设置队列新节点的数据 */
    new_data->score = score;
    if (rear == NULL)                    /* 如果 rear 为 NULL，表示这是第一个节点 */
        front = new_data;
    else
        rear->next = new_data;       /* 将新节点连接至队列末尾 */
```

```
        rear = new_data;                    /* 将 rear 指向新节点，这是新的队列末尾 */
        new_data->next = NULL;              /* 新节点之后无其他节点 */
}
```

```
int dequeue()
{
    s_data *freeme;
    if (front == NULL)
        puts("队列已空！");
    else
    {
        printf("姓名：%s\t 成绩：%d ......取出\n", front->name, front->score);
        freeme = front;                /* 设置将要释放的节点指针 */
        front = front->next;           /* 将队列前端移至下一个节点 */
        free(freeme);                  /* 释放取出的节点所占用的内存 */
    }
}
```

范例 5.1.2

使用链表结构来设计一个 C 程序，链表中节点仍为学生姓名和成绩的结构数据。本程序可以进行队列数据的加入、取出与遍历操作。

```
struct student
{
    char name[20];
    int score;
    struct student *next;
};
typedef struct student s_data;
```

解答 请参考范例程序 CH05_02.c。

```
01    #include <stdio.h>
02    #include <stdlib.h>
03    #include <string.h>
04
05    int enqueue(char*, int);        /* 将数据加入队列 */
06    int dequeue();                  /* 从队列取出数据 */
07    int show();                     /* 显示队列中的数据 */
08
09    struct student
10    {
11        char name[20];
12        int score;
13        struct student *next;
14    };
15    typedef struct student s_data;
16
17    s_data *front =NULL;
18    s_data *rear = NULL;
19
20    int main()
21    {
22        int select, score;
23        char name[20];
24
25        do
26        {
27            printf("(1)加入 (2)取出 (3)显示 (4)离开 => ");
28            scanf("%d", &select);
29            switch (select)
30            {
31                case 1:
```

```
32                  printf("姓名 成绩: ");
33                  scanf("%s %d", name, &score);
34                  enqueue(name, score);
35                  break;
36              case 2:
37                  dequeue();
38                  break;
39              case 3:
40                  show();
41                  break;
42          }
43      } while (select != 4);
44
45      system("pause");
46      return 0;
47  }
48
49  int enqueue(char* name, int score)
50  {
51      s_data *new_data;
52
53      new_data = (s_data*) malloc(sizeof(s_data));   /* 分配内存给新节点 */
54      strcpy(new_data->name, name);     /* 设置新节点的数据 */
55      new_data->score = score;
56      if (rear == NULL)                 /* 如果 rear 为 NULL，表示这是第一个节点 */
57          front = new_data;
58      else
59          rear->next = new_data;        /* 将新节点连接到队列末尾 */
60
61      rear = new_data;                  /* 将 rear 指向新节点，这是新的队列末尾 */
62      new_data->next = NULL;            /* 新节点之后无其他节点 */
63  }
64
65
66  int dequeue()
67  {
68      s_data *freeme;
69      if (front == NULL)
70          puts("队列已空！");
71      else
72      {
73          printf("姓名: %s\t 成绩: %d......取出\n", front->name, front->score);
74          freeme = front;          /* 设置将要释放的节点指针 */
75          front = front->next;     /* 将队列前端移至下一个节点 */
76          free(freeme);            /* 释放取出的节点所占用的内存 */
77      }
78  }
79
80  int show()
81  {
82      s_data *ptr;
83      ptr = front;
84      if (ptr == NULL)
85          puts("队列已空！");
86      else
87      {
88      puts("front -> rear");
89          while (ptr != NULL)     /* 由 front 往 rear 遍历队列 */
90          {
91              printf("姓名: %s\t 成绩: %d\n", ptr->name, ptr->score);
92              ptr = ptr->next;
93          }
94      }
95  }
```

【执行结果】参见图 5-4。

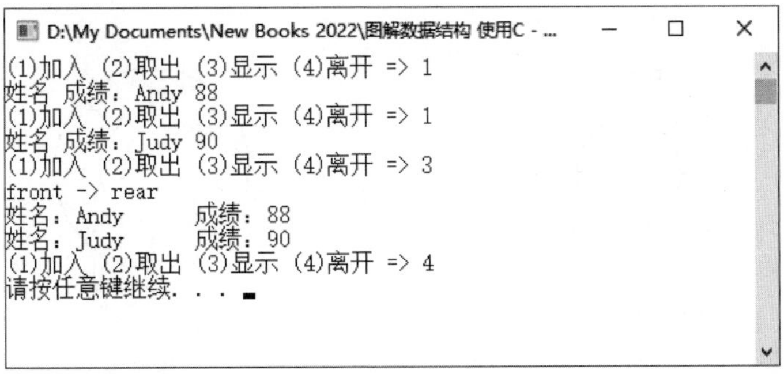

图 5-4

5.2　环形队列、双向队列与优先队列

在 5.1.2 节中，当执行到步骤 6 之后，队列状态如下：

取出 dataB	1	3			dataC	dataD

不过，现在的问题是这个队列事实上还有 Q(0)与 Q(1)两个空间，不过因为 rear = MAX_SIZE – 1 = 3，使得新数据无法加入队列。怎么办？解决之道有二：

（1）当队列已满时，便将所有的元素向前（左）移到 Q(0)为止，不过，如果队列中的数据过多，移动时会比较耗时。如下所示：

移动 dataB、C	–1	1	dataB	dataC		

（2）利用环形队列，让 rear 与 front 两个指针能够永远介于 0 与 n-1 之间，也就是当 rear = MAXSIZE-1，无法加入数据时，如果仍要把数据加入队列，就可将 rear 重新指向索引值为 0 处。

5.2.1　环形队列

所谓环形队列,其实就是一种环形结构的队列,它仍是 $Q(0:n-1)$ 的一维数组,同时 $Q(0)$ 为 $Q(n-1)$ 的下一个元素,这就可以解决无法判断队列是否溢出的问题。指针 front 永远以逆时钟方向指向队列中第一个元素的前一个位置，rear 则指向队列当前的最后位置（见图 5-5）。一开始 front 和 rear 均预设为-1，表示为空队列，也就是说如果 front = rear 则为空队列。另外有：

```
rear←(rear+1) mod n
front←(front+1) mod n
```

之所以将 front 指向队列中第一个元素的前一个位置，原因是环形队列为空队列和满队列时，front 和 rear 都会指向同一个位置，如此一来便无法利用 front 是否等于 rear 这个判别式来判断到底当前是空队列还是满队列。

为了解决此问题,除了上述方式仅允许队列最多只能存放 $n-1$ 项数据(亦即牺牲最后一个空间)之外，当 rear 指针的下一个是 front 的位置时，就认定队列已满，无法再加入数据，图 5-6 便是填满的环形队列的示意图。

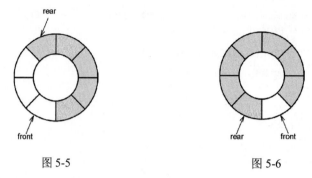

图 5-5   图 5-6

下面将环形队列的整个操作过程用图 5-7 中的各个图示来说明。

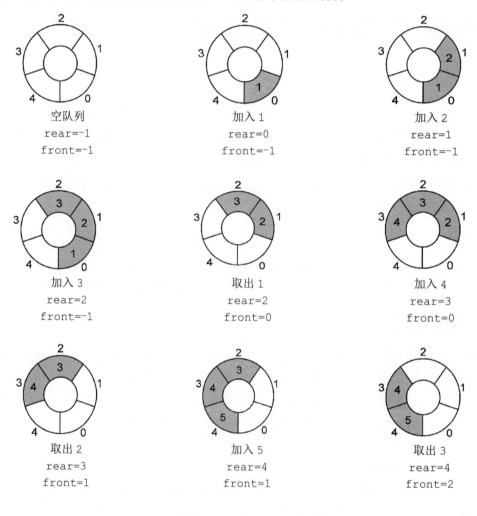

图 5-7

加入 6
rear=0
front=2

加入 7
rear=1
front=2

图 5-7（续）

当 rear 指针指向的下一个是 front 的位置时，就认定队列已满，无法再将数据加入队列。在 enqueue 算法（数据加入队列算法）中，先将 (rear+1)%n 后，再检查队列是否已满。而在 dequeue 算法（数据离开队列算法）中，则是先检查队列是否已空，再将 (front+1)%MAX_SIZE，因此队列最多只能存放 $n-1$ 项数据（即牺牲最后一个空间），图 5-8 就是填满的环形队列的示意图。

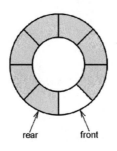

rear   front

图 5-8

而当 rear = front 时，则可代表队列已空。所以 enqueue 和 dequeue 的两种操作定义与原先队列操作定义的算法就有不同之处了，必须改写如下：

```
/* 环形队列的加入算法 */
viod AddQ (int item)
{
    rear=(rear+1)%MAX_SIZE;
    if (front==rear )
        printf("%s", "队列已满! ");
    else
        queue[rear]=item;
}
```

```
/* 环形队列的删除算法 */
void dequeue(int item)
{
    if (front==rear)
        printf("%s", "队列是空的! ");
    else
    {
        front=(front+1)%MAX_SIZE;
        item=Queue[front];
    }
}
```

范例 5.2.1

设计一个 C 程序来实现环形队列的操作，当要取出数据时可输入数字 0，要结束时可输入数字 −1。

解答 请参考范例程序 CH05_03.c。

```
01    #include <stdio.h>
02    #include <stdlib.h>
03
04    int main(void)
05    {
06        int front,rear,val,queue[5]={0};
07        front=rear=-1;
08        while(rear<5&&val!=-1)
09        {
10            printf("请输入一个数据以加入队列，欲取出数据请输入 0，要结束则输入-1：");
11            scanf("%d",&val);
12            if(val==0)
13            {
14                if(front==rear)
15                {
16                    printf("[队列已经空了]\n");
17                    break;
18                }
19                front++;
20                if (front==5)
21                    front=0;
22                printf("取出队列中的数据 [%d]\n",queue[front]);
23                queue[front]=0;
24            }
25            else if(val!=-1&&rear<5)
26            {
27                if(rear+1==front||rear==4&&front<=0)
28                {
29                    printf("[队列已经满了]\n");
30                    break;
31                }
32                rear++;
33                if(rear==5)
34                    rear=0;
35                queue[rear]=val;
36            }
37        }
38        printf("\n队列中剩余的数据：\n");
39        if (front==rear)
40            printf("队列已空! \n");
41        else
42        {
43            while(front!=rear)
44            {
45                front++;
46                if (front==5)
47                    front=0;
48                printf("[%d]",queue[front]);
49                queue[front]=0;
50            }
51        }
52        printf("\n");
53        system("pause");
54        return 0;
55    }
```

【执行结果】参见图 5-9。

```
请输入一个数据以加入队列，欲取出数据请输入 0，要结束则输入 -1：98
请输入一个数据以加入队列，欲取出数据请输入 0，要结束则输入 -1：86
请输入一个数据以加入队列，欲取出数据请输入 0，要结束则输入 -1：72
请输入一个数据以加入队列，欲取出数据请输入 0，要结束则输入 -1：0
取出队列中的数据 [98]
请输入一个数据以加入队列，欲取出数据请输入 0，要结束则输入 -1：61
请输入一个数据以加入队列，欲取出数据请输入 0，要结束则输入 -1：55
请输入一个数据以加入队列，欲取出数据请输入 0，要结束则输入 -1：-1

队列中剩余的数据：
[86][72][61][55]
请按任意键继续. . .
```

图 5-9

5.2.2 双向队列

双向队列（Double Ended Queues，DEQue）为一个有序线性表，加入与删除操作可在队列的任意一端进行，如图 5-10 所示。

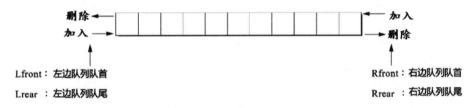

图 5-10

具体来说，双向队列就是允许队列两端中的任意一端都具备删除或加入功能，而且左右两端的队列，队首与队尾指针都是朝队列中央移动。通常，双向队列的应用可以分为两种：一种是数据只能从一端加入，但可从两端取出；另一种是数据可以从两端加入，但只能从一端取出。

以下我们将讨论第一种输入限制的双向队列，用 C 语言声明的节点结构数据类型、实现的双向队列加入与删除算法如下：

```
struct Node
{
    int data;
    struct Node *next;
};
typedef struct Node QueueNode;
typedef QueueNode *QueueByLinkedList;
QueueByLinkedList front=NULL;
QueueByLinkedList rear=NULL;
```

```
void enqueue(int value) /* enqueue 函数：将数据加入双向队列 */
{
    QueueByLinkedList node; /* 建立节点 */
    node=(QueueByLinkedList)malloc(sizeof(QueueNode));
    node->data=value;
    node->next=NULL;
    /* 检查是否为空队列 */
    if (rear==NULL)
        front=node;         /* 新建立的节点成为第 1 个节点 */
    else
        rear->next=node;  /* 将节点加入队列的队尾 */
```

```
        rear=node;              /* 将队列的队尾指针指向新加入的节点 */
    }
```

```
    int dequeue(int action) /* dequeue 函数：从队列中取出数据 */
    {
        int value;
        QueueByLinkedList tempNode,startNode;
        /* 从队列队首取出数据 */
        if (!(front==NULL) && action==1)
        {
            if(front==rear) rear=NULL;
            value=front->data; /* 将队列数据从队首取出 */
            front=front->next; /* 将队列的队首指针指向队列下一个节点 */
            return value;
        }
        /* 从队列队尾取出数据 */
        else if(!(rear==NULL) && action==2)
        {
            startNode=front;    /* 先记下队首的指针 */
            value=rear->data;   /* 取出当前队尾的数据 */
            /* 寻找队尾节点的前一个节点 */
            tempNode=front;
            while (front->next!=rear && front->next!=NULL)
            {
                front=front->next;
                tempNode=front;
            }
            front=startNode;  /* 记录从队尾取出数据后的队列队首指针 */
            rear=tempNode;       /* 记录从队尾取出数据后的队列队尾指针 */
            /* 下一行程序是指当队列中仅剩下最后一个节点时，取出数据后便将 front 和 rear 指向 NULL */

            if ((front->next==NULL) || (rear->next==NULL))
            {
                front=NULL;
                rear=NULL;
            }
            return value;
        }
        else return -1;
    }
```

范例 5.2.2

利用链表结构来设计一个输入限制的双向队列 C 程序，只能从双向队列的一端加入数据，但可从这个双向队列的队首和队尾取出数据。

解答 请参考范例程序 CH05_04.c。

```
01    #include <stdio.h>
02    #include <stdlib.h>
03
04    struct Node
05    {
06        int data;
07        struct Node *next;
08    };
09    typedef struct Node QueueNode;
10    typedef QueueNode *QueueByLinkedList;
11    QueueByLinkedList front=NULL;
12    QueueByLinkedList rear=NULL;
13
14    /* enqueue 函数：将数据加入双向队列 */
```

```
15    void enqueue(int value)
16    {
17        QueueByLinkedList node;      /* 建立节点 */
18        node=(QueueByLinkedList)malloc(sizeof(QueueNode));
19        node->data=value;
20        node->next=NULL;
21        /* 检查是否为空队列 */
22        if (rear==NULL)
23            front=node;              /* 新建立的节点成为第 1 个节点 */
24        else
25            rear->next=node;         /* 将节点加入队列的队尾 */
26        rear=node;                   /* 将队列的队尾指针指向新加入的节点 */
27    }
28    int dequeue(int action)          /* dequeue 函数：从队列中取出数据 */
29    {
30        int value;
31        QueueByLinkedList tempNode,startNode;
32        /* 从队列队首取出数据 */
33        if (!(front==NULL) && action==1)
34        {
35            if(front==rear) rear=NULL;
36            value=front->data; /* 将队列数据从队首取出 */
37            front=front->next; /* 将队列的队首指针指向下一个节点 */
38            return value;
39        }
40        /* 从队尾取出数据 */
41        else if(!(rear==NULL) && action==2)
42        {
43            startNode=front; /* 先记下队首的指针 */
44            value=rear->data;/* 取出当前队尾的数据 */
45            /* 寻找队尾节点的前一个节点 */
46            tempNode=front;
47            while (front->next!=rear && front->next!=NULL)
48            {
49                front=front->next;
50                tempNode=front;
51            }
52            front=startNode; /* 记录从队尾取出数据后的队列队首指针 */
53            rear=tempNode;    /* 记录从队尾取出数据后的队列队尾指针 */
54            /* 下一行程序是指当队列中仅剩下最后一个节点时，取出数据后便将 front
55                和 rear 指向 NULL */
56            if ((front->next==NULL) || (rear->next==NULL))
57            {
58                front=NULL;
59                rear=NULL;
60            }
61            return value;
62        }
63        else return -1;
64    }
65
66    int main()
67    {
68        int temp,item;
69        char ch;
70        printf("以链表来实现双向队列\n");
71        printf("===============================\n");
72
73        do
74        {
75            printf("将数据加入队列请按 a；从队列中取出数据请按 d；结束请按 e：");
76            ch=getche();
77            printf("\n");
78            if(ch=='a')
79            {
80                printf("加入队列的数据：");
81                scanf("%d",&item);
82                enqueue(item);
```

```
83          }
84          else if(ch=='d')
85          {
86              temp=dequeue(1);
87              printf("从双向队列队首按序取出的数据为：%d\n",temp);
88              temp=dequeue(2);
89              printf("从双向队列队尾按序取出的数据为：%d\n",temp);
90          }
91          else
92              break;
93      } while(ch!='e');
94
95      system("pause");
96      return 0;
97  }
```

【执行结果】参见图 5-11。

```
以链表来实现双向队列
====================================
将数据加入队列请按a；从队列中取出数据请按d；结束请按e：a
加入队列的数据：9
将数据加入队列请按a；从队列中取出数据请按d；结束请按e：a
加入队列的数据：7
将数据加入队列请按a；从队列中取出数据请按d；结束请按e：d
从双向队列队首按序取出的数据为：9
从双向队列队尾按序取出的数据为：7
将数据加入队列请按a；从队列中取出数据请按d；结束请按e：e
请按任意键继续. . .
```

图 5-11

5.2.3　优先队列

优先队列（Priority Queue）是一种不必遵守队列特性 FIFO（先进先出）的有序线性表，其中的每一个元素都赋予一个优先级（Priority），加入元素时可任意加入，但若有最高优先级则最先输出（Highest Priority Out First，HPOF）。

例如，一般医院里的急诊室，当然是最严重的病患优先诊治，与进入医院挂号的顺序无关（见图 5-12）；计算机中 CPU 的作业调度——优先级调度（Priority Scheduling，PS）就是一种按进程优先级调度算法（Scheduling Algorithm）进行的调度，是通过优先队列来实现的。

图 5-12

假设有 4 个进程 P1、P2、P3 和 P4，在很短的时间内先后到达等待队列，每个进程所运行的时间如表 5-2 所示。

表5-2 进程队列

进程名称	各进程所需的运行时间
P1	30
P2	40
P3	20
P4	10

在此设置进程 P1、P2、P3、P4 的优先次序值分别为 2、8、6、4（此处假设数值越小，优先级越低；数值越大，优先级越高）。以 PS 方法调度绘出的甘特图（Gantt Chart）如图 5-13 所示。

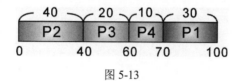

图 5-13

在此特别提醒大家，当各个元素按输入先后次序为优先级时就是一般的队列；假如是以输入先后次序的倒序作为优先级，那么此优先队列即为一个堆栈。

本章习题

1. 什么是优先队列？请说明。

2. 设计一个队列存储于全长为 *N* 的密集表 Q 内，head、tail 分别为其开始和结尾指针，均以 NULL 表示其为空。现欲加入一项新数据（New Entry），其处理为以下步骤，请按序回答空格部分。

（1）按序按条件做下列选择：

① 若 (a) ，则表示 Q 已存满，无法执行插入操作。
② 若 head 为 NULL，则表示 Q 内为空，可取 head=1，tail= (b) 。
③ 若 tail=*N*，则表示 (c) 须将 Q 内从 head 到 tail 位置的数据，移至从 1 到 (d) 的位置，并取 tail= (e) ，head=1。

（2）tail=tail+1。
（3）New Entry 移入 Q 内的 tail 处。

3. 回答以下问题：

（1）下列哪一个不是队列的应用？
（A）操作系统的作业调度　　（B）输入/输出的工作缓冲
（C）汉诺塔的解决方法　　　（D）高速公路的收费站收费

（2）下列哪些数据结构是线性表？
（A）堆栈　　（B）队列　　（C）双向队列　　（D）数组　　（E）树

4. 假设我们利用双向队列按序输入 1、2、3、4、5、6、7，试问是否能够得到 5174236 的输出排列？

5. 什么是多重队列？请说明定义与目的。

6. 试说明环形队列的基本概念。

7. 列出队列常见的基本操作。

8. 试说明队列应具备的基本特性。

9. 至少列举队列常见的 3 种应用。

10. 在环形队列算法中，任何时候队列中最多只允许 MAX_SIZE-1 个元素。有没有方法可以改进呢？试说明并写出修正后的算法。

第 6 章

树结构

树结构（或称为树形结构）是一种日常生活中应用相当广泛的非线性结构，包括企业内的组织结构、家族的族谱、篮球赛程等。另外，在计算机领域中的操作系统与数据库管理系统都是树结构，比如 Windows、UNIX 操作系统和文件系统均是树结构的应用。图 6-1 所示的 Windows 文件资源管理器就是以树结构来存储各种文件的。

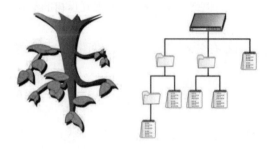

图 6-1

在年轻人喜爱的大型网络游戏中，需要获取某些物体所在的地形信息，如果程序是依次从构成地形的模型三角面寻找，往往会耗费许多运行时间，非常低效。因此，程序员一般会使用树结构中的二叉空间分割树（BSP tree）、四叉树（Quadtree）、八叉树（Octree）等来代表分割场景的数据，如图 6-2 所示。

图 6-2

6.1　树的基本概念

树（Tree）是由一个或一个以上的节点（Node）组成的。树中存在一个特殊的节点，称为树根（Root）。每个节点都是由一些数据和指针组合而成的记录。除了树根外，其余节点可分为 $n \geq 0$ 个互斥的集合，即 T_1，T_2，T_3，…，T_n，其中每一个子集合本身也是一种树结构，即此根节点的子树。在图 6-3 中，A 为根节点，B、C、D、E 均为 A 的子节点。

一棵合法的树，节点间虽可以互相连接，但不能形成无出口的回路。例如，图 6-4 就是一棵不合法的树。

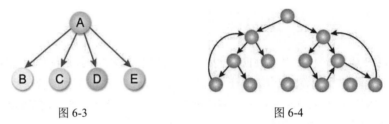

图 6-3　　　　　　　　　　　图 6-4

树还可以组成森林（Forest），也就是说森林是 n 棵互斥树的集合（$n \geq 0$），移去树根即为森林。例如图 6-5 就是包含 3 棵树的森林。

在树结构中，有许多常用的专有名词，在本节中将以图 6-6 中这棵合法的树为例，来为大家详细介绍。

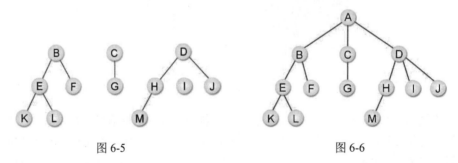

图 6-5　　　　　　　　　　　图 6-6

- 度数（Degree）：每个节点所有子树的个数。例如图 6-6 中节点 B 的度数为 2，节点 D 的度数为 3，F、K、I、J 等的度数为 0。
- 层数（Level）：树的层数，假设树根 A 为第一层，节点 B、C、D 的层数为 2，节点 E、F、G、H、I、J 的层数为 3。
- 高度（Height）：树的最大层数。图 6-6 所示的树的高度为 4。
- 树叶或称终端节点（Terminal Node）：度数为 0 的节点就是树叶，图 6-6 中的 K、L、F、G、M、I、J 就是树叶，图 6-7 中则有 4 个树叶节点，如 E、C、H、I。

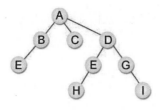

图 6-7

- 父节点 (Parent)：一个节点有连接的上一层节点 (即为父节点)，如图 6-6 所示，F 的 父节点为 B，而 B 的父节点为 A，通常在绘制树形图时，会将父节点画在子节点的上 方。
- 子节点 (Children)：一个节点有连接的下一层节点为子节点，还是看图 6-6，A 的子 节点为 B、C、D，而 B 的子节点为 E、F。
- 祖先 (Ancestor) 和子孙 (Descendent)：所谓祖先，是指从树根到该节点路径上所包 含的节点；而子孙则是从该节点往下追溯子树中的任一节点。在图 6-6 中，K 的祖先 为 A、B、E 节点，H 的祖先为 A、D 节点，B 的子孙为 E、F、K、L 节点。
- 兄弟节点 (Sibling)：有共同父节点的节点。在图 6-6 中，B、C、D 为兄弟节点，H、 I、J 也为兄弟节点。
- 非终端节点 (Nonterminal Node)：树叶以外的节点，如图 6-6 中的 A、B、C、D、E、 H 等。
- 同代 (Generation)：在同一棵中具有相同层数的节点，如图 6-6 中的 E、F、G、H、I、 J 是同代，B、C、D 也是同代。
- 森林：n（$n \geq 0$）棵互斥树的集合。将一棵大树移去树根即为森林。图 6-5 就是包含三 棵树的森林。

范例 ▶ 6.1.1

下列哪一种不是树？

（A）一个节点 （B）环形链表
（C）一个没有回路的连通图 (Connected Graph) （D）一个边数比点数少 1 的连通图

解答 ▶ （B）因为环形链表会造成回路现象，不符合树的定义。

范例 ▶ 6.1.2

图 6-8 中的树有几个树叶节点？

（A）4 （B）5 （C）9 （D）11

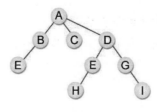

图 6-8

解答▶ 度数为 0 的节点称为树叶节点，从图 6-8 中可以看出答案为（A），即共有 E、C、H、I 共 4 个树叶节点。

6.2　二叉树

一般树结构在计算机内存中的存储方式是以链表为主的。对于 n 叉树（n-way 树）来说，因为每个节点的度数都不相同，所以我们必须为每个节点都预留存放 n 个链接字段的最大存储空间。每个节点的数据结构如下：

$$\boxed{\text{data}\,|\,\text{link}_1\,|\,\text{link}_2\,|\qquad\qquad\qquad|\,\text{link}_n}$$

注意，这种 n 叉树十分浪费链接存储空间。假设此 n 叉树有 m 个节点，那么此树共有 $n{\times}m$ 个链接字段。另外，因为除了树根外，每一个非空链接都指向一个节点，所以得知空链接个数为 $n{\times}m-(m-1)=m{\times}(n-1)+1$，而 n 叉树的链接浪费率为 $\dfrac{m{\times}(n-1)+1}{m{\times}n}$。因此，我们可以得出以下结论：

- $n=2$ 时，2 叉树的链接浪费率约为 1/2。
- $n=3$ 时，3 叉树的链接浪费率约为 2/3。
- $n=4$ 时，4 叉树的链接浪费率约为 3/4。

……

因为当 $n=2$ 时，它的链接浪费率最低，所以为了改进存储空间浪费的缺点，我们经常使用二叉树（Binary Tree）结构来取代其他树结构。

6.2.1　二叉树的定义

二叉树（又称为 Knuth 树）是一个由有限节点组成的集合。此集合可以为空集合，或者由一个树根及其左右两个子树组成。简单地说，二叉树最多只能有两个子节点，就是度数小于或等于 2。二叉树的数据结构如下：

$$\boxed{\text{LLINK}\,|\,\text{Data}\,|\,\text{RLINK}}$$

二叉树和一般树的不同之处整理如下：

（1）树不可为空集合，但是二叉树可以。

（2）树的度数为 $d{\geqslant}0$，但二叉树的节点度数为 $0{\leqslant}d{\leqslant}2$。

（3）树的子树间没有次序关系，二叉树有。

下面我们来看一棵实际的二叉树（见图 6-9）。

图 6-9 是以 A 为根节点的二叉树，且包含以 B、D 为根节点的两棵互斥的左子树和右子树，如图 6-10 所示。

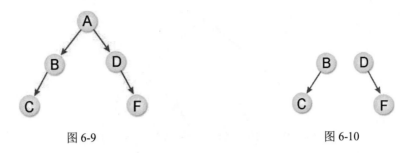

图 6-9 图 6-10

以上这两棵左、右子树属于同一种树结构，不过却是两棵不同的二叉树结构，原因是二叉树必须考虑前后次序的关系，这点大家要特别注意。

范例 6.2.1

试证明高度为 k 的二叉树总节点数是 2^k-1。

解答 考虑满二叉树的情况，其节点总数为 1 层到 k 层中各层中最大节点的总和：

$$\sum_{i=1}^{k} 2^{i-1} = 2^0 + 2^1 + \cdots + 2^{k-1} = 2^k - 1$$

范例 6.2.2

对于任何非空二叉树 T，如果 n_0 为树叶节点数，且度数为 2 的节点数是 n_2，试证明 $n_0 = n_2 + 1$。

解答 设 n 是节点总数，n_1 是度数等于 1 的节点数，可得 $n = n_0 + n_1 + n_2$，令 $B = n-1$，B 是节点的分支总数，且 $B = n_0 + 2n_1$，因为二叉树中每个节点的分支数（度数）不是 1 就是 2，可得下式：

$$n-1 = n_0 + 2n_1，\text{且 } n = n_0 + n_1 + n_2 \Rightarrow n_0 = n_2 + 1$$

范例 6.2.3

试证明在二叉树中高度为 i 的节点最多为 2^{i-1} 个（$i \geq 0$）。

解答

我们可以用数学归纳法证明：

（1）当 $i=1$ 时，只有树根一个节点，所以 $2^{i-1} = 2^0 = 1$ 成立。

（2）假设对于 j，且 $1 \leq j \leq i$，高度为 j 的节点最多为 2^{j-1} 个成立，则 $j=i$ 高度的树的节点最多为 2^{i-1} 个。

（3）当 $j=i+1$ 时，因为二叉树中每个节点的度数都不大于 2，所以在树的高度为 $j=i+1$ 时，树最多的节点个数 $\leq 2 \times 2^{i-1} = 2^i$，由此得证。

6.2.2 特殊二叉树简介

由于二叉树的应用相当广泛，因此衍生了许多特殊的二叉树结构。

- 满二叉树（Fully Binary Tree）

如果二叉树的高度为 h，树的节点数为 2^h-1，$h \geq 0$，就称此树为满二叉树，如图 6-11 所示。

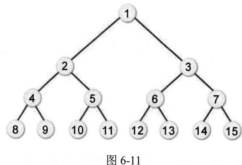

图 6-11

- 完全二叉树（Complete Binary Tree）

如果二叉树的高度为 h，所含的节点数小于 2^h-1，但其节点的编号方式如同高度为 h 的满二叉树一样，从左到右，从上到下的顺序一一对应。这种定义如果不画图比较难理解，为了更好地理解什么是完全二叉树，在这里增加一种完全二叉树的补充定义：若一棵二叉树只有最下面两层上的节点的度数小于 2，并且最下面一层的节点都集中在该层最左边的若干位置上，符合这样要求的二叉树就是完全二叉树（图 6-12 左图符合这样的定义）。此外，对于完全二叉树而言，假设有 n 个节点，那么此二叉树的层数 h 为 $\log_2(n+1)$。

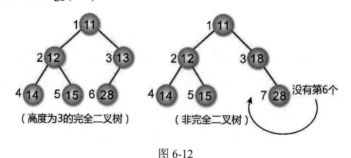

图 6-12

- 斜二叉树（Skewed Binary Tree）

当一棵二叉树完全没有右节点或左节点时，就称为左斜二叉树或右斜二叉树，如图 6-13 所示。

- 严格二叉树（Strictly Binary Tree）

二叉树中的每一个非终端节点均有非空的左右子树，如图 6-14 所示。

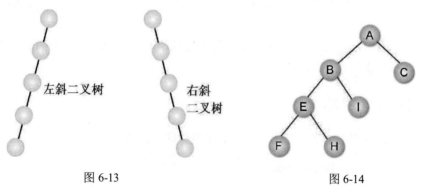

图 6-13　　　　　　　　　　　　　图 6-14

6.3　二叉树的存储方式

二叉树的存储方式有许多种，在数据结构中，习惯用链表来表示二叉树结构，这样在删除或增加节点时，会带来许多方便与弹性。当然也可以使用一维数组这样连续的内存来表示二叉树，但是在对树的中间节点进行插入与删除时，可能要大量移动数组中的数据来反映节点的变动。接下来将分别介绍使用数组和链表这两种存储方法。

6.3.1　用一维数组来实现二叉树

使用有序的一维数组来表示二叉树，首先可将此二叉树假想成一棵满二叉树，而且第 k 层具有 2^{k-1} 个节点，它们按序存放在这个一维数组中。首先来看使用一维数组建立二叉树的表示方法（见图 6-15）以及索引值的设置（见表 6-1）。

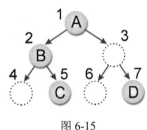

图 6-15

表 6-1　索引值的设置

索引值	1	2	3	4	5	6	7
内容值	A	B			C		D

从图 6-15 可以看出此一维数组中的索引值有以下关系：

（1）左子树的索引值是父节点的索引值乘以 2。

（2）右子树的索引值是父节点的索引值乘以 2 加 1。

接着来看以一维数组建立二叉树的实例，实际上就是建立一棵二叉查找树。这是一种很好的排序应用模式，因为在建立二叉树的同时数据就经过了初步的比较判断，并按照二叉树的建立规则来存放数据。二叉查找树具有以下特点：

（1）可以是空集合，若不是空集合，则节点上一定要有一个键值。

（2）每一个树根的键值必须大于左子树的键值。

（3）每一个树根的键值必须小于右子树的键值。

（4）左右子树也是二叉查找树。

（5）树的每个节点的键值都不相同。

现在我们示范用一组数据（32, 25, 16, 35, 27）来建立一棵二叉查找树，具体过程如图 6-16 所示。

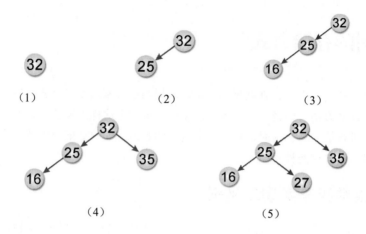

图 6-16

范例 ▶ 6.3.1

设计一个 C 程序，按序输入一棵二叉树节点的数据（6, 3, 5, 9, 7, 8, 4, 2），并建立一棵满二叉查找树，最后输出存储此二叉树的一维数组。

解答 ▶ 请参考范例程序 CH06_01.c。

```
01  #include <stdio.h>
02  #include <stdlib.h>
03
04  void Btree_create(int *btree,int *data,int length)
05  {
06      int i,level;
07
08      for(i=0;i<length;i++)  /* 把原始数组中的值逐一对比 */
09      {
10          for(level=1;btree[level]!=0;)/* 比较树根和数组内的值 */
11          {
12              if(data[i]>btree[level])  /* 如果数组内的值大于树根，则往右子树比较 */
13                  level=level*2+1;
14              else /* 如果数组内的值小于或等于树根，则往左子树比较 */
15                  level=level*2;
16          }       /* 如果子树节点的值不为 0，则再与数组内的值比较一次 */
17          btree[level]=data[i]; /* 把数组值放入二叉树 */
18      }
19  }
20  int main()
21  {
22      int i,length=9;
23      int data[]={6,3,5,9,7,8,4,2};/* 原始数组 */
24      int btree[16]={0}; /* 存放二叉树数组 */
25      printf("原始数组内容：\n");
26      for(i=0;i<length;i++)
27          printf("[%2d] ",data[i]);
28      printf("\n");
29      Btree_create(btree,data,length);
30      printf("二叉树内容：\n");
31      for (i=1;i<16;i++)
32          printf("[%2d] ",btree[i]);
33      printf("\n");
34      system("pause");
```

```
35       return 0;
36    }
```

【执行结果】参见图 6-17。

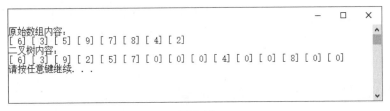

图 6-17

一维数组中存放的值和所建立的二叉树对应的关系如图 6-18 所示。

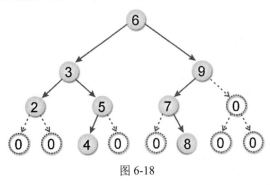

图 6-18

6.3.2　用链表来实现二叉树

由于二叉树最多只能有两个子节点，就是度数小于或等于 2，以链表来实现二叉树就是使用链表来存储二叉树，也就是运用动态分配内存和指针的方式来建立二叉树，其在计算机中的数据结构如表 6-2 所示。

表 6-2　用链表来实现二叉树在计算机中的数据结构

left *ptr	data	right *ptr
指向左子树	节点值	指向右子树

使用链表来表示二叉树的好处是节点的增加与删除操作相当容易，缺点是很难找到父节点，除非在每一节点多增加一个指向父节点的指针。以上述声明而言，假如此节点所存放的数据类型为整数，如果使用 C 的结构数据类型声明方式，那么可如下编写：

```
struct tree
{
    int data;
    struct tree *left;
    struct tree *right;
}
typedef struct tree node;
typedef node *btree;
```

图 6-19 所示即为用链表实现二叉树的示意图。

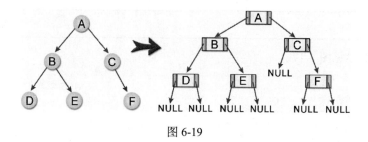

图 6-19

用 C 语言描述的以链表方式建立二叉树的算法如下：

```
btree creat_tree(btree root,int val)
{
    btree newnode,current,backup;
    newnode=(btree)malloc(sizeof(node));
    newnode->data=val;
    newnode->left=NULL;
    newnode->right=NULL;
    if(root==NULL)
    {
        root=newnode;
        return root;
    }
    else
    {
        for(current=root;current!=NULL;)
        {
            backup=current;
            if(current->data > val)
                current=current->left;
            else
                current=current->right;
        }
        if(backup->data >val)
            backup->left=newnode;
        else
            backup->right=newnode;
    }
    return root;
}
```

范例 6.3.2

设计一个 C 程序，依序输入一棵二叉树节点的数据（5, 6, 24, 8, 12, 3, 17, 1, 9），利用链表来建立二叉树，最后输出其左子树与右子树。

解答 请参考范例程序 CH06_02.c。

```
01    #include <stdio.h>
02    #include <stdlib.h>
03
04    struct tree
05    {
06        int data;
07        struct tree *left,*right;
08    };
09    typedef struct tree node;
10    typedef node *btree;
11
12    btree creat_tree(btree,int);
```

```
13
14      int main()
15      {
16          int i,data[]={5,6,24,8,12,3,17,1,9};
17          btree ptr=NULL;
18          btree root=NULL;
19
20          for(i=0;i<9;i++)
21              ptr=creat_tree(ptr,data[i]);      /* 建立二叉树 */
22
23          printf("左子树: \n");
24
25          root=ptr->left;
26          while(root!=NULL)
27          {
28           printf("%d\n",root->data);
29           root=root->left;
30          }
31          printf("------------------------------\n");
32          printf("右子树: \n");
33          root=ptr->right;
34          while(root!=NULL)
35          {
36              printf("%d\n",root->data);
37              root=root->right;
38          }
39
40          printf("\n");
41          system("pause");
42          return 0;
43      }
44      btree creat_tree(btree root,int val)      /* 建立二叉树的函数 */
45      {
46          btree newnode,current,backup;
47          newnode=(btree)malloc(sizeof(node));
48          newnode->data=val;
49          newnode->left=NULL;
50          newnode->right=NULL;
51          if(root==NULL)
52          {
53              root=newnode;
54              return root;
55          }
56          else
57          {
58              for(current=root;current!=NULL;)
59              {
60                  backup=current;
61                  if(current->data > val)
62                      current=current->left;
63                  else
64                      current=current->right;
65              }
66              if(backup->data >val)
67                  backup->left=newnode;
68              else
69                  backup->right=newnode;
70          }
71          return root;
72      }
```

【执行结果】参见图 6-20。

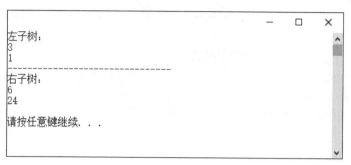

图 6-20

6.4 二叉树的遍历

所谓二叉树的遍历（Binary Tree Traversal），最简单的说法就是"访问树中所有的节点各一次"，并且在遍历后，将树中的数据转化为线性关系。以图 6-21 所示的一个简单的二叉树节点来说，每个节点都可分为左、右两个分支，所以可以有 ABC、ACB、BAC、BCA、CAB、CBA 一共 6 种遍历方法。

图 6-21

如果按照二叉树的特性，一律从左向右遍历，那么只剩下 3 种遍历方式，分别是 BAC、ABC、BCA。这 3 种遍历方式的命名与规则如下：

（1）中序遍历（BAC，Preorder）：左子树→树根→右子树。

（2）前序遍历（ABC，Inorder）：树根→左子树→右子树。

（3）后序遍历（BCA，Postorder）：左子树→右子树→树根。

对于这 3 种遍历方式，大家只需要记得树根的位置，就不会把前序、中序和后序给搞混了。中序法即树根在中间，前序法是树根在前面，后序法则是树根在后面，遍历方式都是先左子树，后右子树。下面针对这 3 种方式进行更加详尽的介绍。

6.4.1 中序遍历

中序遍历是"左中右"的遍历顺序，也就是从树的左侧逐步向下方移动，直到无法移动，再访问此节点，并向右移动一个节点。如果无法再向右移动，就返回上层的父节点，并重复左、中、右的步骤进行。

（1）遍历左子树。

（2）遍历（或访问）树根。

（3）遍历右子树。

图 6-22 所示二叉树的中序遍历的结果为 FDHGIBEAC。

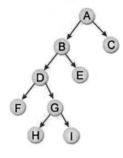

图 6-22

用 C 语言描述的中序遍历的递归算法如下：

```
void in(btree ptr) /* 中序遍历 */
{
    if (ptr != NULL)
    {
        in(ptr->left);                /* 遍历左子树 */
        printf("[%2d] ",ptr->data);   /* 遍历并打印出树根节点的数据 */
        in(ptr->right);               /* 遍历右子树 */
    }
}
```

6.4.2　后序遍历

后序遍历是"左右中"的遍历顺序，就是先遍历左子树，再遍历右子树，最后遍历（或访问）根节点，反复执行此步骤。

（1）遍历左子树。

（2）遍历右子树。

（3）遍历树根。

图 6-23 所示二叉树的后序遍历的结果为 FHIGDEBCA。

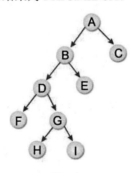

图 6-23

用 C 语言描述的后序遍历的递归算法如下：

```
void post(btree ptr) /* 后序遍历 */
{
    if (ptr != NULL)
```

```
    {
        in(ptr->left);                 /* 遍历左子树 */
        in(ptr->right);                /* 遍历右子树 */
        printf("[%2d] ",ptr->data);    /* 遍历并打印出树根节点的数据 */
    }
}
```

6.4.3　前序遍历

前序遍历是"中左右"的遍历顺序，也就是先从根节点遍历，再往左方移动，当无法继续时，继续向右方移动，接着再重复执行此步骤。

（1）遍历（或访问）树根。

（2）遍历左子树。

（3）遍历右子树。

图 6-24 所示二叉树的前序遍历的结果为 ABDFGHIEC。

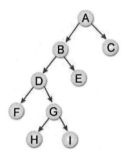

图 6-24

用 C 语言描述的前序遍历的递归算法如下：

```
void pre(btree ptr) /* 前序遍历 */
{
    if (ptr != NULL)
    {
        printf("[%2d] ",ptr->data);    /* 遍历并打印出树根节点的数据 */
        in(ptr->left);                 /* 遍历左子树 */
        in(ptr->right);                /* 遍历右子树 */
    }
}
```

范例 6.4.1

图 6-25 所示的二叉树的中序遍历、前序遍历及后序遍历的结果分别是什么？

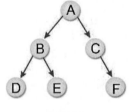

图 6-25

解答▶

中序遍历的结果为 DBEACF。

前序遍历的结果为 ABDECF。

后序遍历的结果为 DEBFCA。

范例▶ 6.4.2

图 6-26 所示的二叉树的中序遍历、前序遍历及后序遍历的结果分别是什么？

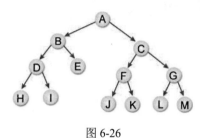

图 6-26

解答▶

中序遍历的结果为 HDIBEAJFKCLGM。

前序遍历的结果为 ABDHIECFJKGLM。

后序遍历的结果为 HIDEBJKFLMGCA。

范例▶ 6.4.3

设计一个 C 程序，按序输入一棵二叉树节点的数据（5, 6, 24, 8, 12, 3, 17, 1, 9），利用链表来建立二叉树，最后进行中序遍历，我们会发现已轻松完成从小到大的排序。

解答▶ 请参考范例程序 CH06_03.c。

```
01    #include <stdio.h>
02    #include <stdlib.h>
03
04    struct tree
05    {
06        int data;
07        struct tree *left,*right;
08    };
09    typedef struct tree node;
10    typedef node *btree;
11
12    btree creat_tree(btree,int);
13    void inorder(btree ptr)          /* 中序遍历子程序 */
14    {
15        if(ptr!=NULL)
16        {
17            inorder(ptr->left);
18            printf("[%2d] ",ptr->data);
19            inorder(ptr->right);
20        }
21    }
22    int main()
23    {
24        int i,data[]={5,6,24,8,12,3,17,1,9};
25        btree ptr=NULL;
26        btree root=NULL;
27
28        for(i=0;i<9;i++)
29            ptr=creat_tree(ptr,data[i]);      /* 建立二叉树 */
```

6

```
30
31        printf("==================\n");
32        printf("排序完成后的结果为: \n");
33        inorder(ptr);    /* 中序遍历 */
34        printf("\n");
35
36        system("pause");
37        return 0;
38    }
39    btree creat_tree(btree root,int val)    /* 建立二叉树的函数 */
40    {
41        btree newnode,current,backup;
42        newnode=(btree)malloc(sizeof(node));
43        newnode->data=val;
44        newnode->left=NULL;
45        newnode->right=NULL;
46        if(root==NULL)
47        {
48            root=newnode;
49            return root;
50        }
51        else
52        {
53            for(current=root;current!=NULL;)
54            {
55                backup=current;
56                if(current->data > val)
57                    current=current->left;
58                else
59                    current=current->right;
60            }
61            if(backup->data >val)
62                backup->left=newnode;
63            else
64                backup->right=newnode;
65        }
66        return root;
67    }
```

【执行结果】参见图 6-27。

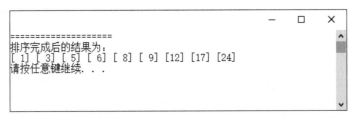

图 6-27

范例 ▶ 6.4.4

设计一个 C 程序，按序输入一棵二叉树节点的数据（7, 4, 1, 5, 16, 8, 11, 12, 15, 9, 2），再输出此二叉树的前序遍历、中序遍历和后序遍历的结果。最后手工绘出此二叉树。

解答 ▶ 请参考范例程序 CH06_04.c。

```
01    #include <stdio.h>
02    #include <stdlib.h>
03
04    struct tree
05    {
06        int data;
07        struct tree *left,*right;
08    };
```

```
09    typedef struct tree node;
10    typedef node *btree;
11
12    btree creat_tree(btree,int);
13    void inorder(btree ptr)        /* 中序遍历子程序 */
14    {
15        if(ptr!=NULL)
16        {
17            inorder(ptr->left);
18            printf("[%2d] ",ptr->data);
19            inorder(ptr->right);
20        }
21    }
22    void postorder(btree ptr)     /* 后序遍历 */
23    {
24        if (ptr != NULL)
25        {
26            postorder(ptr->left);
27            postorder(ptr->right);
28            printf("[%2d] ",ptr->data);
29        }
30    }
31    void preorder(btree ptr)      /* 前序遍历 */
32    {
33      if (ptr != NULL)
34      {
35      printf("[%2d] ",ptr->data);
36      preorder(ptr->left);
37      preorder(ptr->right);
38      }
39    }
40    int main()
41    {
42        int i,data[]={7,4,1,5,16,8,11,12,15,9,2};
43        btree ptr=NULL;
44        btree root=NULL;
45
46        for(i=0;i<11;i++)
47          ptr=creat_tree(ptr,data[i]);        /* 建立二叉树 */
48
49        printf("=======================================================\n");
50        printf("中序遍历的结果: \n");
51        inorder(ptr);        /* 中序遍历 */
52        printf("\n");
53        printf("=======================================================\n");
54        printf("后序遍历的结果: \n");
55        postorder(ptr);      /* 中序遍历 */
56        printf("\n");
57        printf("=======================================================\n");
58        printf("前序遍历的结果: \n");
59        preorder(ptr);       /* 前序遍历 */
60        printf("\n");
61
62        system("pause");
63        return 0;
64    }
65    btree creat_tree(btree root,int val)     /* 建立二叉树的函数 */
66    {
67        btree newnode,current,backup;
68        newnode=(btree)malloc(sizeof(node));
69        newnode->data=val;
70        newnode->left=NULL;
71        newnode->right=NULL;
72        if(root==NULL)
73        {
74            root=newnode;
75            return root;
76        }
77        else
```

```
78          {
79              for(current=root;current!=NULL;)
80              {
81                  backup=current;
82                  if(current->data > val)
83                      current=current->left;
84                  else
85                      current=current->right;
86              }
87              if(backup->data >val)
88                  backup->left=newnode;
89              else
90                  backup->right=newnode;
91          }
92          return root;
93      }
```

【执行结果】参见图 6-28。

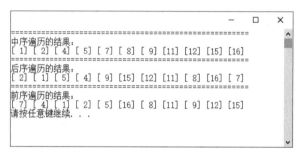

图 6-28

此程序所建立的二叉树结构如图 6-29 所示。

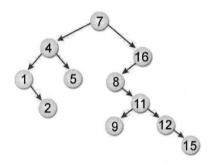

图 6-29

6.4.4　二叉树节点的插入与删除

在还未谈到二叉树节点的插入与删除操作之前，先来讨论如何在所建立的二树中查找单个节点的数据。二叉树在建立的过程中是根据"左子树 < 树根 < 右子树"的原则建立的，因此只需从树根出发比较各个节点的键值即可，如果比树根节点的键值大就往右遍历，否则往左而下遍历，直到相等就找到了要查找的键值，如果比较到 NULL，无法再前进，就代表查找不到此键值。

用 C 语言描述的二叉树的查找算法如下：

```
btree search(btree ptr,int val)  /* 查找二叉树某键值的函数 */
{
    while(1)
    {
```

```
        if(ptr==NULL)                  /* 没找到就返回 NULL */
            return NULL;
        if(ptr->data==val)             /* 节点值等于查找值 */
            return ptr;
        else if(ptr->data > val)       /* 节点值大于查找值 */
            ptr=ptr->left;
        else
            ptr=ptr->right;
    }
}
```

范例▶ 6.4.5

实现一个二叉树的 C 语言查找程序。首先建立一棵二叉查找树，并输入要查找的键值。如果节点中有相等的键值，就显示出查找的次数。如果找不到这个键值，也会显示相关信息，二叉树节点的数据按序依次为（7, 1, 4, 2, 8, 13, 12, 11, 15, 9, 5）。

解答▶ 请参考范例程序 CH06_05.c（扫描文前"序"中二维码可获取本范例程序源码）。

【执行结果】参见图 6-30。

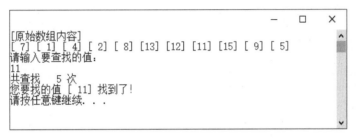

图 6-30

● 二叉树节点的插入

在二叉树中插入节点与在二叉树中查找值有些步骤相似，重点是插入后仍要保持二叉查找树的特性。如果插入的节点已经在二叉树中，就没有插入的必要了。如果插入的值不在二叉树中，就是出现查找失败的情况，相当于找到了要插入节点的位置。我们可以修改范例程序 CH06_05.c，只要多加一条 if 判断语句，当查找到值时输出提示信息"二叉树中有此节点了！"，如果找不到要插入的值，再将此值加入二叉树中（即增加一个含有此值的新节点）。程序代码的具体修改如下：

```
if((search(ptr,data))!=NULL)        /* 在二叉树中查找 */
    printf("二叉树中有此节点了！\n",data);
else
{
    ptr=creat_tree(ptr,data);       /* 将此值加入二叉树中 */
    inorder(ptr);
}
```

范例▶ 6.4.6

实现一个二叉树插入操作的 C 程序。首先建立一棵二叉查找树，二叉树的节点数据按序为（7, 1, 4, 2, 8, 13, 12, 11, 15, 9, 5），而后输入一个值，若此值不在二叉树中，则将这个值加入二叉树中。

解答▶ 请参考范例程序 CH06_06.c。

```
01    #include <stdio.h>
02    #include <stdlib.h>
03
04    struct tree
05    {
06        int data;
07        struct tree *left,*right;
08    };
09
10    typedef struct tree node;
11    typedef node *btree;
12
13    btree creat_tree(btree root,int val)
14    {
15        btree newnode,current,backup;
16        newnode=(btree)malloc(sizeof(node));
17        newnode->data=val;
18        newnode->left=NULL;
19        newnode->right=NULL;
20        if(root==NULL)
21        {
22            root=newnode;
23            return root;
24        }
25        else
26        {
27            for(current=root;current!=NULL;)
28            {
29                backup=current;
30                if(current->data > val)
31                    current=current->left;
32                else
33                    current=current->right;
34            }
35            if(backup->data >val)
36                backup->left=newnode;
37            else
38                backup->right=newnode;
39        }
40        return root;
41    }
42    btree search(btree ptr,int val)    /* 查找二叉树子程序 */
43    {
44        while(1)
45        {
46            if(ptr==NULL)              /* 没找到就返回 NULL */
47                return NULL;
48            if(ptr->data==val)        /* 节点值等于查找值 */
49                return ptr;
50            else if(ptr->data > val)  /* 节点值大于查找值 */
51                ptr=ptr->left;
52            else
53                ptr=ptr->right;
54        }
55    }
56    void inorder(btree ptr)           /* 中序遍历子程序 */
57    {
58        if(ptr!=NULL)
59        {
60            inorder(ptr->left);
61            printf("[%2d] ",ptr->data);
62            inorder(ptr->right);
63        }
64    }
65    int main()
66    {
67        int i,data,arr[]={7,1,4,2,8,13,12,11,15,9,5};
68        btree ptr=NULL;
69        printf("[原始数组内容]\n");
70        for (i=0;i<11;i++)
```

```
71      {
72          ptr=creat_tree(ptr,arr[i]);  /* 建立二叉树 */
73          printf("[%2d] ",arr[i]);
74      }
75      printf("\n");
76      printf("请输入查找值: \n");
77      scanf("%d",&data);
78      if((search(ptr,data))!=NULL)    /* 查找二叉树 */
79          printf("二叉树中有此节点了! \n",data);
80      else
81      {
82          ptr=creat_tree(ptr,data);
83          inorder(ptr);
84      }
85
86      system("pause");
87      return 0;
88  }
```

【执行结果】参见图 6-31。

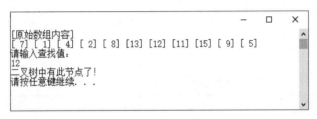

图 6-31

● 二叉树节点的删除

二叉树节点的删除操作稍为复杂，可分为以下 3 种情况：

（1）删除的节点为树叶：只要将其相连的父节点指向 NULL 即可。

（2）删除的节点只有一棵子树，如图 6-32 所示，若要删除节点 1，则将节点 1 的右指针字段的内容赋值给其父节点的左指针字段。

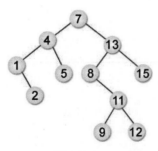

图 6-32

（3）删除的节点有两棵子树，如图 6-32 所示，若要删除节点 4，有两种方式，虽然结果不同，但都符合二叉树的特性。

① 找出中序立即先行者（Inorder Immediate Predecessor），就是将要删除节点的左子树中的最大者向上提，在此即为图 6-32 中的节点 2，简单来说，就是从该节点的左子树往右寻找，直到右指针为 NULL，这个节点就是中序立即先行者。

② 找出中序立即后继者（Inorder Immediate Successor），就是把要删除节点的右子树中的最小

者向上提，在此即为图 6-32 中的节点 5，简单来说，就是从该节点的右子树往左寻找，直到左指针为 NULL，这个节点就是中序立即后继者。

范例 ▶ 6.4.7

将数据(32, 24, 57, 28, 10, 43, 72, 62)按二叉树的中序遍历法存入具有 10 个存储单元的数组中，试画出此二叉树并说明其各个节点的字段内容。如果插入数据 30，试画出变化后的二叉树并说明其各个节点的字段内容。接着删除数据 32，试画出变化后的二叉树并说明其各个节点的字段内容。

解答 ▶ 建立如图 6-33 所示的二叉树，此二叉树各个节点的字段内容如表 6-3 所示。

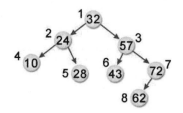

图 6-33

表 6-3　建立好的二叉树各个节点的字段内容

树根（在数组中的位置）	左子树	数据	右子树
1	2	32	3
2	4	24	5
3	6	57	7
4	0	10	0
5	0	28	0
6	0	43	0
7	8	72	0
8	0	62	0
9			
10			

插入数据 30 后更新的二叉树如图 6-34 所示，此二叉树各个节点的字段内容如表 6-4 所示。

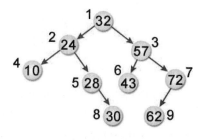

图 6-34

表 6-4　插入数据 30 后更新的二叉树各个节点的字段内容

树根（在数组中的位置）	左子树	数据	右子树
1	2	32	3
2	4	24	5
3	6	57	7
4	0	10	0
5	0	28	8
6	0	43	0
7	9	72	0
8	0	30	0
9	0	62	0
10			

删除数据 32 后更新的二叉树如图 6-35 所示，此二叉树各个节点的字段内容如表 6-5 所示。

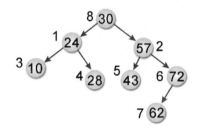

图 6-35

表 6-5　删除数据 32 后更新的二叉树各个节点的字段内容

树根（在数组中的位置）	左子树	数据	右子树
1	3	24	4
2	5	57	6
3	0	10	0
4	0	28	0
5	0	43	0
6	7	72	0
7	0	62	0
8	1	30	2
9			
10			

6.4.5　二叉运算树

　　二叉树的应用实际上相当广泛，例如之前提过的表达式间的转换，可以把中序法表达式按运算符优先级的顺序建成一棵二叉运算树（Binary Expression Tree，或称为二叉表达式树），之后再按二叉树的特性进行前、中、后序的遍历，即可得到前、中、后序法表达式。建立的方法可根据以下两种规则来进行操作：

（1）考虑表达式中运算符的结合性与优先级，再适当地加上括号，其中树叶一定是操作数，内部节点一定是运算符。

（2）由最内层的括号逐步向外，利用运算符当树根，左边的操作数当左子树，右边的操作数当右子树，其中优先级最低的运算符作为此二叉运算树的树根。

现在我们尝试将 A–B*(–C + –3.5)表达式转换为二叉运算树，并求出此表达式的前序与后序表示法。

→A–B*(–C + –3.5)

→(A–(B*((–C) + (–3.5))))

建立的二叉运算树如图 6-36 所示。

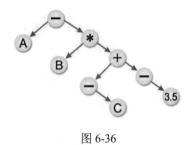

图 6-36

接着将二叉运算树进行前序与后序遍历，即可得此表达式的前序法表达式与后序法表达式，如下所示：

前序法表达式为–A*B+–C–3.5。

后序法表达式为 ABC–3.5–+*–。

范例 6.4.8

请画出下列表达式的二叉运算树：

$$(a+b)*d+e/(f+a*d)+c$$

解答 建立的二叉运算树如图 6-37 所示。

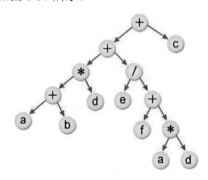

图 6-37

范例▶ 6.4.9

设计一个 C 程序使用链表来实现二叉运算树的操作。试着计算以下两个中序法表达式的值，并列出它们的中序法、前序法和后序法表达式。

（1）6*3+9%5。

（2）1*2+3%2+6/3+2*2。

解答▶　请参考范例程序 CH06_07.c（扫描文前"序"中二维码可获取本范例程序源码）。

【执行结果】参见图 6-38。

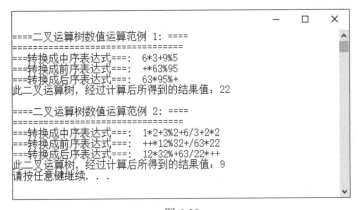

图 6-38

6.5　线索二叉树

相对于树的节点存储空间，二叉树的节点存储空间的浪费率可以从 2/3 降到 1/2。但是，如果读者仔细观察之前使用链表建立的 n 个节点的二叉树，就会发现用来指向左右两个节点的指针只有 $n-1$ 个链接，另外的 $n+1$ 个指针都是空链接。

所谓线索二叉树（Threaded Binary Tree），就是把这些空链接加以利用，再指到树的其他节点，这些链接就称为线索（Thread），而这棵树就称为线索二叉树。线索二叉树带来的最明显的好处是：在进行中序遍历时，不需要使用递归与堆栈，直接利用各个节点的指针即可。

二叉树转化为线索二叉树

线索二叉树与二叉树最大的不同之处是：为了分辨左右子树指针是线索还是正常的链接指针，我们必须在节点结构中再加上两个字段 LBIT 与 RBIT 来加以区分，而在所绘的图中，线索使用虚线来表示，有别于一般的链接指针。如何将二叉树转变为线索二叉树呢？步骤如下：

步骤01　先将二叉树经由中序遍历法按序排出，并将所有空链接改成线索。

步骤02　如果空链接指针是该节点的左指针，则将该指针指向中序遍历顺序下的前一个节点而成为线索。

步骤03　如果空链接指针是该节点的右指针，则将该指针指向中序遍历顺序下的后一个节点而成为线索。

步骤 **04**   该二叉树中序遍历的第一个节点和最后一个节点都指向一个空节点，并将此空节点的右指针指向自己，而这个空节点的左指针指向此线索二叉树，该空节点的左子树即为此线索二叉树。

线索二叉树的基本结构如下：

| LBIT | LCHILD | DATA | RCHILD | RBIT |

- LBIT：左控制位。
- LCHILD：左子树链接。
- DATA：节点数据。
- RCHILD：右子树链接。
- RBIT：右控制位。

线索二叉树与普通二叉树的不同之处在于，为了区分正常指针和线索而加入的两个字段：LBIT 和 RBIT。

- 如果 LCHILD 为正常指针，则 LBIT=1。
- 如果 LCHILD 为线索，则 LBIT=0。
- 如果 RCHILD 为正常指针，则 RBIT=1。
- 如果 RCHILD 为线索，则 RBIT=0。

节点的声明方式如下：

```
struct t_tree
{
    int DATA,LBIT,RBIT;
    struct t_tree* LCHILD,RCHILD;
};
typedef struct t_tree node;
type node *tbtree;
```

接着我们来练习将图 6-39 所示的二叉树转为线索二叉树。

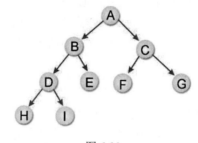

图 6-39

步骤：

（1）以中序遍历二叉树：HDIBEAFCG。

（2）找出相对应的线索二叉树，并按照 HDIBEAFCG 顺序求得如图 6-40 所示的结果。

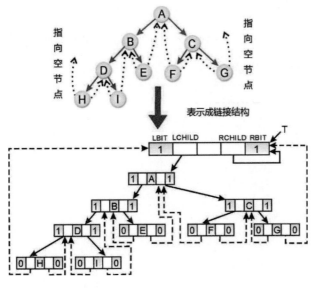

图 6-40

以下为使用线索二叉树的优缺点。

优点：

（1）线索二叉树进行中序遍历时，不需要使用堆栈处理，但一般二叉树却需要。

（2）由于充分使用空链接，因此避免了链接闲置浪费的情况。另外，中序遍历的速度也较快，节省不少时间。

（3）任意一个节点都容易找出它的中序先行者与中序后继者，在中序遍历时可以选择不使用堆栈或递归。

缺点：

（1）在执行加入或删除节点的操作时线索二叉树比一般二叉树要慢。

（2）线索子树间不能共用。

范例▶ 6.5.1

试绘出图 6-41 所示的二叉树对应的线索二叉树。

解答▶ 根据中序遍历结果为 EDFBACHGI，对应的线索二叉树如图 6-42 所示。

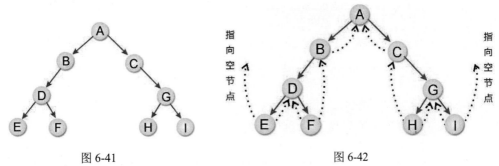

图 6-41　　　　　　　　　　　　　　图 6-42

范例 6.5.2

试设计一个 C 程序，建立线索二叉树，并以中序遍历输出从小到大的排序结果。

解答 请参考范例程序 CH06_08.c。

```
01    #include <stdio.h>
02    #include <stdlib.h>
03
04    struct Node {
05        int value;
06        int left_Thread;
07        int right_Thread;
08        struct Node *left_Node;
09        struct Node *right_Node;
10    };
11    typedef struct Node ThreadNode;
12    typedef ThreadNode *ThreadBinaryTree;
13    ThreadBinaryTree rootNode;
14    /* 将指定的值加入线索二叉树 */
15    void Add_Node_To_Tree(int value) {
16        ThreadBinaryTree newnode;
17        ThreadBinaryTree previous;
18        newnode=(ThreadBinaryTree)malloc(sizeof(ThreadNode));
19        newnode->value=value;
20        newnode->left_Thread=0;
21        newnode->right_Thread=0;
22        newnode->left_Node=NULL;
23        newnode->right_Node=NULL;
24        ThreadBinaryTree current;
25        ThreadBinaryTree parent;
26        previous=(ThreadBinaryTree)malloc(sizeof(ThreadNode));
27        previous->value=value;
28        previous->left_Thread=0;
29        previous->right_Thread=0;
30        previous->left_Node=NULL;
31        previous->right_Node=NULL;
32        int pos;
33        /* 设置线索二叉树的头节点 */
34        if(rootNode==NULL) {
35            rootNode=newnode;
36            rootNode->left_Node=rootNode;
37            rootNode->right_Node=NULL;
38            rootNode->left_Thread=0;
39            rootNode->right_Thread=1;
40            return;
41        }
42        /* 设置头节点所指的节点 */
43        current=rootNode->right_Node;
44        if(current==NULL){
45            rootNode->right_Node=newnode;
46            newnode->left_Node=rootNode;
47            newnode->right_Node=rootNode;
48            return ;
49        }
50        parent=rootNode; /* 父节点是头节点 */
51        pos=0; /* 设置二叉树中的遍历方向 */
52        while(current!=NULL) {
53            if(current->value>value) {
54                if(pos!=-1) {
55                    pos=-1;
56                    previous=parent;
57                }
58                parent=current;
59                if(current->left_Thread==1)
60                    current=current->left_Node;
61                else
62                    current=NULL;
63            }
```

```
64              else {
65                  if(pos!=1) {
66                      pos=1;
67                      previous=parent;
68                  }
69                  parent=current;
70                  if(current->right_Thread==1)
71                      current=current->right_Node;
72                  else
73                      current=NULL;
74              }
75          }
76          if(parent->value>value) {
77              parent->left_Thread=1;
78              parent->left_Node=newnode;
79              newnode->left_Node=previous;
80              newnode->right_Node=parent;
81          }
82          else {
83              parent->right_Thread=1;
84              parent->right_Node=newnode;
85              newnode->left_Node=parent;
86              newnode->right_Node=previous;
87          }
88          return ;
89      }
90      /* 线索二叉树中序遍历 */
91      void trace() {
92          ThreadBinaryTree tempNode;
93          tempNode=rootNode;
94          do {
95              if(tempNode->right_Thread==0)
96                  tempNode=tempNode->right_Node;
97              else
98              {
99                  tempNode=tempNode->right_Node;
100                 while(tempNode->left_Thread!=0)
101                     tempNode=tempNode->left_Node;
102             }
103             if(tempNode!=rootNode)
104                 printf("[%d]\n",tempNode->value);
105         } while(tempNode!=rootNode);
106     }
107     int main(void)
108     {
109         int i=0;
110         int array_size=11;
111         printf("线索二叉树经建立后，以中序遍历会产生排序的效果\n");
112         printf("第一个数字为线索二叉树的头节点，不列入排序\n");
113         int data1[]={0,10,20,30,100,399,453,43,237,373,655};
114         for(i=0;i<array_size;i++)
115             Add_Node_To_Tree(data1[i]);
116         printf("=================================\n");
117         printf("范例 1 \n");
118         printf("数字从小到大的排序结果为：\n");
119         trace();
120         int data2[]={0,101,118,87,12,765,65};
121         rootNode=NULL;/* 将线索二叉树的树根归零 */
122         array_size=7; /* 第 2 个范例的数组长度为 7 */
123         for(i=0;i<array_size;i++)
124             Add_Node_To_Tree(data2[i]);
125         printf("=================================\n");
126         printf("范例 2 \n");
127         printf("数字从小到大的排序结果为：\n");
128         trace();
129         printf("\n");
130         system("pause");
131         return 0;
132     }
```

【执行结果】参见图 6-43。

图 6-43

6.6 树的二叉树表示法

在前面的章节介绍了许多关于二叉树的操作，然而二叉树只是树结构的特例，广义的树结构其父节点可拥有多个子节点，我们姑且将这样的树称为多叉树。由于二叉树的链接浪费率最低，因此如果把树转化为二叉树来操作，就会在增加操作便利的同时提高存储空间的利用率。

6.6.1 树转化为二叉树

将一般树（即多叉树）转化为二叉树，使用的方法称为 Child-Sibling（Leftmost-Child-Next-Right-Sibling，左儿子有兄弟表示法）法则。转换步骤如下：

（1）将节点的所有兄弟节点用横线连接起来。
（2）每个父节点只保留与最左边子节点的连接，删掉与其他子节点的连接。
（3）所有右子树都顺时针旋转 45°。

按照下面的范例实践一次，就可以有更清楚的认识，转换前的多叉树如图 6-44 所示。

步骤01 将树的各层兄弟节点用横线连接起来，如图 6-45 所示。

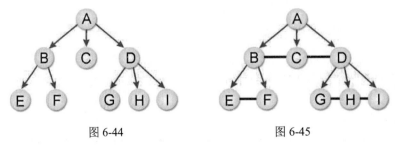

图 6-44   图 6-45

步骤 **02** 每个父节点只保留与最左边子节点的连接，删掉与其他子节点的连接，如图 6-46 所示。

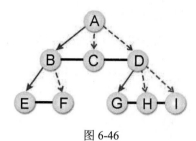

图 6-46

步骤 **03** 所有右子树顺时针旋转 45°，如图 6-47 所示。

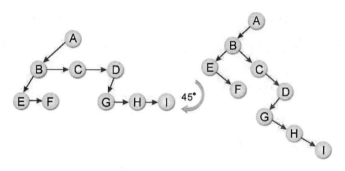

图 6-47

6.6.2 二叉树转化为树

既然树可以转化为二叉树，当然也可以将二叉树转化为树（即多叉树），如图 6-48 所示。

这其实就是树转化为二叉树的逆向步骤，方法也很简单。首先右子树都逆时针旋转 45°，如图 6-49 所示。

左子树(ABE)(DG)代表父子关系，而右子树(BCD)(EF)(GH)代表兄弟关系，按这种父子关系增加连接，同时删除兄弟节点间的连接，结果如图 6-50 所示。

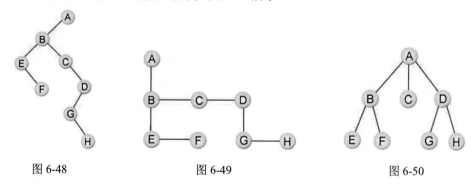

图 6-48   图 6-49   图 6-50

6.6.3 森林转化为二叉树

除了一棵树可以转化为二叉树外，其实好几棵树所形成的森林也可以转化为二叉树，步骤也很类似，如下所示：

（1）从左到右将每棵树的树根连接起来。

（2）仍然利用树转化为二叉树的方法操作。

图 6-51 是两棵树组成的森林，下面以图 6-51 所示的森林图示为范例进行说明。

步骤 01 将各树的树根从左到右连接起来，如图 6-52 所示。

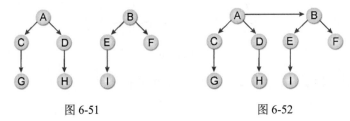

图 6-51　　　　　　　　　　　图 6-52

步骤 02 利用树转化为二叉树的原则，每个父节点只保留与最左边的子节点的连接，删除与其他子节点间的连接，结果如图 6-53 所示。

步骤 03 所有右子树顺时针旋转 45°，结果如图 6-54 所示。

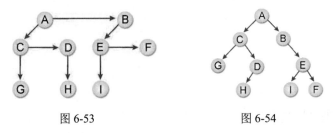

图 6-53　　　　　　　　　　　图 6-54

6.6.4　二叉树转化为森林

二叉树转化为森林的方法则是按照森林转化为二叉树的方法倒推回去。以图 6-55 所示的二叉树为例。首先，把原图逆时旋转 45°，如图 6-56 所示。

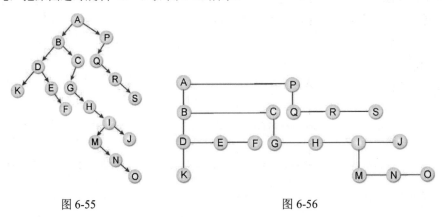

图 6-55　　　　　　　　　　　图 6-56

再按照左子树为父子关系，右子树为兄弟关系的原则逐步划分，如图 6-57 所示。

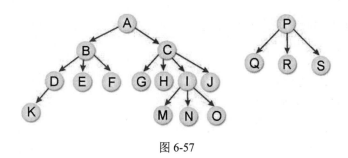

图 6-57

6.6.5　树与森林的遍历

除了二叉树的遍历可以有中序遍历、前序遍历与后序遍历 3 种方式外，树与森林的遍历也是这 3 种。但方法略有差异，下面将通过范例来说明。

假设树根为 R，且此树有 n 个节点，并可分成如图 6-58 所示的 m 棵子树，分别是 T_1, T_2, T_3, …, T_m。

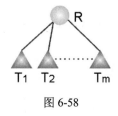

图 6-58

3 种遍历方式的步骤如下：

- 　树的中序遍历

（1）以中序法遍历 T_1。

（2）访问树根 R。

（3）再以中序法遍历 T_2, T_3, …, T_m。

- 　树的前序遍历

（1）访问树根 R。

（2）再以前序法依次遍历 T_1, T_2, T_3, …, T_m。

- 　树的后序遍历

（1）以后序法依次遍历 T_1, T_2, T_3, …, T_m。

（2）访问树根 R。

森林的遍历方式是从树的遍历衍生过来的，步骤如下：

- 　森林的中序遍历

（1）如果森林为空，则直接返回。

（2）以中序法遍历第一棵树的子树群。

（3）遍历森林中第一棵树的树根。

（4）以中序法遍历森林中其他的树。

- 森林的前序遍历

（1）如果森林为空，则直接返回。
（2）遍历森林中第一棵树的树根。
（3）以前序法遍历第一棵树的子树群。
（4）以前序法遍历森林中其他的树。

- 森林的后序遍历

（1）如果森林为空，则直接返回。
（2）按后序法遍历第一棵树的子树。
（3）按后序法遍历森林中其他的树。
（4）遍历森林中第一棵树的树根。

范例 ▶ 6.6.1

将图 6-59 所示的森林转化为二叉树，并分别求出转化前森林与转化后二叉树的中序、前序与后序遍历结果。

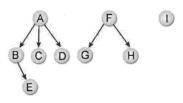

图 6-59

解答 ▶ 转化的步骤如下（见图 6-60~图 6-62）：

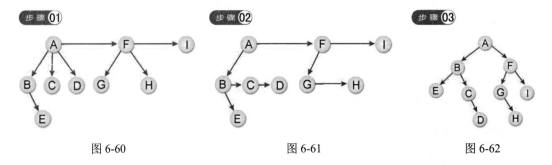

图 6-60   图 6-61   图 6-62

森林的遍历：

中序遍历的结果为 EBCDAGHFI。
前序遍历的结果为 ABECDFGHI。
后序遍历的结果为 EBCDGHIFA。

二叉树的遍历：

中序遍历的结果为 EBCDAGHFI。

前序遍历的结果为 ABECDFGHI。

后序遍历的结果为 EDCBHGIFA。（注意：转换前、后的后序遍历的结果是不同的！）

6.6.6　确定唯一二叉树

在二叉树的三种遍历方法中，如果有中序与前序的遍历结果或者中序与后序的遍历结果，即可从这些结果求得唯一的二叉树。不过，如果只具备前序与后序的遍历结果，则无法确定唯一的二叉树。

现在来看一个范例。

范例 ▶ 6.6.2

某二叉树的中序遍历为 BAEDGF，前序遍历为 ABDEFG。请画出此唯一的二叉树。

解答 ▶

中序遍历：左子树，**树根**，右子树

前序遍历：**树根**，左子树，右子树

具体步骤参考图 6-63~图 6-65。

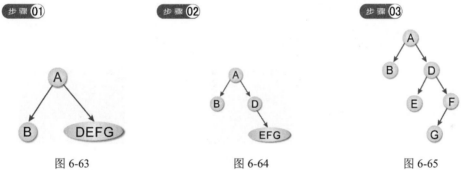

图 6-63　　　　　　　　图 6-64　　　　　　　　图 6-65

范例 ▶ 6.6.3

某二叉树的中序遍历为 HBJAFDGCE，后序遍历为 HJBFGDECA。请画出此唯一的二叉树。

解答 ▶

中序遍历：左子树，**树根**，右子树。

后序遍历：左子树，右子树，**树根**。

具体步骤参考图 6-66~图 6-69。

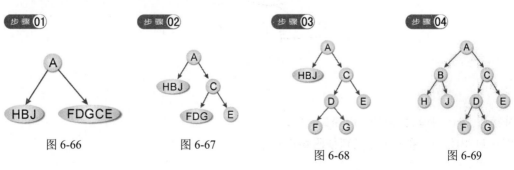

图 6-66　　　　　图 6-67　　　　　　　图 6-68　　　　　　图 6-69

6.7　优化二叉查找树

在前文中说过，如果一棵二叉树符合"每一个节点的值大于左子节点的值且小于右子节点的值"，这棵树便具有二叉查找树的特性。所谓的优化二叉查找树，简单地说，就是在所有可能的二叉查找树中，有最小查找成本的二叉树。

6.7.1　扩充二叉树

什么是最小查找成本呢？我们先从扩充二叉树（Extension Binary Tree）谈起。任何一棵二叉树中，若具有 n 个节点，则有 $n-1$ 个非空链接和 $n+1$ 个空链接。如果在每一个空链接加上一个特定节点，则称为外节点，其余的节点称为内节点，因而定义这种树为"扩充二叉树"。另外定义：外径长等于所有外节点到树根距离的总和，内径长等于所有内节点到树根距离的总和。我们将以图 6-70 中的图（a）和图（b）来说明它们的扩充二叉树的绘制过程。

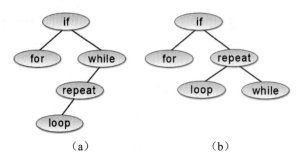

（a）　　　　　　　（b）

图 6-70

图 6-70 中图（a）的扩充二叉树如图 6-71 所示。

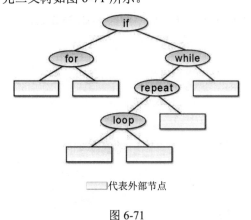

▨代表外部节点

图 6-71

外径长：2+2+4+4+3+2=17，内径长：1+1+2+3=7。

图 6-70 中图（b）的扩充二叉树如图 6-72 所示。

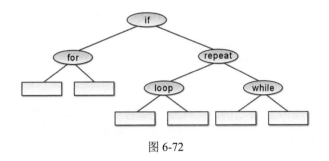

图 6-72

外径长：2+2+3+3+3+3=16，内径长：1+1+2+2=6。

以图 6-70 的图（a）和图（b）为例，若每个外部节点有加权值（例如查找概率等），则外径长必须考虑相关加权值，或称为加权外径长。下面将讨论图（a）和图（b）的加权外径长。

对图（a）来说：2×3+4×3+5×2+15×1=43。具有加权值的图（a）的扩充二叉树如图 6-73 所示。

对图（b）来说：2×2+4×2+5×2+15×2=52。具有加权值的图（b）的扩充二叉树如图 6-74 所示。

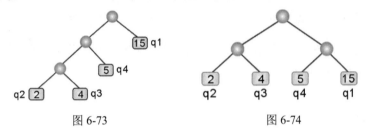

图 6-73 　　　　　　　　　　　　图 6-74

6.7.2　哈夫曼树

哈夫曼树（Huffman Tree）经常应用于数据的压缩，是可以根据数据出现的频率来构建的二叉树。例如，数据的存储和传输是数据处理的两个重要领域，两者都和数据量的大小息息相关，而哈夫曼树正好可以用于数据的压缩。

简单来说，如果有 n 个权值（q_1, q_2,…, q_n），且构成一个有 n 个节点的二叉树，每个节点的外部节点的权值为 q_i，则加权外径长度最小的就称为优化二叉树或哈夫曼树。对 6.7.1 节中图 6.70 的图（a）和图（b）的二叉树而言，图（a）就是二者的优化二叉树。对于一个含权值的链表，求其优化二叉树的步骤如下：

步骤01 产生两个节点，对数据中出现过的每一元素各自产生一个树叶节点，并赋予树叶节点该元素的出现频率。

步骤02 令 N 为 T_1 和 T_2 的父节点，T_1 和 T_2 是 T 中出现频率最低的两个节点，令 N 节点出现的频率等于 T_1 和 T_2 出现频率的总和。

步骤03 消去 步骤02 的两个节点，插入 N，再重复 步骤01。

我们将利用以上步骤来实现哈夫曼树，假设现在有 5 个字母 BDACE，各个字母出现的频率分别为 0.09、0.12、0.19、0.21 和 0.39，哈夫曼树的构建过程如下：

步骤01 取出最小的 0.09 和 0.12，合并成另一棵新的二叉树，其根节点的频率为 0.21，如图 6-75 所示。

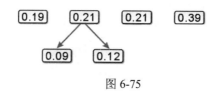

图 6-75

步骤 02 再取出 0.19 与 0.21 为根的二叉树合并后，得到 0.40 为根的新二叉树，如图 6-76 所示。

步骤 03 再取出 0.21 和 0.39 的节点，产生频率为 0.6 的新节点，得到右边的新二叉树，如图 6-77 所示。

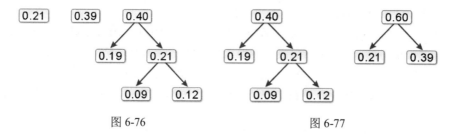

图 6-76　　　　　　　　　　　　图 6-77

步骤 04 最后取出以 0.40 和 0.60 为根节点的两棵二叉树，将它们合并成频率为 1.0 的根节点，至此以 1.0 为根节点的二叉树就完成了。

6.8　平衡树

二叉查找树的缺点是无法永远保持最佳状态，在加入的数据部分已排序的情况下，极有可能产生斜二叉树，因而使树的高度增加，导致查找效率降低。因此，二叉查找树不适用于数据经常变动（加入或删除）的情况。为了能够尽量减少查找所需要的时间，在查找的时候能够很快找到所要的值，我们必须让树的高度越小越好。

平衡树的定义

平衡树（Balanced Binary Tree）又称为 AVL 树（是由 Adelson-Velskii 和 Landis 两人发明的），它本身也是一棵二叉查找树。在 AVL 树中，每次在插入数据和删除数据后，必要的时候会对二叉树做一些高度的调整，而这些调整就是要让二叉查找树的高度随时维持平衡。平衡树通常适用于经常变动的动态数据，像编译器（Compiler）中的符号表（Symbol Table）等。

T 是一个非空的二叉树，T_l 和 T_r 分别是它的左子树和右子树，若符合下列两个条件，则称 T 是一棵高度平衡树。

（1）T_l 和 T_r 也是高度平衡树。

（2）$|h_l - h_r| \leqslant 1$，h_l 和 h_r 分别为 T_l 和 T_r 的高度，也就是所有内部节点的左、右子树的高度相差必定小于或等于 1。

图 6-78 所示的是平衡树，图 6-79 所示的是非平衡树。

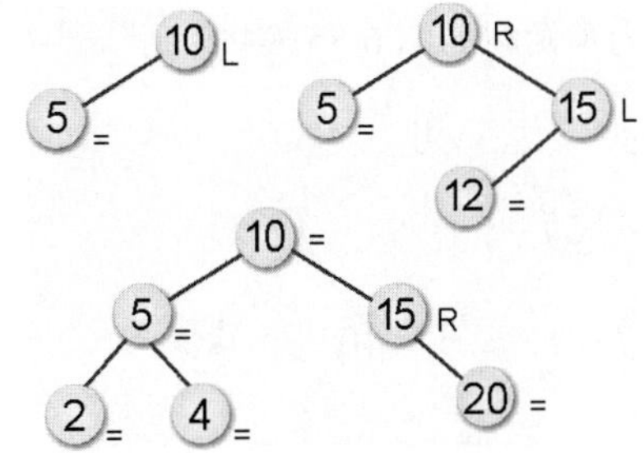

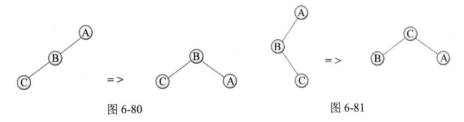

图 6-78 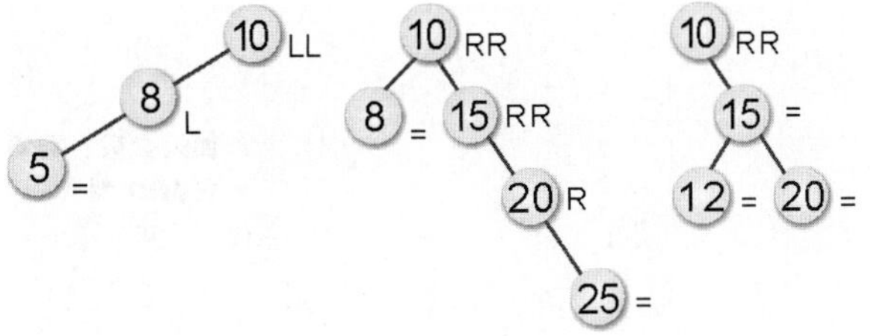　　　　　　　　　　　　　　　　图 6-79

如何把一棵二叉查找树调整为一棵平衡树，最重要的是找出"不平衡点"，再按照以下 4 种不同旋转形式重新调整其左右子树的高度。首先，令新插入的节点为 N，且其最近的一个具有 ±2 的平衡因子节点为 A，下一层为 B，再下一层为 C，分别介绍如下：

① 左左型（LL 型，如图 6-80 所示）。
② 左右型（LR 型，如图 6-81 所示）。

图 6-80　　　　　　　　　　　　　　图 6-81

③ 右右型（RR 型，如图 6-82 所示）。
④ 右左型（RL 型，如图 6-83 所示）。

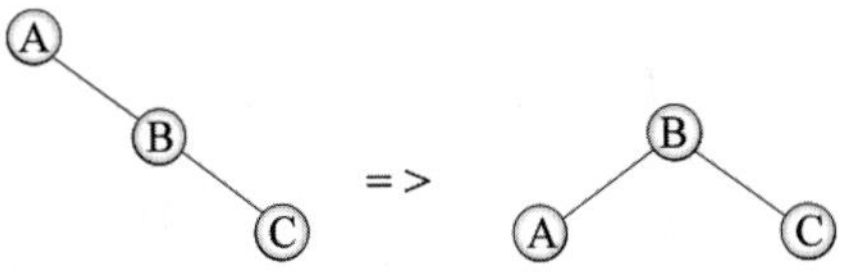

图 6-82 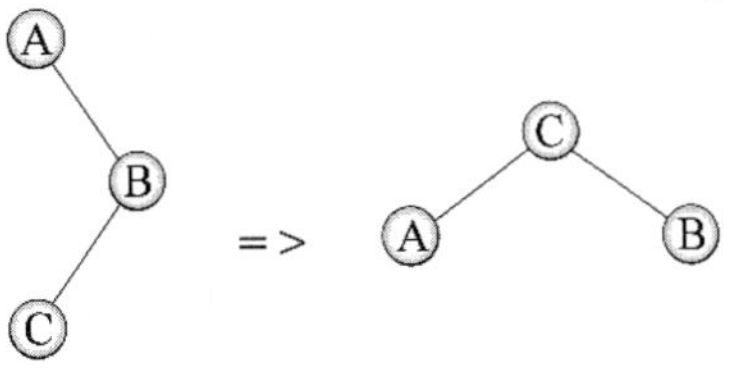　　　　　　　　　　　　　　图 6-83

范例 6.8.1

图 6-84 是一棵二叉查找树，试画出当加入节点 42（加入数值 42）之后的二叉树。注意，加入节点 42 后的二叉树仍需保持高度为 3 的二叉查找树。

解答

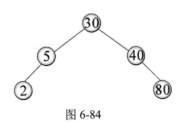

图 6-84

加入节点 42 后的二叉树如图 6-85 左图所示，重新调整为平衡树如图 6-85 右图所示。

图 6-85

范例▶ 6.8.2

图 6-86 所示的二叉树原来是平衡的，加入节点 12 后不平衡了，请重新调整成平衡树，但不可破坏该二叉树原有的次序结构。

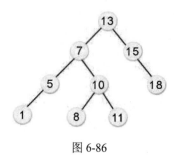

图 6-86

解答▶ 调整结果如图 6-87 所示。

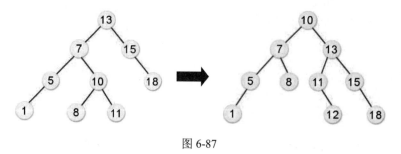

图 6-87

范例▶ 6.8.3

在图 6-88 所示的平衡二叉树中，加入节点 11 后，重新调整后的平衡树是什么样的？

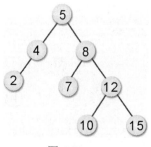

图 6-88

解答 ▶ 调整结果如图 6-89 所示。

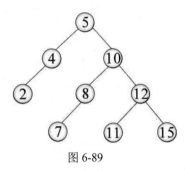

图 6-89

范例 ▶ 6.8.4

形成 8 层的平衡树最少需要几个节点？

解答 ▶

因为条件是形成最少节点的平衡树，不但要最少，而且要符合平衡树的定义。下面分步骤逐一讨论。

步骤 01 第一层的最少节点平衡树如图 6-90 所示。

图 6-90

步骤 02 第二层的最少节点平衡树如图 6-91 所示。

图 6-91

步骤 03 第三层的最少节点平衡树如图 6-92 所示。

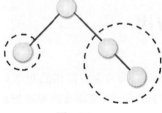

图 6-92

步骤 04 第四层的最少节点平衡树如图 6-93 所示。

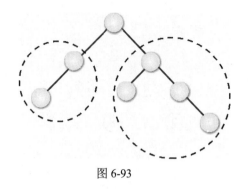

图 6-93

步骤 05 第五层的最少节点平衡树如图 6-94 所示。

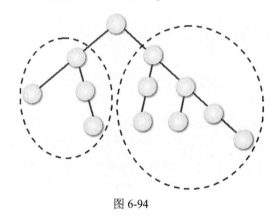

图 6-94

由以上讨论得知：

$N_n = N_{n-1} + N_{n-2} + 1$

且 $N_0 = 0$，$N_1 = 1$ ◀────── 树根

→0，1，2，4，7，12，20，33，54，88···

所以第 8 层最少节点平衡树为 54 个节点。

6.9　高级树结构的应用

除了之前介绍的常用树结构外，还有许多树结构的变形与衍生结构。由于这部分的内容较为深奥，任课老师可以自行斟酌是否用于教学。本节将介绍更高级的树结构及其应用，包括博弈树（Game Tree）、B 树、二叉空间分割树（Binary Space Partitioning Tree，BSP Tree）、四叉树与八叉树等。

6.9.1　博弈树

符合博弈法则的决策树（Decision Tree）被称为博弈树，这是因为游戏中的人工智能（AI）经常以博弈树的数据结构来实现。对数据结构而言，博弈树本身是人工智能中的一个重要概念。在信息管理系统（MIS）中，决策树是决策支持系统（Decision Support System，DSS）执行的基础。

简单来说，博弈树使用树结构的方法来讨论一个问题的各种可能性。下面用典型的"8 枚金币"

问题来阐述博弈树的概念。假设有 8 枚金币 a、b、c、d、e、f、g、h，其中有 1 枚金币是伪造的，伪造金币的特征是重量稍轻或偏重。如何使用博弈树的方法来找出这枚伪造的金币？以 L 表示伪造的金币轻于真品，以 H 表示伪造的金币重于真品。第一次比较时，从 8 枚金币中任意挑选 6 枚：a、b、c、d、e、f，分成 2 组来比较重量，则会出现下面三种情况：

```
(a+b+c)>(d+e+f)
(a+b+c)=(d+e+f)
(a+b+c)<(d+e+f)
```

我们可以按照以上步骤画出如图 6-95 所示的博弈树。

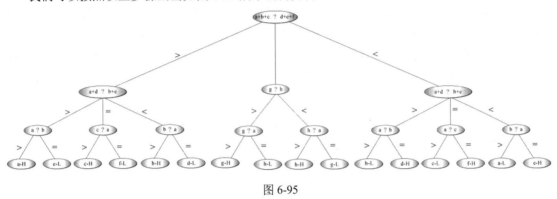

图 6-95

如果我们要设计的游戏属于"棋类"或"纸牌类"，那么所采用的技巧在于进行游戏时计算机"决策"的能力，简单地说，就是该下哪一步棋或者该出哪一张牌。因为游戏时可能发生的情况很多，例如象棋游戏的人工智能必须在所有可能的情况中选择一步对自己最有利的棋，想想看，如果开发此类游戏，我们要怎么做呢？这时博弈树就可以派上用场了。

通常此类游戏人工智能的实现技巧是先找出所有可走的棋（或可出的牌），然后逐一判断走这步棋（或出这张牌）的优劣程度如何，或者替这步棋打个分数，然后选择走得分最高的那步棋。

一个常被用来讨论博弈型人工智能的简单例子是"井"字棋游戏，因为它可能发生的情况不多，我们大概只要花 10 分钟便能分析完所有可能的情况，并且找出最佳的玩法。如图 6-96 所示就是表示在某种情况下 X 方的博弈树。

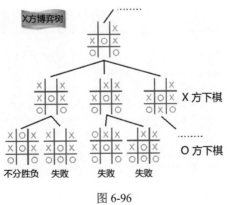

图 6-96

从图 6-96 中我们可以看出这个博弈决策形成树结构，所以称为"博弈树"，而树结构正是数据结构所讨论的范围，这说明数据结构也是人工智能的基础，博弈决策形成人工智能的基础是查找，在所有可能的情况下，找出可能获胜的方法。

6.9.2　B 树

B 树是一种高度大于或等于 1 的 m 阶查找树，它也是平衡树概念的延伸，不过 B 树与平衡树（AVL）不同，可以拥有两个以上的子节点，并且每个节点可以有多个键值。B 树是由 Bayer 和 McCreight 两位专家提出的，通常适用于读写相对较大的数据库和文件存储系统。在还没开始介绍 B 树的主要特征之前，我们先来复习之前所介绍的二叉查找树的概念。

一般来说，二叉查找树是一棵二叉树，在这棵二叉树上的节点均包含一个键值字段和分别指向左子树与右子树的链接字段，同时树根的键值恒大于其左子树的所有键值，且小于或等于右子树的所有键值。另外，其左右子树也是一棵二叉查找树。这种包含键值并指向两棵子树的节点称为 2 阶节点。也就是说，2 阶节点的节点度数都小于等于 2。以这样的概念，我们拓展到 3 阶节点，它包括以下几个特点：

（1）每一个 3 阶节点存放的键值最多为 2 个，假设其键值分别为 k_1 和 k_2，则 $k_1 < k_2$。

（2）每一个 3 阶节点的度数均小于等于 3。

（3）每一个 3 阶节点的链接字段有 3 个，即 $P_{0,1}$、$P_{1,2}$、$P_{2,3}$，这 3 个链接字段分别指向 T_1、T_2、T_3 三棵子树。

（4）T_1 子树的所有节点键值均小于 k_1。

（5）T_2 子树的所有节点键值均大于等于 k_1 且小于 k_2。

（6）T_3 子树的所有节点键值均大于等于 k_2。

图 6-97 就是一棵由 3 阶节点组成的 3 阶查找树，当链接指针指向 NULL 时，表示该链接指针并没有指向任何子树，3 阶查找树也就是 3 阶的 B 树，或称为 2-3 树，表示每个节点可以有 2 或 3 个子节点，而且左子树和右子树的高度一定相同，所有叶节点都在同一层，并且可以放 1 或 2 个元素，但不是二叉树，因为最多可以拥有三个子节点。

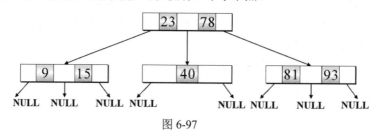

图 6-97

以上面所列的是 3 阶 B 树的特点，我们将其扩大到 m 阶查找树，就可以知道 m 阶查找树包含以下主要特征：

（1）每一个 m 阶节点存放的键值最多为 $m-1$ 个，假设其键值分别为 k_1、k_2、k_3、k_4、$\cdots$、k_{m-1}，则 $k_1 < k_2 < k_3 < k_4 < \cdots < k_{m-1}$。

（2）每一个 m 阶节点的度数均小于等于 m。

（3）每一个 m 阶节点的链接字段有 m 个，即 $P_{0,1}$、$P_{1,2}$、$P_{2,3}$、$P_{3,4}$、$\cdots$、$P_{m-1,m}$，这 m 个链接字段分别指向 T_1、T_2、T_3、$\cdots$、T_m 共 m 棵子树。

（4）T_1 子树的所有节点键值均小于 k_1。

（5）T_2 子树的所有节点键值均大于等于 k_1 且小于 k_2。

（6）T_3 子树的所有节点键值均大于等于 k_2 且小于 k_3。

（7）以此类推，T_m 子树的所有节点键值均大于等于 k_{m-1}。

m 阶查找树的键值、链接指针及其分别指向的子树如图 6-98 所示。

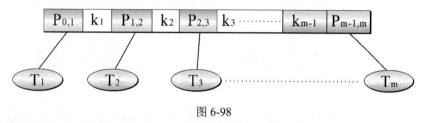

图 6-98

其中 T_1、T_2、T_3、…、T_m 都是 m 阶查找树的子树，在这些子树中的每一个节点都是 m 阶节点，且其每一个节点的度数都小于等于 m。

有了以上了解，接下来介绍 B 树的几个重要概念。其实 B 树就是一棵平衡的 m 阶查找树。描述一棵 B 树时需要指定阶数，阶数表示了一个节点最多有多少个子节点，例如 B 树中一个节点的子节点数目的最大值用 m 表示，假如最大值为 5，则为 5 阶，根节点数量的范围则是 $1 \leqslant k \leqslant 4$，非根节点数量的范围是 $2 \leqslant k \leqslant 4$，每个节点至少有 2 个键值（3–1=2），最多有 4 个键，且高度大于等于 1，主要特点如下：

（1）B 树上每一个节点都是 m 阶节点。

（2）每一个 m 阶节点存放的键值最多为 $m-1$ 个。

（3）每一个 m 阶节点的度数均小于等于 m。

（4）除非是空树，否则树的根节点至少必须有两个以上的子节点。

（5）除了树根和树叶节点外，每一个节点最多不超过 m 个子节点，但至少包含 $m/2$ 个子节点。

（6）每个树叶节点到树根节点所经过的路径长度都一致，也就是说，所有的树叶节点都必须在同一层。

（7）当要增加树的高度时，处理的方法就是将该树根节点一分为二。

（8）若 B 树的键值分别为 k_1、k_2、k_3、k_4、…、k_{m-1}，则 $k_1 < k_2 < k_3 < k_4 < \cdots < k_{m-1}$。

（9）B 树的节点表示法为 $P_{0,1}$，k_1，$P_{1,2}$，k_2，…，$P_{m-2,m-1}$，k_{m-1}，$P_{m-1,m}$。

其节点结构图如图 6-99 所示。

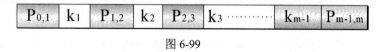

图 6-99

其中 $k_1 < k_2 < k_3 < \cdots < k_{m-1}$。

（1）$P_{0,1}$ 指针所指向的子树 T_1 中的所有键值均小于 k_1。

（2）$P_{1,2}$ 指针所指向的子树 T_2 中的所有键值均大于或等于 k_1 且小于 k_2。

（3）以此类推，$P_{m-1,m}$ 指针所指向的子树 T_m 中所有键值均大于或等于 k_{m-1}。

　　根据 *m* 阶查找树的定义，我们知道 4 阶查找树的每一个节点度数小于等于 4，又由于 B 树的特点：除非是空树，否则树根节点至少必须有两个以上的子节点。由此可知，4 阶的 B 树结构的每一个节点度数可能为 2、3 或 4，因此 4 阶 B 树又被称为 2-3-4 树，其中当一个节点有 1 个元素时，则会有 2 个子节点，当一个节点有 2 个元素时，则会有 3 个子节点，以此类推，最多可以拥有 4 棵子树，如图 6-100 所示。

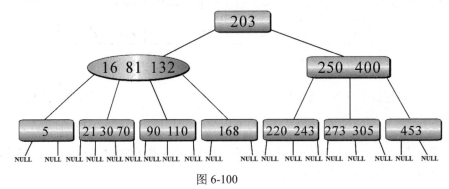

图 6-100

6.9.3　二叉空间分割树

　　二叉空间分割树是一种二叉树，其特点是每个节点有两个子节点。这是游戏空间常用的一种分割方法，通常被用于平面绘图应用中。因为物体与物体之间有位置上的关联性，所以每一次重绘平面时，都必须先考虑平面上的各个物体的位置关系，然后加以重绘。因为在游戏中进行画面绘制时，会将输入的数据显示在屏幕上，即便输入的模型数据当前不一定都出现在屏幕上，这些数据经过运算仍会时刻耗费计算资源，这时使用二叉空间分割树就能大量减少 3D 加速卡的计算资源。二叉空间分割树采取的方法是开始将数据文件读进来的时候就将整个数据文件中的数据先建成一个二叉树的数据结构，因为二叉空间分割树通常对图素的排序是预先排序好的，而不是在运行时才进行排序的，如图 6-101 所示。

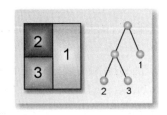

图 6-101

　　二叉树节点里的数据结构以平面分割场景，多应用于开放式空间。场景中会有许多物体，在处理的时候把每个物体的每个多边形当成一个平面，其所代表的平面将当前空间划分为前向和背向两个子空间，也就是每个平面会有正反两个面，这样可把场景分为两部分，先从第一个平面开始分，再对分出的两部分按同样的方式细分，这两个部分又分别被另外的平面分割成更小的空间，分别对应左右子节点，如果空间有许多物体，那么就以递归方式继续将空间一分为二，最后所有平面都被用于构造二叉树的节点，最终构建为一棵二叉空间分割树。

　　当游戏地形数据被读进来的时候，这棵二叉空间分割树的叶节点就保存了分割的游戏空间所得到的像素集合，二叉空间分割树同时也就被建立好了。当视点开始移动时，平面中的物体必须重新绘制，而重绘的方法就是以视点为中心，对此构建好的二叉空间分割树加以分析，只要在二叉空间分割树中，且位于此视点的前方，就会被存放在一个链表中，只要依照链表的顺序一个一个地将它们绘制在平面上即可。注意，二叉空间分割树构造的平均时间复杂度为 $O(N^2)$。

在游戏设计中，空间划分是一项非常重要的技术，二叉空间分割树通常是用来处理游戏中室内场景模型的分割，例如在第一人称射击游戏（FPS）的迷宫地图中，就大量使用这种空间分割技巧，将物体针对观察者位置快速地从前至后进行排序，不仅可用来加速位于视锥（Viewing Frustum）中物体的搜索与裁剪，也可用于加速场景中各种碰撞侦测的处理。从 20 世纪 90 年代初开始，二叉空间分割树就被用于游戏行业来改善游戏程序的运行性能，例如《雷神之锤》游戏引擎和《毁灭战士》系列游戏就是以这种方式开发的，于是二叉空间分割树技术也就成为室内渲染技术的工业标准。不过有一点需要注意，在使用二叉空间分割树时，最好把它转换成平衡二叉树，这样可以减少在二叉空间分割树中执行查找操作所花的时间。

提示　视锥可看成是场景中的一个三维空间，这个空间决定了模型将如何投影到屏幕上，如图 6-102 所示。

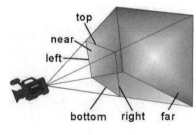

图 6-102

6

6.9.4　四叉树和八叉树

使用二叉树可以帮助数据分类，当然更多的分枝自然有更好的分类能力，如四叉树与八叉树，这些也都属于二叉空间分割树概念的延伸。我们用四叉树来加速计算游戏世界画面中的可见区域，也可以把它用于图像处理技术有关的数据压缩，以提高空间数据插入和查找的效率。当我们在制作游戏中起伏不定、一望无际的地形时，如果从构成地形的模型三角面依次寻找，往往要耗费大量的计算资源。为了更精简有效地存储地形，通常采用四叉树而不是二叉树来分析与分类二维空间的数据，就是树的每个节点拥有 4 个子节点而不是两个，目的是将地理空间递归划分为不同层次的树结构，再将已知范围的空间等分成 4 个相等的子空间，在查找时就可以锁定部分区域的物体，从而提高查询的效率。多游戏场景的地形（Terrain）就是以四叉树来进行划分的，以递归的方式并以轴心一致为原则将地形按照 4 个象限分成 4 个子区域，每个大区块可能又被分割成若干的小区块，每个区块都作为节点，越分越细，地形数据存放在树叶节点，如此递归下去，直到树的层次达到某种要求后停止分割，如图 6-103 所示。

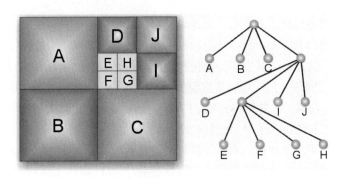

图 6-103

在许多游戏程序中都需要碰撞检测来判断两个物体的碰撞，算法如果无法有效地选择检测目标，很可能会大幅降低游戏程序的运行速度。四叉树在 2D 平面与碰撞检测中相当有用，特别是在单层的大场景地形图中。

图 6-104 是与图 6-103 对应的 3D 地形，分割的方式是以地形面的斜率（利用平面法向量来比较）为依据的。

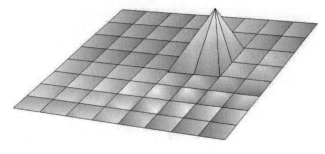

图 6-104

八叉树的定义是如果不为空树，树中任何一个节点的子节点恰好只有 0 个或 8 个，也就是子节点不会有 0 与 8 以外的数目。读者可把它看作是双层的四叉树，也就是四叉树在 3D 空间中的对应结构。

八叉树通常用于 3D 空间中的场景管理与分割，以加快空间数据的查找，多半适用于密闭或有限的空间，这样有助于快速计算出物体在 3D 场景中的位置、光线追踪（Ray Tracing）过滤、感知检测、加速光线投射（Ray Casting），或检测与其他物体是否发生了碰撞。八叉树的示意图如图 6-105 所示。

这种以线性八叉树来表示 3D 空间物体的数据结构，在 3D 图形、3D 游戏引擎等领域应用广泛。使用二叉空间分割树来分割 3D 空间，会有太多细小的碎片。在分割的过程中，假如有一个子空间中的物体数小于某个值，则不再分割下去。也就是说，八叉树的处理规则用的是递归规则，在每个细分的层次上都有同样的规则属性，即把一个立方体分割为 8 个小立方体，然后递归地再分割小立方体。因此，在每个层次上我们可以利用同样的编列规则获得整个结构元素由后到前的顺序依据，这样就能有效避免太过细碎的空间分割。

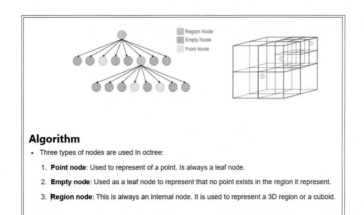

图 6-105

本章习题

1. 一般树结构在计算机内存中的存储方式是以链表为主的，对于 n 叉树来说，我们必须取 n 为链接个数的最大固定长度。试说明为了改进存储空间浪费的缺点，为何经常使用二叉树结构来取代 n 叉树结构。

2. 下列哪一种不是树？

（A）一个节点　　　　　　（B）环形链表

（C）一个没有回路的连通图　　（D）一个边数比点数少 1 的连通图

3. 关于二叉查找树的叙述，哪一个是错误的？

（A）二叉查找树是一棵完全二叉树

（B）可以是斜二叉树

（C）一节点最多只能有两个子节点

（D）一节点的左子节点的键值不会大于右节点的键值

4. 以下二叉树的中序法、后序法及前序法表达式分别是什么？

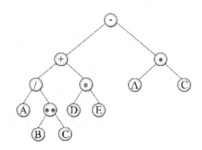

5. 以下二叉树的中序法、前序法及后序法表达式分别是什么？

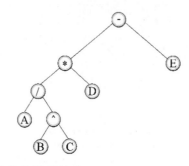

6. 试以链表来描述以下树结构的数据结构。

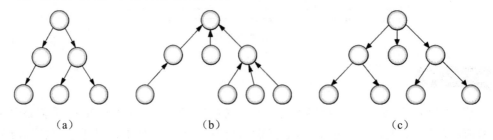

(a) (b) (c)

7. 假如有一棵非空树，其度数为 5，已知度数为 i 的节点有 i 个，其中 $1 \leq i \leq 5$，请问树叶节点一共有多少个？

8. 请用后序法遍历以下二叉树。

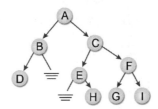

9. 试写出以下二叉树的中序法、前序法及后序法遍历的结果。

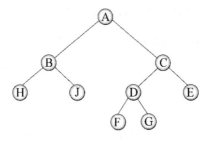

10. 用二叉查找树去表示 n 个元素时，二叉查找树的最小和最大高度值分别是多少？

11. 一棵二叉树被表示成 A(B(CD)E(F(G)H(I(JK)L(MNO))))，请画出二叉树的结构以及该二叉树的后序法与前序法的遍历结果。

12. 试写出以下二叉运算树的中序法、后序法与前序法表达式。

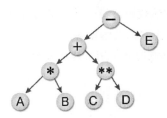

13. 请将 A−B*(−C+−3.5)表达式转化为二叉运算树，并求出此表达式的前序法与后序法的表达式。

14. 以下为一棵二叉树：

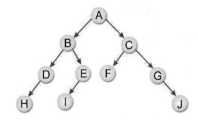

（1）写出此二叉树的前序遍历、中序遍历与后序遍历的结果。

（2）空的线索二叉树是什么？

（3）以线索二叉树表示其存储情况。

15. 求下面的树转化为二叉树之前和之后的中序法、前序法与后序法遍历的结果。

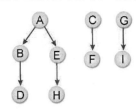

16. 形成 8 层的平衡树最少需要几个节点？

17. 将下面的树转化为二叉树。

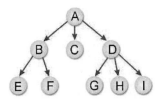

18. 在以下平衡二叉树中，加入节点 11 后，重新调整后的平衡树是什么？

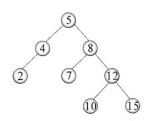

19. 请说明二叉查找树的特点。

20. 试编写出 SWAPTREE(T)的伪代码，将二叉树 T 的所有节点的左右子节点对换。

21. 请将 A/B**C+D*E-A*C 转化为二叉运算树。

22. 试述如何对二叉树进行中序遍历而不用堆栈或递归？

23. 将下图的树转化为二叉树。

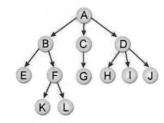

24. 请简述四叉树与八叉树的基本原理。

第 7 章

图结构

7

图结构和树结构的最大不同点是树结构描述的是节点与节点之间的"层次"关系，而图结构描述的却是节点与节点之间是否相连的关系。在图中连接两个顶点的边若填上加权值（也可以称为成本），这类图形就称为"网络"。图除了被应用于数据结构中的最短路径搜索、拓扑排序外，还能应用于系统分析中以时间为评核标准的计划评审技术（Program Evaluation and Review Technique，PERT），或者像研发中的 IC 板设计、生活中的交通网络规划等都是关于图的应用。改编者注：后文"图"和"图形"在数据结构的描述中指同一个概念，本章所讨论的图是离散数学中图论之图，图的定义有特定的含义。

如何计算两点之间最短距离的问题，就可以转化为在图结构中要处理的问题，采用 Dijkstra 这种图论算法就能快速寻找出两个点之间的最短路径，如果没有 Dijkstra 算法，现代交通网络的运营效率必将大打折扣（见图 7-1）。

图 7-1

7.1　图的简介

图的理论（简称图论）起源于 1736 年，是一位瑞士数学家欧拉（Euler）为了解决"哥尼斯堡"问题所想出来的一种数据结构理论，这就是著名的"七桥问题"。简单地说，就是有 7 座横跨 4 个城市的大桥。欧拉所思考的问题是这样的：是否有人可以在每一座桥梁只经过一次的情况下，把所有地方都走过一次而且回到原点。图 7-2 为"七桥问题"的示意图。

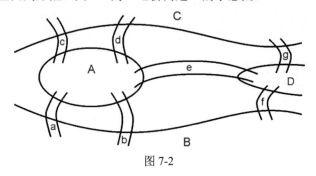

图 7-2

7.1.1　欧拉环与欧拉链

欧拉当时使用的方法就是以图结构来进行分析的。他以顶点表示城市，以边表示桥梁，并定义连接每个顶点的边数为该顶点的度数。我们将以如图 7-3 所示的简图来表示"哥尼斯堡桥梁"问题。

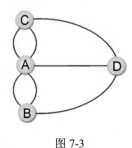

图 7-3

1. 欧拉环

欧拉最后得出一个结论：当所有顶点的度数都为偶数时，才能从某顶点出发，经过每条边一次，再回到起点。也就是说，在图 7-3 中每个顶点的度数都是奇数，所以欧拉所思考的问题是不可能发生的，这就是有名的欧拉环（Eulerian Cycle）理论。

2. 欧拉链

如果条件改成从某顶点出发，经过每条边一次，不一定要回到起点，即只允许其中两个顶点的度数是奇数，其余顶点的度数必须为偶数，符合这样性质的图就称为欧拉链（Eulerian Chain），如图 7-4 所示。

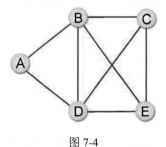

图 7-4

7.1.2　图的定义

图是由"顶点"和"边"所组成的集合，通常用 $G=(V, E)$ 来表示，其中 V 是所有顶点组成的集合，而 E 代表所有边组成的集合。图的种类有两种：一种是无向图，另一种是有向图。无向图以（V_1，V_2）表示其边，有向图则以<V_1,V_2>表示其边。

7.1.3　无向图

无向图是一种边没有方向的图，即同一条边上的两个顶点没有次序关系，例如（V_1,V_2）与（V_2,V_1）代表的是相同的边，如图 7-5 所示。

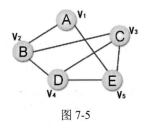

图 7-5

V={A, B, C, D, E}
E={(A,B), (A,E), (B,C), (B,D), (C,D), (C,E), (D,E)}

无向图的重要术语如下：

- 完全图（Complete Graph）：在无向图中，n 个顶点正好有 $n(n-1)/2$ 条边，则称为完全图，如图 7-6 所示。

- 路径（Path）：对于从顶点 V_i 到顶点 V_j 的一条路径，是指由经过顶点组成的连续数列，如图 7-6 中 A 到 E 的路径有 {(A,B)、(B,E)} 及 {((A,B)、(B,C)、(C,D)、(D,E))}等。

- 简单路径（Simple Path）：除了起点和终点可能相同外，其他经过的顶点都不同，在图 7-6 中，(A,B)、(B,C)、(C,A)、(A,E)不是一条简单路径。

- 路径长度（Path Length）：是指路径上所包含边的数目，在图 7-6 中，(A,B)、(B,C)、(C,D)、(D,E)是一条路径，其长度为 4，且为一条简单路径。

- 回路（Cycle）：是指起始顶点和终止顶点为同一个点的简单路径。如图 7-6 所示，{(A,B)，(B,D)，(D,E)，(E,C)，(C,A)}起点和终点都是 A，所以是一个回路。

- 关联（Incident）：如果 V_i 与 V_j 相邻，则称(V_i,V_j)这个边关联于顶点 V_i 及顶点 V_j。如图 7-6 所示，关联于顶点 B 的边有(A,B)、(B,D)、(B,E)、(B,C)。

- 子图（Subgraph）：当我们称 G' 为 G 的子图时，必定存在 $V(G')⊆V(G)$ 与 $E(G')⊆E(G)$，如图 7-7 所示的图就是图 7-6 的子图。

- 相邻（Adjacent）：如果(V_i,V_j)是 $E(G)$ 中的一条边，则称 V_i 与 V_j 相邻。

- 连通分支（Connected Component）：在无向图中，相连在一起的最大子图（Subgraph），如图 7-8 所示有两个连通分支。

- 度数（Degree）：在无向图中，一个顶点所拥有边的总数为度数。在图 7-6 中，每个顶点的度数都为 4。

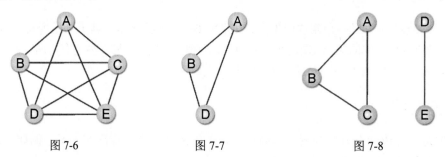

图 7-6　　　　　　　图 7-7　　　　　　　图 7-8

7.1.4　有向图

有向图是一种每一条边都可使用有序对$<V_1,V_2>$来表示的图，并且$<V_1,V_2>$与$<V_2,V_1>$表示两个方向不同的边，而所谓$<V_1,V_2>$，是指 V_1 为尾端指向为头部的 V_2，如图 7-9 所示。

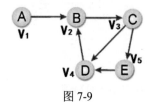

图 7-9

V={A, B, C, D, E}
E={<A,B>, <B,C>, <C,D>, <C,E>, <E,D>, <D,B>}

有向图的相关术语如下：

- 完全图：具有 n 个顶点且恰好有 $n×(n-1)$ 个边的有向图，如图 7-10 所示。
- 路径：有向图中从顶点 V_p 到顶点 V_q 的路径是指一串从顶点组成的连续有向序列。
- 强连通：有向图中，如果每个成对顶点 V_i,V_j 有直接路径（V_i 和 V_j 不是同一个点），同时有另一条路径从 V_j 到 V_i，则称此图为强连通，如图 7-11 所示。

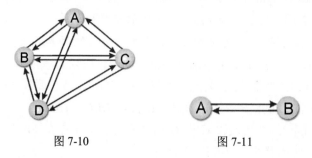

图 7-10　　　　　　　　　图 7-11

- 强连通分支（Strongly Connected Component）：有向图中构成强连通的最大子图，在图 7-12 中的图（a）是强连通，图（b）不是强连通。

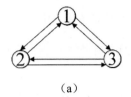
（a）

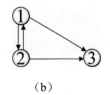
（b）

图 7-12

图 7-12（b）中的强连通分支如图 7-13 所示。

- 出度数（Out-Degree）：是指有向图中以顶点 V 为箭尾的边数。
- 入度数（In-Degree）：是指有向图中以顶点 V 为箭头的边数。如图 7-14 中 V_4 的入度数为 1，出度数为 0，V_2 的入度数为 4，出度数为 1。

图 7-13

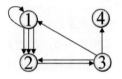
图 7-14

 图结构中任意两个顶点之间只能有一条边，如果两个顶点间相同的边有两条以上（含两条），则称它为多重图（Multigraph），如图 7-15 所示。以严格的定义来说，多重图应该不能算作图论中的一种图。

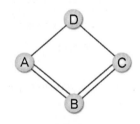
图 7-15

7.2　图的数据表示法

知道图的各种定义与概念后，有关图的数据表示法就越显重要了。常用来表示图的数据结构的方法有很多，本节将介绍 4 种表示法。

7.2.1　邻接矩阵法

图 A 有 n 个顶点，以 $n \times n$ 的二维矩阵来表示。此矩阵的定义如下：

对于一个图 $G = (V, E)$，假设有 n 个顶点，$n \geqslant 1$，则可以将 n 个顶点的图使用一个 $n \times n$ 的二维矩阵来表示。假如 $A(i, j) = 1$，则表示图中有一条边 (V_i, V_j) 存在，反之 $A(i, j) = 0$，则不存在边 (V_i, V_j)。

相关特性说明如下：

（1）对无向图而言，邻接矩阵一定是对称的，而且对角线一定为 0。有向图则不一定如此。

（2）在无向图中，任一节点 i 的度数为 $\sum_{j=1}^{n} A(i,j)$，就是第 i 行所有元素之和。在有向图中，节点 i 的出度数为 $\sum_{j=1}^{n} A(i,j)$，就是第 i 行所有元素的和，而入度数为 $\sum_{i=1}^{n} A(i,j)$，就是第 j 列所有元素的和。

（3）用邻接矩阵法（Adjacency Matrix）表示图共需要 n^2 个单位空间，由于无向图的邻接矩阵一定具有对称关系，因此除对角线全部为零外，只需要存储三角形或下三角形的数据即可，也就是仅需 $n(n-1)/2$ 的单位空间。

下面来看一个范例，请以邻接矩阵表示如图 7-16 所示的无向图。

由于图 7-16 中有 5 个顶点，因此使用 5×5 的二维数组存放此图。在该图中，先找和顶点 1 相邻的顶点有哪些，把和 1 相邻的顶点坐标填入 1。

与顶点 1 相邻的有顶点 2 和顶点 5，得到如图 7-17 所示的表格。

其他顶点以此类推，可以得到邻接矩阵，如图 7-18 所示。

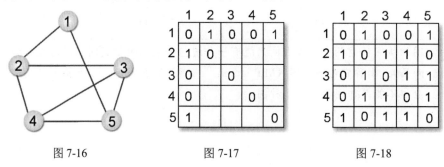

图 7-16　　　　　　　图 7-17　　　　　　　图 7-18

对于有向图，邻接矩阵不一定是对称矩阵。其中节点 i 的出度数为 $\sum_{j=1}^{n} A(i,j)$，就是第 i 行所有元素 1 的和，而入度数为 $\sum_{i=1}^{n} A(i,j)$，就是第 j 列所有元素 1 的和。如图 7-19 所示的有向图及其邻接矩阵。

$$
\begin{array}{c}
 \\
\begin{array}{ccc} 1 & 2 & 3 \end{array} \\
\begin{array}{c} 1 \\ 2 \\ 3 \end{array}
\begin{bmatrix} 0 & 1 & 0 \\ 1 & 0 & 1 \\ 0 & 0 & 0 \end{bmatrix}_{3\times3}
\end{array}
$$

〔G_2〕　　　　　　　〔G_2〕

图 7-19

用 C 语言描述的无向图和有向图的 6×6 邻接矩阵的算法如下：

```c
for (i=0;i<14;i++)        /* 读取图的数据 */
    for (j=0;j<6;j++)     /* 填入 arr 矩阵 */
        for (k=0;k<6;k++)
        {
```

```
            tmpi=data[i][0];    /* tmpi 为起始顶点 */
            tmpj=data[i][1];    /* tmpj 为终止顶点 */
            arr[tmpi][tmpj]=1;  /* 有边的点填入 1 */
        }
    printf("无向图形矩阵: \n");
    for (i=1;i<6;i++)
    {
        for (j=1;j<6;j++)
        printf("[%d] ",arr[i][j]); /* 打印矩阵内容 */
        printf("\n");
    }
```

范例▶ 7.2.1

假设有一个无向图，各边的起始顶点和终止顶点存储在如下数组中：

```
int data[14][2]= {{1,2}, {2,1}, {1,5}, {5,1}, {2,3}, {3,2}, {2,4}, {4,2},
{3,4}, {4,3}};
```

设计一个 C 程序来输出此图的邻接矩阵。

解答▶ 请参考范例程序 CH07_01.c。

```
01    #include <stdio.h>
02    #include <stdlib.h>
03
04    int main()
05    {
06        int arr[6][6]={0},i,j,k,tmpi,tmpj;          /* 声明矩阵 arr */
07        int data[14][2]={{1,2},{2,1},{1,5},{5,1}, /* 图各边的起始顶点和终止顶点 */
08                        {2,3},{3,2},{2,4},{4,2},
09                        {3,4},{4,3}};
10        for (i=0;i<14;i++)          /* 读取图的数据 */
11            for (j=0;j<6;j++)              /* 填入 arr 矩阵 */
12                for (k=0;k<6;k++)
13                {
14                    tmpi=data[i][0];  /* tmpi 为起始顶点 */
15                    tmpj=data[i][1];   /* tmpj 为终止顶点 */
16                    arr[tmpi][tmpj]=1; /* 有边的点填入 1 */
17                }
18        printf("无向图矩阵: \n");
19        for (i=1;i<6;i++)
20        {
21            for (j=1;j<6;j++)
22            printf("[%d] ",arr[i][j]); /* 打印矩阵内容 */
23            printf("\n");
24        }
25        system("pause");
26        return 0;
27    }
```

【执行结果】参见图 7-20。

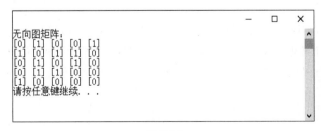

图 7-20

范例 7.2.2

假设有一个有向图，其各边的起始顶点和终止顶点存储在如下数组中：

```
int data[6][2]={{1,2}, {2,1}, {2,3}, {2,4}, {4,3}, {4,1}};
```

设计一个 C 程序输出此图的邻接矩阵。

解答 请参考范例程序 CH07_02.c（扫描文前"序"中二维码可获取本范例程序源码）。

【执行结果】参见图 7-21。

图 7-21

7.2.2　邻接链表法

前面所介绍的邻接矩阵法的优点是借着矩阵的运算，有许多特别的应用。要在图中加入新边时，这种表示法的插入与删除操作相当简易。不过考虑到稀疏矩阵空间浪费的问题，如果要计算所有顶点的度数，其时间复杂度为 $O(n^2)$。因此，可以考虑更有效的方法，就是邻接链表法（Adjacency List）。

邻接链表法就是将一个 n 行的邻接矩阵表示成 n 个链表。这种做法比邻接矩阵节省空间，计算所有顶点的度数时，其时间复杂度为 $O(n+e)$。缺点是如有新边加入图中或从图中删除边时，就要修改相关的链接。

首先将图的 n 个顶点作为 n 个链表头，每个链表中的节点表示它们和链表头节点之间有边相连。每个节点的数据结构如下：

Vertex	Link

用 C 语言编写的节点声明如下：

```
struct list
{
    int val;
    struct list *next;
};
typedef struct list node;
typedef node *link;
```

在无向图中，因为对称的关系，若有 n 个顶点和 m 个边，则形成 n 个链表头及 $2m$ 个节点；若在有向图中，则有 n 个链表头及 m 个顶点。因此，在邻接链表中，求所有顶点的度数所需的时间复杂度为 $O(n+m)$。现在分别讨论图 7-22 中所示的两个范例，看如何使用邻接链表来表示。

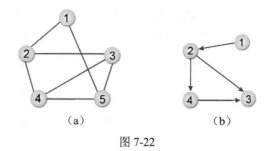

图 7-22

首先来看图 7-22（a），5 个顶点使用 5 个链表头，V_1 链表代表顶点 1，与顶点 1 相邻的顶点有 2 和 5，以此类推，如图 7-23 所示。

再来看有向图 7-22（b）的情况，4 个顶点使用 4 个链表头，V_1 链表代表顶点 1，与顶点 1 相邻的顶点有 2，以此类推，如图 7-24 所示。

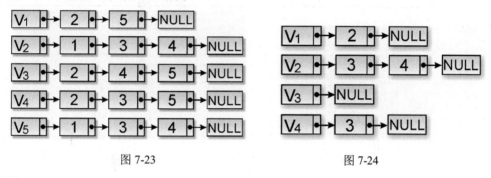

图 7-23   图 7-24

范例 ▶ 7.2.3

设计一个 C 程序，使用数组存储图的边并建立邻接表，然后输出邻接节点的内容。

解答 ▶ 请参考范例程序 CH07_03.c。

```
01    #include <stdio.h>
02    #include <stdlib.h>
03
04    struct list
05    {
06        int val;
07        struct list *next;
08    };
09    typedef struct list node;
10    typedef node *link;
11    struct list head[6];          /* 声明一个节点类型数组 */
12    int main()
13    {
14        link ptr,newnode;
15        char data[14][2]={{1,2},{2,1},{2,5},{5,2},   /* 声明存储图数据的数组 */
16                          {2,3},{3,2},{2,4},{4,2},
17                          {3,4},{4,3},{3,5},{5,3},
18                          {4,5},{5,4}};
19        int i,j;
20        printf("图的邻接表内容: \n");
21        printf("------------------------------\n");
22        for (i=1;i<6;i++)
23        {
24            head[i].val=i;              /* 链表头 head */
25            head[i].next=NULL;
26            printf("顶点 %d =>",i);  /* 把顶点编号打印出来 */
```

```
27              ptr=&(head[i]);              /* 暂存节点 ptr */
28              for (j=0;j<14;j++)           /* 遍历图形数组 */
29              {
30                  if (data[j][0]==i)   /* 如果节点值=i，把节点加到链表头 */
31                  {
32                      newnode=(link)malloc(sizeof(node));
33                      newnode->val=data[j][1];    /* 声明新节点，值为终止顶点 */
34                      newnode->next=NULL;
35                      while(ptr!=NULL)            /* 判断是否为链表的末尾 */
36                          ptr=ptr->next;
37                      ptr=newnode;                   /* 加入新节点 */
38                      printf("[%c] ",64+newnode->val); /* 打印相邻顶点 */
39                  }
40              }
41              printf("\n");
42          }
43          system("pause");
44          return 0;
45      }
```

【执行结果】参见图 7-25。

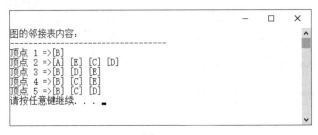

图 7-25

7.2.3 邻接复合链表法

前面介绍的两个图的表示法都是从图的顶点出发，如果要处理的是"边"，则必须使用邻接复合链表法（邻接多叉链表法）。邻接复合链表法是处理无向图的另一种方法。邻接复合链表法的节点用于存储边的数据，其结构如表 7-1 所示。

表 7-1 邻接复合链表法的节点

M	V_1	V_2	LINK$_1$	LINK$_2$
记录单元	边起点	边终点	起点指针	终点指针

其中相关特性说明如下：

- M：是记录该边是否被找过的字段，此字段为一个位（比特）。
- V_1 和 V_2：是所记录的边的起点与终点。
- LINK$_1$：在尚有其他顶点与 V_1 相连的情况下，此字段会指向下一个与 V_1 相连的边节点，如果已经没有任何顶点与 V_1 相连，则指向 NULL。
- LINK$_2$：在尚有其他顶点与 V_2 相连的情况下，此字段会指向下一个与 V_2 相连的边节点，如果已经没有任何顶点与 V_2 相连，则指向 NULL。

假设有三条边(1, 2)、(1, 3)、(2, 4)，则边(1, 2)表示法如图 7-26 所示。

我们现在以邻接复合链表法来表示如图 7-27 所示的无向图。

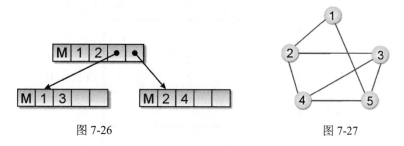

图 7-26　　　　　　　　　　　　　　　　图 7-27

分别找出顶点和边的节点，生成的邻接复合链接表如图 7-28 所示。

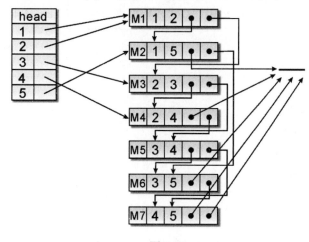

图 7-28

范例▶ 7.2.4

试求出如图 7-29 所示的邻接复合链表的表示法。

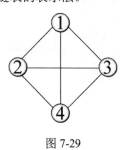

图 7-29

解答▶ 邻接复合链表的表示法如图 7-30 所示。

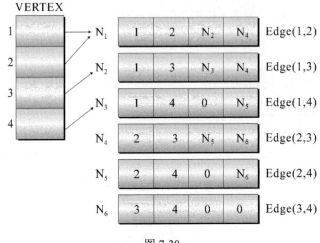

图 7-30

从图 7-30 可知：

顶点 1(V_1)：$N_1 \rightarrow N_2 \rightarrow N_3$。
顶点 2(V_2)：$N_1 \rightarrow N_4 \rightarrow N_5$。
顶点 3(V_3)：$N_2 \rightarrow N_4 \rightarrow N_6$。
顶点 4(V_4)：$N_3 \rightarrow N_5 \rightarrow N_6$。

7.2.4　索引表格法

索引表格法（Indexed Table）用一维数组来按序存储与各顶点相邻的所有顶点，并建立索引表格记录各顶点在此一维数组中第一个与该顶点相邻的位置。下面我们以图 7-31 来说明索引表格法。

索引表格法的表示形式如图 7-32 所示。

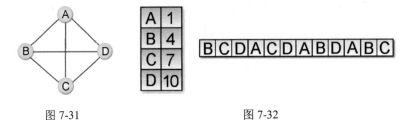

图 7-31   图 7-32

范例 7.2.5

图 7-33 为欧拉七桥问题的示意图，A、B、C、D 为 4 个岛，1、2、3、4、5、6、7 为 7 座桥，现在以不同的数据结构描述此图，试说明三种不同的表示法。

解答▶ 根据多重图的定义，欧拉七桥问题是一种多重图，它并不是图论中定义的图。如果要以不同表示法来实现图的数据结构，必须先将上述多重图分解成如图 7-34 所示的两个图。

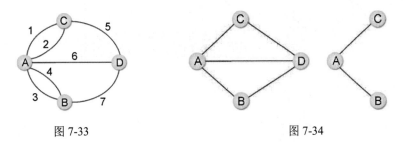

图 7-33　　　　　　　　　　　　图 7-34

下面我们以邻接矩阵法、邻接链表法和索引表格法来进行说明。

- 邻接矩阵法

令图 $G=(V, E)$ 共有 n 个顶点，我们以 $n \times n$ 的二维矩阵来表示点与点之间是否相邻，如图 7-35 所示。其中：

$a_{ij}=0$ 表示顶点 i 和顶点 j 没有相邻的边。
$a_{ij}=1$ 表示顶点 i 和顶点 j 有相邻的边。

$$
\begin{array}{c}
\begin{array}{cccc} A & B & C & D \end{array} \\
\begin{array}{c} A \\ B \\ C \\ D \end{array}
\begin{bmatrix}
0 & 1 & 1 & 1 \\
1 & 0 & 0 & 1 \\
1 & 0 & 0 & 1 \\
1 & 1 & 1 & 0
\end{bmatrix}
\end{array}
\qquad
\begin{array}{c}
\begin{array}{ccc} A & B & C \end{array} \\
\begin{array}{c} A \\ B \\ C \end{array}
\begin{bmatrix}
0 & 1 & 1 \\
1 & 0 & 0 \\
1 & 0 & 0
\end{bmatrix}
\end{array}
$$

图 7-35

- 邻接链表法

如图 7-36 和图 7-37 所示。

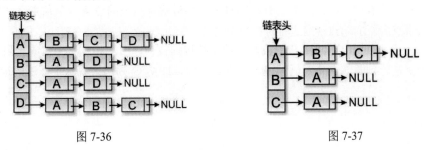

图 7-36　　　　　　　　　　　　图 7-37

- 索引表格法

以一个一维数组来按序存储与各顶点相邻的所有顶点，并建立索引表格来记录各顶点在此一维数组中第一个与该顶点相邻的位置，如图 7-38 所示。

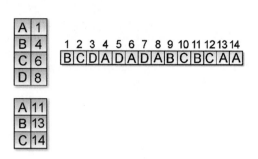

图 7-38

7.3 图的遍历

树的遍历目的是访问树的每一个节点一次，可用的方法有中序法、前序法和后序法三种。对于图的遍历，可以定义如下：

一个图 $G=(V, E)$，存在某一顶点 $v \in V$，我们希望从 v 开始，通过此节点相邻的节点去访问 G 中的其他节点，这就称为"图的遍历"。

也就是从某一个顶点 V_1 开始，遍历可以经过 V_1 到达的顶点，接着遍历下一个顶点直到全部的顶点遍历完毕为止。在遍历的过程中，可能会重复经过某些顶点和边。通过图的遍历可以判断该图是否连通，并找出连通分支和路径。图遍历的方法有两种：深度优先遍历（Depth-First Search，DFS）和广度优先遍历（Breadth-First Search，BFS），也称为深度优先搜索和广度优先搜索。

7.3.1 深度优先遍历

深度优先遍历的方式有点类似于前序遍历，是从图的某一顶点开始遍历，被访问过的顶点就做上已访问的记号，接着遍历此顶点的所有相邻且未访问过的顶点中的任意一个顶点，并做上已访问的记号，再以该点为新的起点继续进行深度优先搜索。

这种图的遍历方法结合了递归和堆栈两种数据结构的技巧，由于此方法会造成无限循环，因此必须加入一个变量，判断该点是否已经遍历完毕。下面以图 7-39 为例来看这个方法的遍历过程。

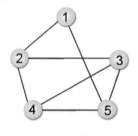

图 7-39

步骤 01 以顶点 1 为起点，将相邻的顶点 2 和顶点 5 压入堆栈。

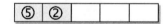

步骤 02 弹出顶点 2，将与顶点 2 相邻且未访问过的顶点 3 和顶点 4 压入堆栈。

⑤ ④ ③

步骤 03 弹出顶点 3，将与顶点 3 相邻且未访问过的顶点 4 和顶点 5 压入堆栈。

⑤ ④ ⑤ ④

步骤 04 弹出顶点 4，将与顶点 4 相邻且未访问过的顶点 5 压入堆栈。

⑤ ④ ⑤ ⑤

步骤 05 弹出顶点 5，将与顶点 5 相邻且未访问过的顶点压入堆栈，大家会发现与顶点 5 相邻的顶点全部被访问过了，所以无须再压入堆栈。

⑤ ④ ⑤

步骤 06 将堆栈内的值弹出并判断是否已经遍历过了，直到堆栈内无节点可遍历为止。

深度优先的遍历顺序为顶点 1、顶点 2、顶点 3、顶点 4、顶点 5。
用 C 语言实现的深度优先遍历算法如下：

```
void dfs(int current)              /* 深度优先遍历函数 */
{
    link ptr;
    run[current]=1;
    printf("[%d] ",current);
    ptr=head[current]->next;
    while(ptr!=NULL)
    {
        if (run[ptr->val]==0)      /* 如果顶点尚未遍历 */
            dfs(ptr->val);         /* 就进行 dfs 的递归调用 */
        ptr=ptr->next;
    }
}
```

范例 7.3.1

编写一个 C 程序实现上述的深度优先遍历法，存储图数据的数组如下：

```
int data[20][2]={{1,2},{2,1},{1,3},{3,1},
                 {2,4},{4,2},{2,5},{5,2},
                 {3,6},{6,3},{3,7},{7,3},
                 {4,8},{8,4},{5,8},{8,5},
                 {6,8},{8,6},{8,7},{7,8}};
```

解答 请参考范例程序 CH07_04.c。

```
01    #include <stdio.h>
02    #include <stdlib.h>
03
04    struct list
05    {
06        int val;
07        struct list *next;
08    };
09    typedef struct list node;
```

```
10      typedef node *link;
11      struct list* head[9];
12      int run[9];
13
14      void dfs(int current)                    /* 深度优先遍历函数 */
15      {
16          link ptr;
17          run[current]=1;
18          printf("[%d] ",current);
19          ptr=head[current]->next;
20          while(ptr!=NULL)
21          {
22              if (run[ptr->val]==0)            /* 如果顶点尚未遍历 */
23                  dfs(ptr->val);               /* 就进行 dfs 的递归调用 */
24              ptr=ptr->next;
25          }
26      }
27      int main()
28      {
29          link ptr,newnode;
30          int data[20][2]={{1,2},{2,1},{1,3},{3,1},     /* 声明存储图的边的数组 */
31                           {2,4},{4,2},{2,5},{5,2},
32                           {3,6},{6,3},{3,7},{7,3},
33                           {4,8},{8,4},{5,8},{8,5},{6,8},{8,6},{8,7},{7,8}};
34          int i,j;
35
36          for (i=1;i<=8;i++)                    /* 共有 8 个顶点 */
37          {
38              run[i]=0;                        /* 设置所有顶点为尚未遍历过 */
39              head[i]=(link)malloc(sizeof(node));
40              head[i]->val=i;                  /* 设置各个链表头的初值 */
41              head[i]->next=NULL;
42              ptr=head[i];                     /* 设置指针为链表头 */
43              for(j=0;j<20;j++)                /* 20 条边线 */
44              {
45                  if(data[j][0]==i)            /* 如果起点和链表头相等，则把顶点加入链表 */
46                  {
47                      newnode=(link)malloc(sizeof(node));
48                      newnode->val=data[j][1];
49                      newnode->next=NULL;
50                      do
51                      {
52                          ptr->next=newnode;           /* 加入新节点 */
53                          ptr=ptr->next;
54                      }while(ptr->next!=NULL);
55                  }
56              }
57          }
58          printf("图的邻接链表内容: \n");          /* 打印出图的邻接链表内容 */
59          for(i=1;i<=8;i++)
60          {
61              ptr=head[i];
62              printf("顶点 %d=> ",i);
63              ptr = ptr->next;
64              while(ptr!=NULL)
65              {
66                  printf("[%d] ",ptr->val);
67                  ptr=ptr->next;
68              }
69              printf("\n");
70          }
71
72          printf("深度优先遍历的顶点: \n");         /* 打印出深度优先遍历的顶点 */
73          dfs(1);
74          printf("\n");
75          system("pause");
76          return 0;
77      }
```

【执行结果】参见图 7-40。

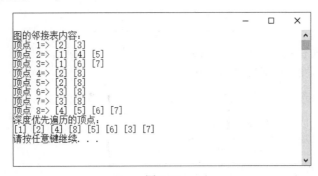

图 7-40

7.3.2　广度优先遍历

之前所谈到的深度优先遍历是使用堆栈和递归的技巧来遍历图，而广度优先遍历则是使用队列和递归技巧来遍历图，也是从图的某一顶点开始遍历，被访问过的顶点就做上已访问的记号，接着遍历此顶点的所有相邻且未访问过的顶点中的任意一个顶点，并做上已访问的记号，再以该点为新的起点继续进行广度优先遍历。下面以图 7-41 为例来看广度优先的遍历过程。

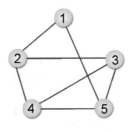

图 7-41

🔘 步骤 **01** 以顶点 1 为起点，将与顶点 1 相邻且未访问过的顶点 2 和顶点 5 加入队列。

②	⑤			

🔘 步骤 **02** 取出顶点 2，将与顶点 2 相邻且未访问过的顶点 3 和顶点 4 加入队列。

⑤	③	④		

🔘 步骤 **03** 取出顶点 5，将与顶点 5 相邻且未访问过的顶点 3 和顶点 4 加入队列。

③	④	③	④	

🔘 步骤 **04** 取出顶点 3，将与顶点 3 相邻且未访问过的顶点 4 加入队列。

④	③	③	④	

🔘 步骤 **05** 取出顶点 4，将与顶点 4 相邻且未访问过的顶点加入队列中，大家会发现与顶点 4 相邻的顶点全部被访问过了，所以无须再加入队列中。

③	④	②	④	

步骤 06 将队列内的值取出并判断是否已经遍历过了，直到队列内无节点可遍历为止。

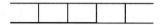

广度优先的遍历顺序为：顶点 1、顶点 2、顶点 5、顶点 3、顶点 4。
用 C 语言实现的广度优先遍历算法如下：

```c
void bfs(int current)
{
    link tempnode;       /* 临时的节点指针 */
    enqueue(current);    /* 将第一个顶点存入队列 */
    run[current]=1;      /* 将遍历过的顶点设置为 1 */
    printf("[%d]",current); /* 打印出遍历过的顶点 */
    while(front!=rear) {      /* 判断当前的队列是否为空队列 */
        current=dequeue();       /* 将顶点从队列中取出 */
        tempnode=Head[current].first; /* 先记录当前顶点的位置 */
        while(tempnode!=NULL)
        {
            if(run[tempnode->x]==0)
            {
                enqueue(tempnode->x);
                run[tempnode->x]=1;      /* 记录已遍历过 */
                printf("[%d]",tempnode->x);
            }
            tempnode=tempnode->next;
        }
    }
}
```

范例 7.3.2

编写一个 C 程序实现上述的广度优先遍历法，存储图数据的数组如下：

```c
int Data[20][2] = {{1,2}, {2,1}, {1,5}, {5,1},
                    {2,4}, {4,2}, {2,3}, {3,2},
                    {3,4}, {4,3}, {5,3}, {3,5},
                    {4,5},{5,4}};
```

解答 请参考范例程序 CH07_05.c。

```c
01    #include <stdio.h>
02    #include <stdlib.h>
03    #define MAXSIZE 10   /* 定义队列的最大容量 */
04
05    int front=-1; /* 指向队列的前端 */
06    int rear=-1;  /* 指向队列的后端 */
07
08    struct list   /* 声明图的顶点结构 */
09    {
10        int x;        /* 顶点数据 */
11        struct list *next; /* 指向下一个顶点的指针 */
12    };
13    typedef struct list node;
14    typedef node *link;
15    struct GraphLink
16    {
17        link first;
18        link last;
19    };
20
21    int run[9]; /* 用来记录各顶点是否遍历过 */
22    int queue[MAXSIZE];
23    struct GraphLink Head[9];
```

```
24
25     void insert(struct GraphLink *temp,int x)
26     {
27         link newNode;
28         newNode=(link)malloc(sizeof(node));
29         newNode->x=x;
30         newNode->next=NULL;
31         if(temp->first==NULL)
32         {
33             temp->first=newNode;
34             temp->last=newNode;
35         }
36         else
37         {
38             temp->last->next=newNode;
39             temp->last=newNode;
40         }
41     }
42     /* 把数据加入队列 */
43     void enqueue(int value)
44     {
45         if(rear>=MAXSIZE) return;
46         rear++;
47         queue[rear]=value;
48     }
49     /* 从队列取出数据 */
50     int dequeue()
51     {
52         if(front==rear) return -1;
53         front++;
54         return queue[front];
55     }
56     /* 广度优先遍历法 */
57     void bfs(int current)
58     {
59         link tempnode;      /* 临时的节点指针 */
60         enqueue(current);   /* 将第一个顶点加入队列 */
61         run[current]=1;     /* 将遍历过的顶点设置为 1 */
62         printf("[%d]",current); /* 打印出遍历过的顶点 */
63         while(front!=rear) {    /* 判断当前的队列是否为空队列 */
64             current=dequeue();      /* 将顶点从队列中取出 */
65             tempnode=Head[current].first; /* 先记录当前顶点的位置 */
66             while(tempnode!=NULL)
67             {
68                 if(run[tempnode->x]==0)
69                 {
70                     enqueue(tempnode->x);
71                     run[tempnode->x]=1; /* 记录已遍历过 */
72                     printf("[%d]",tempnode->x);
73                 }
74                 tempnode=tempnode->next;
75             }
76         }
77     }
78     void print(struct GraphLink temp)
79     {
80         link current=temp.first;
81         while(current!=NULL)
82         {
83             printf("[%d]",current->x);
84             current=current->next;
85         }
86         printf("\n");
87     }
88
89     int main()
90     {
91         /* 声明存储图的边线的数组 */
92         int Data[20][2] = { {1,2}, {2,1}, {1,5}, {5,1}, {2,4}, {4,2}, {2,3}, {3,2},
```

```
                                {3,4}, {4,3}, {5,3}, {3,5}, {4,5}, {5,4}};
93        int DataNum;
94        int i,j;
95        printf("图的邻接表内容: \n"); /* 打印出图的邻接表内容 */
96        for( i=1 ; i<6 ; i++ )
97        {   /* 共有 8 个顶点 */
98            run[i]=0; /* 设置所有顶点为尚未遍历过 */
99            printf("顶点%d=>",i);
100           Head[i].first=NULL;
101           Head[i].last=NULL;
102           for( j=0 ; j<20 ;j++)
103           {
104               if(Data[j][0]==i)
105               {   /* 如果起点和链表头相等，则把顶点加入链表 */
106                   DataNum = Data[j][1];
107                   insert(&Head[i],DataNum);
108               }
109           }
110           print(Head[i]); /* 打印出图的邻接表内容 */
111       }
112       printf("广度优先遍历的顶点: \n");/* 打印出广度优先遍历的顶点 */
113       bfs(1);
114       printf("\n");
115       system("pause");
116       return 0;
117   }
```

【执行结果】参见图 7-42。

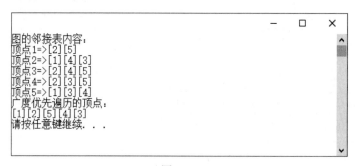

图 7-42

7.4 生成树

生成树（Spanning Tree）又称"花费树""成本树"或"值树"，一个图的生成树就是以最少的边来连通图中所有的顶点，且不造成回路的树结构。更清楚地说，当一个图连通时，使用深度优先搜索或广度优先搜索必能访问图中所有的顶点，且 $G=(V,E)$ 的所有边可分成两个集合：T 和 B（T 为搜索时所经过的所有边，而 B 为其余未被经过的边）。若 $S=(V, T)$ 为 G 中的生成树，具有以下 3 项性质：

（1）$E=T+B$。

（2）加入 B 中的任意一边到 S 中，则会产生回路。

（3）V 中的任何两个顶点 V_i、V_j 在 S 中存在唯一的一条简单路径。

例如图 7-43 所示是图 G（图中最左图）与它的三棵生成树。

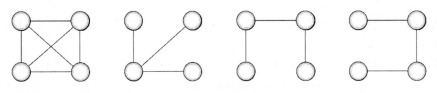

图 7-43

7.4.1　深度优先生成树和广度优先生成树

一棵生成树也可以利用深度优先搜索法与广度优先搜索法来产生，所得到的生成树被称为深度优先生成树（DFS 生成树）或广度优先生成树（BFS 生成树）。现在来练习，求出图 7-44 所示的图的深度优先生成树和广度优先生成树。

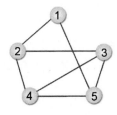

图 7-44

按照生成树的定义，可以得到下列几棵生成树，如图 7-45 所示。

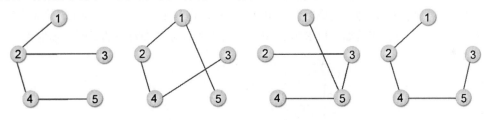

图 7-45

从图 7-45 可知，一个图通常具有不止一棵生成树。图 7-44 中图的深度优先生成树为①②③④⑤，如图 7-46 的图（a）所示；该图的广度优先生成树为①②⑤③④，如图 7-46 的图（b）所示。

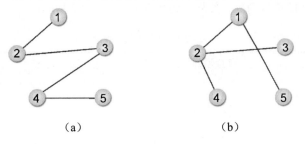

（a）　　　　　　　　　　（b）

图 7-46

7.4.2　最小生成树

假设在树的边加上一个权重（Weight）值，这种图就被称为加权图（Weighted Graph）。如果这个权重值代表两个顶点之间的距离（Distance）或成本（Cost），那么这类图就被称为网络（Network），如图 7-47 所示。

想知道从某个点到另一个点之间的路径成本，如果从顶点 1 到顶点 5 有（1+2+3）、（1+6+4）和 5 三条路径成本，而最小成本生成树（Minimum Cost Spanning Tree）就是路径成本为 5 的生成树，如图 7-48 中最右边的图所示。

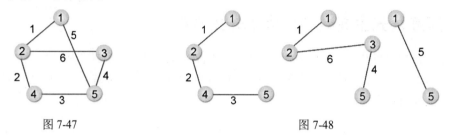

图 7-47   图 7-48

在一个加权图中找到最小成本生成树是相当重要的，因为许多工作都可以用图来表示，例如从北京到上海的距离或花费等。接下来将介绍以贪婪算法为基础，求得一个无向连通图的最小生成树，常见的方法是 Kruskal 算法和 Prim 算法。

7.4.3 Kruskal 算法

Kruskal 算法又称为 K 氏法，是将各边按权值从小到大排列，接着从权值最小的边开始建立最小成本生成树，如果加入的边会造成回路，则舍弃不用，直到加入 $n-1$ 条边为止。这个方法看起来似乎不难，下面我们直接来看如何以 K 氏法得到如图 7-49 所示的图对应的最小成本生成树。

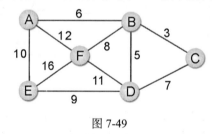

图 7-49

步骤 **01** 把所有边的成本列出，并从小到大排序，如表 7-2 所示。

表 7-2 所有边的成本

起始顶点	终止顶点	成本
B	C	3
B	D	5
A	B	6
C	D	7
B	F	8
D	E	9
A	E	10
D	F	11

（续表）

起始顶点	终止顶点	成本
A	F	12
E	F	16

步骤**02** 选择成本最低的一条边作为建立最小成本生成树的起点，如图 7-50 所示。

步骤**03** 按步骤**01**所建立的表格，按序加入边，如图 7-51 所示。

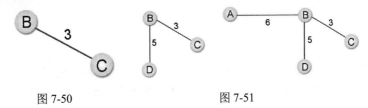

图 7-50   图 7-51

步骤**04** 因为 C—D 加入会形成回路，所以直接跳过，如图 7-52 所示。

步骤**05** 完成图如图 7-53 所示。

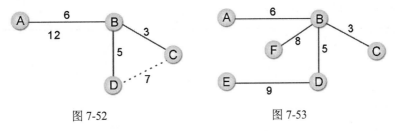

图 7-52   图 7-53

用 C 语言实现的 Kruskal 算法如下：

```c
#define VERTS   6              /* 图的顶点数*/

struct edge                    /* 声明边的结构数据类型 */
{
    int from,to;
    int find,val;
    struct edge* next;
};
typedef struct edge node;
typedef node* mst;
int v[VERTS+1];
void mintree(mst head)         /* 最小生成树函数 */
{
    mst ptr,mceptr;
    int i,result=0;
    ptr=head; /* 指向链表头 */

    for(i=0;i<=VERTS;i++)
        v[i]=0;

    while(ptr!=NULL)
    {
        mceptr=findmincost(head);/* 搜索成本最小的边 */
        v[mceptr->from]++;
        v[mceptr->to]++;
        if(v[mceptr->from]>1&&v[mceptr->to]>1)
```

```
                {
                    v[mceptr->from]--;
                    v[mceptr->to]--;
                    result=1;
                }
            else
                result=0;
            if(result==0)
                printf("起始顶点 [%d]\t 终止顶点 [%d]\t 路径长度 [%d]\n", mceptr->from, mceptr->to,
mceptr->val);
            ptr=ptr->next;
        }
    }
```

范例▶ 7.4.1

设计一个 C 程序使用一个二维数组存储并排列 K 氏法的成本表，接着按序将成本表加入另一个二维数组并判断是否会造成回路，以此求出最小成本生成树。存储图的成本表的二维数组如下：

```
int data[10][3]={{1,2,6}, {1,6,12}, {1,5,10}, {2,3,3},
                 {2,4,5}, {2,6,8}, {3,4,7}, {4,6,11},
                 {4,5,9}, {5,6,16}};
```

解答▶ 请参考范例程序 CH07_06.c。

```
01    #include <stdio.h>
02    #include <stdlib.h>
03    #define VERTS    6            /* 图的顶点数*/
04
05    struct edge                   /* 声明边的结构*/
06    {
07        int from,to;
08        int find,val;
09        struct edge* next;
10    };
11    typedef struct edge node;
12    typedef node* mst;
13    int v[VERTS+1];
14    mst findmincost(mst head)     /* 搜索成本最小的边 */
15    {
16        int minval=100;
17        mst ptr,retptr;
18        ptr=head;
19        while(ptr!=NULL)
20        {
21            if(ptr->val<minval&&ptr->find==0)
22            {                     /* 假如 ptr->val 的值小于 minval */
23                minval=ptr->val;  /* 就把 ptr->val 设为最小值 */
24                retptr=ptr;       /* 并且把 ptr 记录下来 */
25            }
26            ptr=ptr->next;
27        }
28        retptr->find=1;           /* 将 retptr 设为已找到的边 */
29        return retptr;            /* 返回 retptr */
30    }
31    void mintree(mst head)        /* 最小成本生成树函数 */
32    {
33        mst ptr,mceptr;
34        int i,result=0;
35        ptr=head;
36
37        for(i=0;i<=VERTS;i++)
38            v[i]=0;
39
40        while(ptr!=NULL)
```

```
41          {
42              mceptr=findmincost(head);
43              v[mceptr->from]++;
44              v[mceptr->to]++;
45              if(v[mceptr->from]>1&&v[mceptr->to]>1)
46              {
47                  v[mceptr->from]--;
48                  v[mceptr->to]--;
49                  result=1;
50              }
51              else
52                  result=0;
53              if(result==0)
54                  printf("起始顶点 [%d] ->终止顶点 [%d] ->路径长度 [%d]\n", mceptr->from, mceptr->to,
        mceptr->val);
55              ptr=ptr->next;
56          }
57      }
58
59      int main()
60      {
61          int data[10][3]={{1,2,6},{1,6,12},{1,5,10},{2,3,3},   /* 成本表的数组 */
62                          {2,4,5},{2,6,8},{3,4,7},{4,6,11},
63                          {4,5,9},{5,6,16}};
64          int i,j;
65          mst head,ptr,newnode;
66          head=NULL;
67
68          for(i=0;i<10;i++)                        /* 建立图的链表 */
69          {
70              for(j=1;j<=VERTS;j++)
71              {
72                  if(data[i][0]==j)
73                  {
74                      newnode=(mst)malloc(sizeof(node));
75                      newnode->from=data[i][0];
76                      newnode->to=data[i][1];
77                      newnode->val=data[i][2];
78                      newnode->find=0;
79                      newnode->next=NULL;
80                      if(head==NULL)
81                      {
82                          head=newnode;
83                          head->next=NULL;
84                          ptr=head;
85                      }
86                      else
87                      {
88                          ptr->next=newnode;
89                          ptr=ptr->next;
90                      }
91                  }
92              }
93          }
94
95          printf("------------------------------------------------\n");
96          printf("建立最小成本生成树：\n");
97          printf("------------------------------------------------\n");
98          mintree(head);                          /* 建立最小成本生成树 */
99          system("pause");
100         return 0;
101     }
```

【执行结果】参见图 7-54。

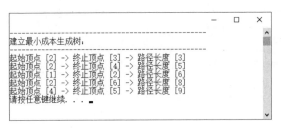

图 7-54

7.4.4　Prim 算法

Prim 算法又称 P 氏法，具体计算方法是：对于一个加权图 $G = (V, E)$，设 $V = \{1,2,\cdots,n\}$，$U = \{1\}$，也就是说 U 和 V 是两个顶点的集合；然后从 $U-V$ 差集所产生的集合中找出一个顶点 x，该顶点 x 能与 U 集合中的某点形成最小成本的边，且不会造成回路；接着将顶点 x 加入 U 集合中，反复执行同样的步骤，一直到 U 集合等于 V 集合（即 $U=V$）为止。

接下来，我们将实际使用 P 氏法求出图 7-55 的最小成本生成树。

步骤01 从图 7-55 可知 $V = \{1, 2, 3, 4, 5, 6\}$，$U = \{1\}$。

从 $V - U = \{2, 3, 4, 5, 6\}$ 中找一个顶点能与 U 顶点形成最小成本的边，得到图 7-56。

此时 $V - U = \{2, 3, 4, 6\}$，$U = \{1, 5\}$。

步骤02 从 $V - U$ 中找到一个顶点与 U 顶点形成最小成本的边，得到图 7-57。

此时 $U = \{1, 5, 6\}$，$V - U = \{2, 3, 4\}$。

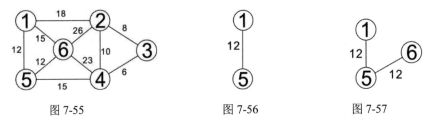

图 7-55　　　　　　　　　　图 7-56　　　　　　　　　图 7-57

步骤03 同理，找到顶点 4。

$U = \{1, 5, 6, 4\}$，$V - U = \{2, 3\}$，得到图 7-58。

步骤04 同理，找到顶点 3，得到图 7-59。

步骤05 同理，找到顶点 2，得到图 7-60。

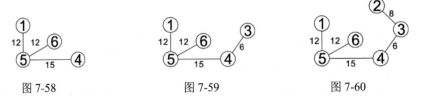

图 7-58　　　　　　　　　　图 7-59　　　　　　　　　图 7-60

用 C 语言实现的 Prim 算法如下：

```
void MinSpanTree(int start,int node, int edge){
    int smallest;        /* 用来记录最小成本的变量 */
    int end_point;       /* 最小成本的边的对应顶点 */
    marked[start]=1;     /* 标记该顶点为已找到 */
```

```
    int i,j;

    /* 此循环用于进行初始化工作 */
    for(i=0;i<node;i++){
        value[i]=data[start][i];          /* 初始化开始顶点的各邻接边的成本 */
        road[i]=start;                    /* 初始化从开始顶点到 i 顶点的路径 */
    }

    for(i=1;i<node;i++){
        smallest=BIG_NO;
        /* 以循环逐一寻找出成本最小的边 */
        for(j=0;j<node;j++){
            if((marked[j]==0) && (smallest>value[j])){
                smallest=value[j];  /* 记录最小成本的边的数值 */
                end_point=j;              /* 记录最小成本的边所对应的顶点 j */
            }
        }
        total =total+value[end_point];    /* 累加最小成本的值 */
        marked[end_point]=1;              /* 标记找出的顶点 */
        for(j=0;j<node;j++){              /* 更新记录边大小的权值 value 数组 */
            if((marked[j]==0) && (data[end_point][j]<value[j])){
                value[j]=data[end_point][j];
                road[j]=end_point;
            }
        }
    }
}
```

范例▶ 7.4.2

设计一个 C 程序,使用 Prim 算法实现如图 7-61 所示的图的最小成本生成树的路径和总成本。

图 7-61

解答▶ 请参考范例程序 CH07_07.c(扫描文前"序"中二维码可获取本范例程序源码)。

【执行结果】参见图 7-62。

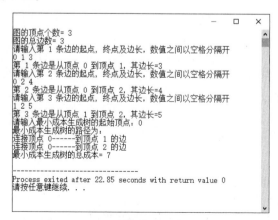

图 7-62

7.5　图的最短路径

在一个有向图 $G = (V, E)$ 中，它的每一条边都有一个比例常数 W（Weight）与之对应，如果想求图 G 中某一个顶点 V_0 到其他顶点的最少 W 总和之值，这类问题就称为"最短路径问题"（The Shortest Path Problem）。由于交通运输工具和通信工具的便利与普及，因此两地之间发生货物运送或者进行信息传递时，最短路径的问题随时都可能应需求而产生，简单来说，就是找出两个端点间可通行的快捷方式。

7.4 节中介绍的最小成本生成树就是计算连通网络中每一个顶点所需的最少花费，但是连通树中任意两个顶点的路径倒不一定是一条花费最少的路径，这也是本节将研究最短路径问题的主要理由。一般讨论的方向有两种：

（1）单点对全部顶点（Single Source All Destination）。
（2）所有顶点对两两之间的最短距离（All Pairs Shortest Paths）。

7.5.1　单点对全部顶点——Dijkstra 算法

一个顶点到多个顶点的最短路径通常使用 Dijkstra 算法求得。Dijkstra 算法如下：

假设 $S = \{V_i \mid V_i \in V\}$，且 V_i 在已发现的最短路径中，其中 $V_0 \in S$ 是起始顶点。

假设 $w \notin S$，定义 DIST(w) 是从 V_0 到 w 的最短路径，这条路径除了 w 外必属于 S，且有以下几点特性：

（1）如果 u 是当前所找到最短路径的下一个节点，则 u 必属于 $V\text{-}S$ 集合中最小成本的边。
（2）若 u 被选中，将 u 加入 S 集合中，则会产生当前的从 V_0 到 u 的最短路径，对于 $w \notin S$，DIST(w) 被改变成 DIST(w)←Min{DIST(w), DIST(u) + COST(u, w)}。

从上述算法中，可以推演出如下步骤：

步骤 01

```
G = (V, E)
D[k] = A[F, k],其中 k 从 1 到 N
S = {F}
V = {1,2,…,N}
```

- **D** 为一个 N 维数组，用来存放某一顶点到其他顶点的最短距离。
- **F** 表示起始顶点。
- $A[F, I]$ 为顶点 F 到 I 的距离。
- V 是网络中所有顶点的集合。
- E 是网络中所有边的组合。
- S 也是顶点的集合，其初始值是 $S = \{F\}$。

步骤 02 从 $V\text{-}S$ 集合中找到一个顶点 x，使 $D(x)$ 的值为最小值，并把 x 放入 S 集合中。

步骤 03 按下列公式：

$$D[I] = \min(D[I], D[x] + A[x, I])$$

其中$(x, I) \in E$ 用来调整 D 数组的值，I 是指 x 的相邻各顶点。

步骤 04 重复执行 步骤 02，一直到 $V-S$ 是空集合为止。

现在来看一个例子，在图 7-63 中找出顶点 5 到各顶点之间的最短路径。

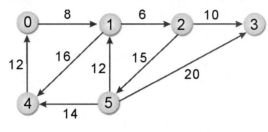

图 7-63

首先从顶点 5 开始，找出顶点 5 到各顶点之间最小的距离，到达不了的顶点则以∞表示。步骤如下：

步骤 01 $D[0] = \infty$，$D[1]=12$，$D[2] = \infty$，$D[3] = 20$，$D[4] = 14$。在其中找出值最小的顶点并加入 S 集合中。

步骤 02 $D[0] = \infty$，$D[1] = 12$，$D[2] = 18$，$D[3] = 20$，$D[4] = 14$。$D[4]$最小，加入 S 集合中。

步骤 03 $D[0] = 26$，$D[1] = 12$，$D[2] = 18$，$D[3] = 20$，$D[4] = 14$。$D[2]$最小，加入 S 集合中。

步骤 04 $D[0] = 26$，$D[1]=12$，$D[2] = 18$，$D[3] = 20$，$D[4] = 14$。$D[3]$最小，加入 S 集合中。

步骤 05 加入最后一个顶点即可得到表 7-3。

表7-3　加入最后一个顶点后

步骤	S	0	1	2	3	4	5	选择
1	5	∞	12	∞	20	14	0	1
2	5, 1	∞	12	18	20	14	0	4
3	5, 1, 4	26	12	18	20	14	0	2
4	5, 1, 4, 2	26	12	18	20	14	0	3
5	5, 1, 4, 2, 3	26	12	18	20	14	0	0

从顶点 5 到其他各顶点的最短距离为：

- 顶点 5-顶点 0：26。
- 顶点 5-顶点 1：12。
- 顶点 5-顶点 2：18。
- 顶点 5-顶点 3：20。
- 顶点 5-顶点 4：14。

范例▶ 7.5.1

设计一个 C 程序，以 Dijkstra 算法求出下面图中（图的成本数组如下）顶点 1 到图的所有顶点间的最短路径。

```
int Path_Cost[8][3] = { {1, 2, 29},
                        {2, 3, 30},
                        {2, 4, 35},
                        {3, 5, 28},
                        {3, 6, 87},
                        {4, 5, 42},
                        {4, 6, 75},
                        {5, 6, 97} };
```

解答▶ 请参考范例程序 CH07_08.c。

```
01    #include <stdio.h>
02    #include <stdlib.h>
03    #define SIZE   7
04    #define NUMBER 6
05    #define INFINITE  99999  /* 无穷大 */
06
07    int Graph_Matrix[SIZE][SIZE];  /* 图的数组 */
08    int distance[SIZE];  /* 路径长度数组 */
09    /* 建立图 */
10    void BuildGraph_Matrix(int *Path_Cost);
11    void shortestPath(int vertex1, int vertex_total);
12
13    /* 主程序 */
14    int main()
15    {
16        int Path_Cost[8][3] = { {1, 2, 29},
17                                {2, 3, 30},
18                                {2, 4, 35},
19                                {3, 5, 28},
20                                {3, 6, 87},
21                                {4, 5, 42},
22                                {4, 6, 75},
23                                {5, 6, 97} };
24        int j;
25        BuildGraph_Matrix(&Path_Cost[0][0]);
26        shortestPath(1,NUMBER); /* 搜索最短路径 */
27        printf("----------------------------------\n");
28        printf("顶点 1 到各顶点最短距离的最终结果\n");
29        printf("----------------------------------\n");
30        for (j=1;j<SIZE;j++)
31            printf("顶点 1 到顶点%2d 的最短距离=%3d\n",j,distance[j]);
32        printf("----------------------------------\n");
33        printf("\n");
34
35        system("PAUSE");
36        return 0;
37    }
38    void BuildGraph_Matrix(int *Path_Cost)
39    {
40        int Start_Point;  /* 边的起点 */
41        int End_Point;     /* 边的终点 */
42        int i, j;
43        for ( i = 1; i < SIZE; i++ )
44            for ( j = 1; j < SIZE; j++ )
45                if ( i == j )
46                    Graph_Matrix[i][j] = 0;  /* 对角线设为 0 */
47                else
48                    Graph_Matrix[i][j] = INFINITE;
49        /* 存入图的边线 */
50        i=0;
```

```
51        while(i<SIZE)
52        {
53            Start_Point = Path_Cost[i*3];
54            End_Point = Path_Cost[i*3+1];
55            Graph_Matrix[Start_Point][End_Point]=Path_Cost[i*3+2];
56            i++;
57        }
58    }
59
60    /* 单点对全部顶点的最短距离 */
61    void shortestPath(int vertex1, int vertex_total)
62    {
63        int shortest_vertex = 1; /* 记录最短距离的顶点 */
64        int shortest_distance;    /* 记录最短距离 */
65        int goal[SIZE];  /* 用来记录顶点是否被选取 */
66        int i,j;
67        for ( i = 1; i <= vertex_total; i++ )
68        {
69            goal[i] = 0;
70            distance[i] = Graph_Matrix[vertex1][i];
71        }
72        goal[vertex1] = 1;
73        distance[vertex1] = 0;
74        printf("\n");
75
76        for (i=1; i<=vertex_total-1; i++ )
77        {
78            shortest_distance = INFINITE;
79            /* 搜索最短距离的顶点 */
80            for (j=1;j<=vertex_total;j++ )
81                if (goal[j]==0&&shortest_distance>distance[j])
82                {
83                    shortest_distance=distance[j];
84                    shortest_vertex=j;
85                }
86            goal[shortest_vertex] = 1;
87            /* 计算开始顶点到各顶点的最短距离 */
88            for (j=1;j<=vertex_total;j++ )
89            {
90                if ( goal[j] == 0 && distance[shortest_vertex] + Graph_Matrix[shortest_vertex][j]
   < distance[j])
91                {
92                    distance[j]=distance[shortest_vertex] +
                              Graph_Matrix[shortest_vertex][j];
93                }
94            }
95        }
96    }
```

【执行结果】参见图 7-64。

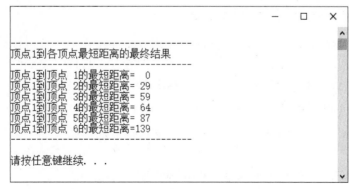

图 7-64

7.5.2　两两顶点间的最短路径——Floyd 算法

由于 Dijkstra 算法只能求出某一点到其他顶点的最短距离，因此如果想求出图中任意两点甚至所有顶点间最短的距离，就必须使用 Floyd 算法。

Floyd 算法的定义如下：

（1）$A^k[i][j] = \min\{A^{k-1}[i][j], A^{k-1}[i][k]+A^{k-1}[k][j]\}$，$k \geq 1$，$k$ 表示经过的顶点，$A^k[i][j]$ 为从顶点 i 到 j 经由 k 顶点的最短路径。

（2）$A^0[i][j] = COST[i][j]$（A^0 等于 COST），A^0 为顶点 i 到 j 间的直通距离。

（3）$A^n[i,j]$ 代表 i 到 j 的最短距离，A^n 便是我们所要求出的最短路径成本矩阵。

这样看起来，似乎觉得 Floyd 算法相当复杂难懂，现在直接以实例来说明它的算法。试以 Floyd 算法求得如图 7-65 所示的各顶点间的最短路径，具体步骤如下：

步骤01 找到 $A^0[i][j] = COST[i][j]$，A^0 为不经任何顶点的成本矩阵。若没有路径，则以∞（无穷大）来表示，如图 7-66 所示。

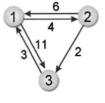

A^0	1	2	3
1	0	4	11
2	6	0	2
3	3	∞	0

图 7-65　　　　　　　图 7-66

步骤02 找出 $A^1[i][j]$ 从 i 到 j，经由顶点 1 的最短距离，并填入矩阵：

```
A¹[1][2] = min{A⁰[1][2], A⁰[1][1] + A⁰[1][2]} = min{4, 0+4} = 4
A¹[1][3] = min{A⁰[1][3], A⁰[1][1] + A⁰[1][3]} = min{11, 0+11} = 11
A¹[2][1] = min{A⁰[2][1], A⁰[2][1] + A⁰[1][1]} = min{6, 6+0} = 6
A¹[2][3] = min{A⁰[2][3], A⁰[2][1] + A⁰[1][3]} = min{2, 6+11} = 2
A¹[3][1] = min{A⁰[3][1], A⁰[3][1] + A⁰[1][1]} = min{3, 3+0} = 3
A¹[3][2] = min{A⁰[3][2], A⁰[3][1] + A⁰[1][2]} = min{∞, 3+4} = 7
```

按序求出各顶点的值后可以得到 A^1 矩阵，如图 7-67 所示。

步骤03 求出 $A^2[i][j]$ 经由顶点 2 的最短距离。

```
A²[1][2] = min{A¹[1][2], A¹[1][2] + A¹[2][2]} = min{4, 4+0} = 4
A²[1][3] = min{A¹[1][3], A¹[1][2] + A¹[2][3]} = min{11, 4+2} = 6
```

按序求其他各顶点的值可得到 A^2 矩阵，如图 7-68 所示。

步骤04 求出 $A^3[i][j]$ 经由顶点 3 的最短距离。

```
A³[1][2] = min{A²[1][2], A²[1][3] + A²[3][2]} = min{4, 6+7} = 4
A³[1][3] = min{A²[1][3], A²[1][3]+A²[3][3]} = min{6, 6+0} = 6
```

按序求其他各顶点的值可得到 A^3 矩阵，如图 7-69 所示。

$$A^1 \begin{array}{c|ccc} & 1 & 2 & 3 \\ \hline 1 & 0 & 4 & 11 \\ 2 & 6 & 0 & 2 \\ 3 & 3 & 7 & 0 \end{array} \qquad A^2 \begin{array}{c|ccc} & 1 & 2 & 3 \\ \hline 1 & 0 & 4 & 6 \\ 2 & 6 & 0 & 2 \\ 3 & 3 & 7 & 0 \end{array} \qquad A^3 \begin{array}{c|ccc} & 1 & 2 & 3 \\ \hline 1 & 0 & 4 & 6 \\ 2 & 5 & 0 & 2 \\ 3 & 3 & 7 & 0 \end{array}$$

图 7-67　　　　　　　图 7-68　　　　　　　图 7-69

步骤 05 所有顶点间的最短路径如矩阵 A^3 所示。

从上例可知，一个加权图若有 n 个顶点，则此方法必须执行 n 次循环，逐一产生 $A^1, A^2, A^3, \cdots,$ A^n 个矩阵。但因 Floyd 算法较为复杂，读者也可以用 Dijkstra 算法按序以各顶点为起始顶点，如此一来便可以得到同样的结果。

范例 7.5.2

设计一个 C 程序，以 Floyd 算法来求出下面的图结构中所有顶点两两之间的最短路径，图的邻接矩阵数组如下：

```
int Path_Cost[7][3] = { {1, 2, 20}, {2, 3, 30},
                        {2, 4, 25}, {3, 5, 28},
                        {4, 5, 32}, {4, 6, 95}, {5, 6, 67} };
```

解答 请参考程序 CH07_09.c。

```
01    #include <stdio.h>
02    #include <stdlib.h>
03    #define SIZE   7
04    #define INFINITE  99999
05    #define NUMBER 6
06
07    int Graph_Matrix[SIZE][SIZE];  /* 图的数组 */
08    int distance[SIZE][SIZE];        /* 路径长度数组 */
09
10    /* 建立图 */
11    void BuildGraph_Matrix(int *Path_Cost)
12    {
13        int Start_Point;  /* 边线的起点 */
14        int End_Point;     /* 边线的终点 */
15        int i, j;
16        for ( i = 1; i < SIZE; i++ )
17            for ( j = 1; j < SIZE; j++ )
18                if (i==j)
19                    Graph_Matrix[i][j] = 0;  /* 对角线设为 0 */
20                else
21                    Graph_Matrix[i][j] = INFINITE;
22        /* 存入图的边 */
23        i=0;
24        while(i<SIZE)
25        {
26            Start_Point = Path_Cost[i*3];
27            End_Point = Path_Cost[i*3+1];
28            Graph_Matrix[Start_Point][End_Point]=Path_Cost[i*3+2];
29            i++;
30        }
31    }
32    /* 输出图 */
33
34    void shortestPath(int vertex_total)
35    {
36        int i,j,k;
37        /* 图的长度数组初始化   */
```

```
38         for (i=1;i<=vertex_total;i++ )
39            for (j=i;j<=vertex_total;j++ )
40            {
41               distance[i][j]=Graph_Matrix[i][j];
42               distance[j][i]=Graph_Matrix[i][j];
43            }
44         /* 使用 Floyd 算法找出所有顶点两两之间的最短距离 */
45         for (k=1;k<=vertex_total;k++ )
46            for (i=1;i<=vertex_total;i++ )
47               for (j=1;j<=vertex_total;j++ )
48                  if (distance[i][k]+distance[k][j]<distance[i][j])
49                     distance[i][j] = distance[i][k] + distance[k][j];
50     }
51     /* 主程序 */
52     int main()
53     {
54         int Path_Cost[7][3] = { {1, 2, 20}, {2, 3, 30},
55                                 {2, 4, 25}, {3, 5, 28},
56                                 {4, 5, 32}, {4, 6, 95}, {5, 6, 67} };
57         int i,j;
58         BuildGraph_Matrix(&Path_Cost[0][0]);
59         printf("=============================================\n");
60         printf("      所有顶点两两之间的最短距离：\n");
61         printf("=============================================\n");
62         shortestPath(NUMBER); /* 计算所有顶点间的最短路径 */
63         /* 求得两两顶点间的最短路径长度数组后，将其打印输出 */
64         printf("      顶点 1 顶点 2 顶点 3 顶点 4 顶点 5 顶点 6\n");
65         for ( i = 1; i <= NUMBER; i++ )
66         {
67            printf("顶点%d",i);
68            for ( j = 1; j <= NUMBER; j++ )
69            {
70               printf("%5d ",distance[i][j]);
71            }
72            printf("\n");
73         }
74         printf("=============================================\n");
75         printf("\n");
76         system("PAUSE");
77         return 0;
78     }
```

【执行结果】参见图 7-70。

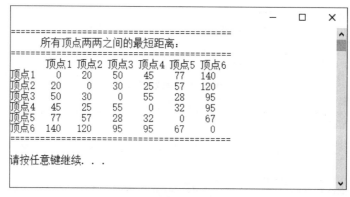

图 7-70

7.5.3　A* 算法

前面介绍的 Dijkstra 算法在寻找最短路径的过程中是一个效率不高的算法，因为这个算法在寻找起点到各个顶点的距离的过程中，无论哪一个顶点，都要实际计算起点与各个顶点之间的距离，以获得最后一个判断：到底哪一个顶点与起点的距离最近。

也就是说，Dijkstra 算法在带有权重值或成本值的有向图中使用的最短路径寻找方式，只是简单地使用广度优先进行查找，完全忽略了许多有用的信息。这种查找算法会消耗许多系统资源，包括 CPU 的时间与内存空间。如果能有更好的方式帮助我们预估从各个顶点到终点的距离，善加利用这些信息，就可以预先判断图上有哪些顶点离终点的距离较远，以便直接略过这些顶点的查找。这种更有效率的查找算法绝对有助于程序以更快的方式找到最短路径。

在这种需求的考虑下，A*算法可以说是 Dijkstra 算法的一种改进版，结合了在路径查找过程中从起点到各个顶点的实际权重及各个顶点预估到达终点的推测权重（Heuristic Cost）两个因素，可以有效地减少不必要的查找操作，从而提高查找最短路径的效率，如图 7-71 所示。

图 7-71

因此，A*算法也是一种最短路径算法，与 Dijkstra 算法不同的是：A*算法会预先设置一个推测权重，并在查找最短路径的过程中将推测权重一并纳入决定最短路径的考虑因素中。所谓推测权重，就是根据事先知道的信息给定一个预估值。结合这个预估值，A*算法可以更有效地查找最短路径。

例如，在寻找一个已知起点位置与终点位置的迷宫最短路径问题中，因为事先知道迷宫的终点位置，所以可以采用顶点和终点的欧氏几何平面直线距离（Euclidean Distance，数学定义中的平面两点间的距离：$D=\sqrt{(x_1 - x_2)^2 + (y_1 - y_2)^2}$）作为该顶点的推测权重。

A*算法在计算从起点到各个顶点的权重时，会同步考虑从起点到这个顶点的实际权重，以及该顶点到终点的推测权重，以估算出该顶点从起点到终点的权重，再从中选出一个权重最小的顶点，并将该顶点标示为已查找完毕。接着计算从查找完毕的顶点出发到各个顶点的权重，并从中选出一个权重最小的顶点，遵循前面的做法，将该顶点标示为已查找完毕的顶点。以此类推，反复进行同样的步骤，直到抵达终点才结束查找工作，最终得到最短路径的解。

现在做一个简单的总结，实现 A*算法的主要步骤如下：

步骤01 确定各个顶点到终点的推测权重。推测权重的计算方法可以采用各个顶点和终点之间的直线距离（四舍五入后的值），而直线距离的计算函数从上述 3 种距离的计算方式中择一即可。

步骤02 分别计算从起点抵达各个顶点的权重，计算方法是由起点到该顶点的实际权重加上该顶点抵达终点的推测权重。计算完毕后，选出权重最小的点，并标示为已查找完毕的点。

步骤03 计算从已查找完毕的顶点出发到各个顶点的权重，并从中选出一个权重最小的顶点，将其标示为已查找完毕的顶点。以此类推，反复进行同样的计算过程，直到抵达终点。

A*算法适用于可以事先获得或预估各个顶点到终点距离的情况，但若无法获得各个顶点到目的地终点的距离信息，则无法使用 A*算法。因此，A*算法常被应用于游戏软件中玩家与怪物两种角色间的追逐行为，或者是引导玩家以最有效率的路径及最便捷的方式快速突破游戏关卡，如图 7-72 所示。

图 7-72

7.6　AOV 网络与拓扑排序

网络图主要用来规划大型项目，首先我们将复杂的大型项目细分成很多工作项，而每一个工作项代表网络的一个顶点，由于每一项工作可能有完成的先后顺序，有些可以同时进行，有些则不行，因此可用网络图来表示其先后完成的顺序。以顶点来代表工作项的网络，称为顶点活动网络（Activity On Vertex Network），简称 AOV 网络，如图 7-73 所示。

图 7-73

更清楚地说，AOV 网络就是在一个有向图 G 中，每一顶点（或节点）代表一项工作或行为，边则代表工作之间存在的优先关系。即<V_i, V_j>表示 $V_i \rightarrow V_j$ 的工作，其中顶点 V_i 的工作必须先完成后才能进行顶点 V_j 的工作，V_i 为 V_j 的"先行者"，而 V_j 为 V_i 的"后继者"。

如果在 AOV 网络中具有部分次序的关系（即有某几个顶点为先行者），那么拓扑排序的功能就是将这些部分次序（Partial Order）的关系转换成线性次序（Linear Order）的关系。例如 i 是 j 的先行者，在线性次序中，i 仍排在 j 的前面，具有这种特性的线性次序就称为拓扑排序（Topological Order）。排序的步骤如下：

步骤 01 寻找图中任何一个没有先行者的顶点。

步骤 02 输出此顶点，并将此顶点的所有边全部删除。

步骤 03 重复以上两个步骤处理所有的顶点。

现在，我们来试着求出图 7-74 所示的图的拓扑排序，拓扑排序所输出的结果不一定是唯一的。如果同时有两个以上的顶点没有先行者，那么结果就不是唯一的。

（1）首先输出 V_1，因为 V_1 没有先行者，所以删除 $<V_1,V_2>$，$<V_1,V_3>$，$<V_1,V_4>$，结果如图 7-75 所示。

（2）可输出 V_2、V_3 或 V_4，这里我们选择输出 V_4，如图 7-76 所示。

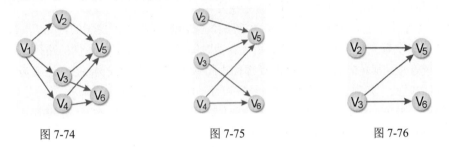

图 7-74　　　　　　　　　图 7-75　　　　　　　　　图 7-76

（3）输出 V_3，如图 7-77 所示。

（4）输出 V_6，如图 7-78 所示。

图 7-77　　　　　　　图 7-78

（5）输出 V_2、V_5，如图 7-79 所示。

⇒ 拓扑排序为：

$$V_1 \rightarrow V_4 \rightarrow V_3 \rightarrow V_6 \rightarrow V_2 \rightarrow V_5$$

图 7-79

范例 7.6.1

请写出图 7-80 的拓扑排序。

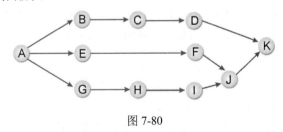

图 7-80

解答 拓扑排序结果为：A、B、E、G、C、F、H、D、I、J、K。

7.7 AOE 网络

之前所讲的 AOV 网络是指在有向图中的顶点表示一项工作，而边表示顶点之间的先后关系。下面还要介绍一个新名词 AOE（Activity On Edge，用边表示的活动网络）。所谓 AOE，是指事件的行动在边上的有向图。其中的顶点作为各"进入边事件"（Incident In Edge）的汇集点，当所有"进入边事件"的行动全部完成后，才可以开始"外出边事件"（Incident Out Edge）的行动。在AOE 网络中有一个源头顶点和目的顶点。从源头顶点开始，执行各边上事件的行动，到目的顶点完成为止，所需的时间为所有事件完成的时间总花费。

AOE 完成所需的时间是由一条或数条关键路径（Critical Path）所控制的。所谓关键路径，就是AOE 有向图从源头顶点到目的顶点之间，所需花费时间最长的一条有方向性的路径。当有一条以上的路径时间相等并且都是最长，则这些路径都称为此 AOE 有向图的关键路径。也就是说，想缩短整个 AOE 完成的时间，必须设法缩短关键路径各边行动所需的时间。

关键路径用来决定一个项目至少需要多少时间才可以完成，即在 AOE 有向图中，从源头顶点到目的顶点间最长的路径长度，如图 7-81 所示。

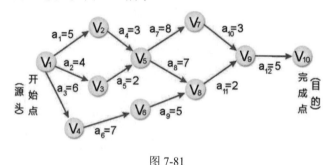

图 7-81

图 7-81 代表 12 个行动(a_1, a_2, a_3, a_4,···,a_{12})和 10 个事件(v_1, v_2, v_3,···,v_{10})，我们先来看一些重要的相关定义。

① 最早时间（Earliest Time）

AOE 网络中顶点的最早时间为该顶点最早可以开始其外出边事件的时间，它必须由最慢完成的进入边事件所控制，用 TE 来表示。

② 最晚时间（Latest Time）

AOE 网络中顶点的最晚时间为该顶点最慢可以开始其外出边事件而不会影响整个 AOE 网络完成的时间，它由外出边事件中最早要求开始者所控制，用 TL 来表示。

TE 和 TL 的计算原则为：

- TE：从前往后（即从源头到目的正方向），若第 i 项工作前面几项工作有好几个完成时段，取其中的最大值。
- TL：从后往前（即从目的到源头的反方向），若第 i 项工作后面几项工作有好几个完成时段，取其中的最小值。

③ 关键顶点（Critical Vertex）

AOE 网络中顶点的 TE=TL，我们称它为关键顶点。从源头顶点到目的顶点的各个关键顶点可以构成一条或数条有向关键路径，只要控制好关键路径所需的时间，就不会拖延工作进度。如果集中火力缩短关键路径所需的时间，就可以加速整个计划完成的速度。我们以图 7-82 为例来简单说明如何确定关键路径。

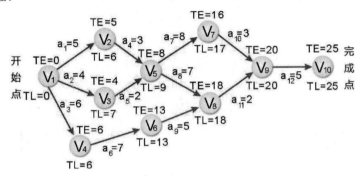

图 7-82

从图 7-82 得知 V_1、V_4、V_6、V_8、V_9、V_{10} 为关键顶点，可以求得如图 7-83 所示的关键路径。

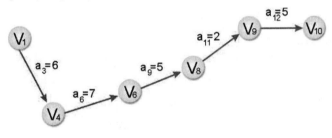

图 7-83

本章习题

1. 请问以下哪些是图的应用？

（1）作业调度　　　（2）递归程序　　（3）电路分析　　（4）排序

（5）最短路径搜索　（6）仿真　　　　（7）子程序调用　（8）都市计划

2. 什么是欧拉链？试绘图说明。

3. 求出下图的 DFS 与 BFS 结果。

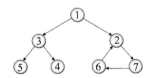

4. 什么是多重图？试绘图说明。

5. 请以 K 氏法求出下图的最小成本生成树。

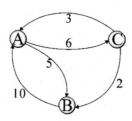

6. 请写出下图的邻接矩阵表示法和各个顶点之间最短距离的表示矩阵。

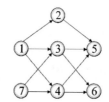

7. 求下图的拓扑排序。

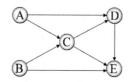

8. 求下图的拓扑排序。

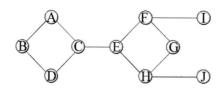

9. 下图是否为双连通图？有哪些连通分支？试说明。

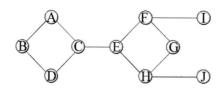

10. 请问图有哪 4 种常见的表示法？

11. 试简述图遍历的定义。

12. 请简述拓扑排序的步骤。

13. 以下为一个有限状态机的状态转换图，试列举两种图的数据结构来表示它，其中：

- S 代表状态 S。
- 射线（→）表示转换方式。
- 射线上方的 A/B：A 代表输入信号，B 代表输出信号。

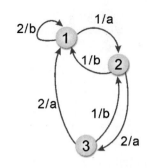

14. 试说明什么是完全图。

15. 下图为图 G。

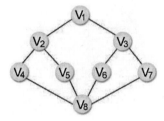

（1）请以邻接链表和邻接矩阵表示图 G。

（2）使用下面的遍历法求出生成树。

① 深度优先。

② 广度优先。

16. 以下所列的各个树都是关于图 G 的查找树。假设所有的查找都始于节点 1，试判定每棵树是深度优先查找树还是广度优先查找树，或二者都不是。

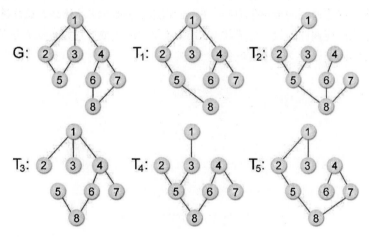

17. 求 V_1、V_2、V_3 任意两个顶点的最短距离，并描述其过程。

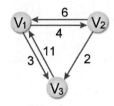

18. 假设在注有各地距离的图上（单行道），求各地之间的最短距离。

（1）利用距离，将下图的数据存储起来，并写出结果。

（2）写出最后所得的矩阵，并说明其可表示的所求各地间的最短距离。

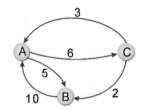

19. 求下图的邻接矩阵。

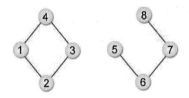

20. 什么是生成树？生成树应该包含哪些特点？

21. 求解一个无向连通图的最小生成树，Prim 算法的主要方法是什么？试简述。

22. 求解一个无向连通图的最小生成树，Kruskal 算法的主要方法是什么？试简述。

23. 请用邻接矩阵来表示下面的有向图。

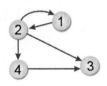

第 8 章

排序

8

排序（Sorting）是指将一组数据按特定规则调换位置，使数据具有某种顺序关系（递增或递减）。按照特定规则用以排序的依据被称为键（Key），它的值被称为键值（Key Value）。

通常键值的数据类型有数值类型和字符串类型两大类。如果键值为数值类型，在比较的过程中直接以数值的大小作为键值大小比较的依据；如果键值为字符串，则按照字符串从左到右逐个字符比较，并以该字符的编码顺序作为键值大小比较的依据。例如，常见的跑步比赛最终都会分出排名，如图 8-1 所示。

图 8-1

8.1 排序简介

在排序的过程中，数据的移动方式可分为"直接移动"和"逻辑移动"两种。直接移动是直接交换数据存储的位置，而逻辑移动并不会移动数据存储的位置，仅改变指向这些数据的辅助指针的值，如图 8-2 和图 8-3 所示。

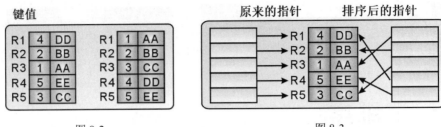

图 8-2   图 8-3

两者间的优劣在于直接移动会浪费许多时间进行数据的移动，而逻辑移动只要改变辅助指针指向的位置就能轻易达到排序的目的。例如在数据库中，可在报表中显示多项记录，也可以针对这些字段的特性来分组并进行排序与汇总，这就属于逻辑移动，而不是去实际移动改变数据在数据文件中的位置。数据在经过排序后，会有以下好处：

（1）容易阅读。

（2）有利于统计和整理。

（3）可大幅减少查找的时间。

8.1.1   排序的分类

按照排序时使用的存储器种类可将排序分为以下两种类型：

（1）内部排序法：排序的数据量小，可以全部加载到内存中进行排序。

（2）外部排序法：排序的数据量大，无法全部一次性加载到内存中进行排序，必须借助辅助存储器（如硬盘）。

常见的内部排序法有：冒泡排序法、选择排序法、插入排序法、合并排序法、快速排序法、堆积排序法、希尔排序法、基数排序法等；常见的外部排序法有：直接合并排序法、k-路合并法、多相合并法等。在后面的章节中，将会针对以上方法做进一步的说明。

8.1.2   排序算法分析

排序算法的选择将影响排序的结果与效率，通常可由以下几点决定：

● 算法稳定与否

稳定排序法是指数据在经过排序后，两个相同键值的记录仍然保持原来的次序，如下面 7 $_左$ 的原始位置在 7 $_右$ 的左边（7 $_左$ 和 7 $_右$ 是指相同键值一个在左，另一个在右），采用稳定排序法之后 7 $_左$ 仍在 7 $_右$ 的左边，采用不稳定排序法之后则有可能 7 $_左$ 会跑到 7 $_右$ 的右边。例如：

原始数据顺序：   7 $_左$ 2   9   7 $_右$ 6。

稳定的排序法：   2   6   7 $_左$ 7 $_右$ 9。

不稳定的排序法：2   6   7 $_右$ 7 $_左$ 9。

● 时间复杂度

排序算法的时间复杂度可分为最好情况（Best Case）、最坏情况（Worst Case）及平均情况

（Average Case）下的时间复杂度。最好情况就是数据已完成排序，如原本数据已经完成升序了，如果再进行一次升序排列，此时排序法的时间复杂度即为最好情况下的时间复杂度。最坏情况则是指每一个键值均需重新排列，例如原本为升序，现在要重新排序成为降序，此时排序法的时间复杂度就是最坏情况下的时间复杂度。例如：

　　排序前：2　　3　　4　　6　　8　　9。

　　排序后：9　　8　　6　　4　　3　　2。

●　　空间复杂度

空间复杂度就是指算法在执行过程中需要占用的额外内存空间。如果所挑选的排序法必须借助递归的方式来进行，那么递归过程中会使用到的堆栈就是这个排序法必须付出的额外空间。另外，任何排序法都有数据对调的操作，数据对调就会暂时用到一个额外的空间，这也是排序法中空间复杂度要考虑的问题。排序法使用到的额外空间越少，其空间复杂度就越佳。例如冒泡法在排序过程中仅会用到一个额外空间，在所有的排序算法中，这样的空间复杂度就算是最好的。

8.2　内部排序法

排序的各种算法称得上是数据结构这门学科的精髓所在。每一种排序方法都有其适用的情况与数据种类。首先我们将内部排序法依照算法的时间复杂度及键值整理如表 8-1 所示。

表8-1　内部排序法（依照算法的时间复杂度及键值从小到大排列）

	排序名称	排序特性
简单排序法	1. 冒泡排序法（Bubble Sort）	（1）稳定排序法 （2）空间复杂度为最佳，只需一个额外空间 $O(1)$
	2. 选择排序法（Selection Sort）	（1）不稳定排序法 （2）空间复杂度为最佳，只需一个额外空间 $O(1)$
	3. 插入排序法（Insertion Sort）	（1）稳定排序法 （2）空间复杂度为最佳，只需一个额外空间 $O(1)$
	4. 希尔排序法（Shell Sort）	（1）稳定排序法 （2）空间复杂度为最佳，只需一个额外空间 $O(1)$
高级排序法	1. 快速排序法（Quick Sort）	（1）不稳定排序法 （2）空间复杂度最差为 $O(n)$，最佳为 $O(\log_2 n)$
	2. 堆积排序法（Heap Sort）	（1）不稳定排序法 （2）空间复杂度为最佳，只需一个额外空间 $O(1)$
	3. 基数排序法（Radix Sort）	（1）稳定排序法 （2）空间复杂度为 $O(np)$，n 为原始数据的个数，p 为基底

8

8.2.1　冒泡排序法

冒泡排序法又称为交换排序法，是从观察水中气泡的变化构思而成的，原理是从第一个元素开始，比较相邻元素的大小，若大小顺序有误，则对调后再进行下一个元素的比较，就仿佛气泡逐渐从水底升到水面上一样。如此扫描过一次之后，就可以确保最后一个元素位于正确的顺序，接着逐步进行第二次扫描，直到完成所有元素的排序关系为止。

以下使用数列（55, 23, 87, 62, 16）来演示排序过程，这样大家就可以清楚地知道用冒泡排序法排序的具体流程。图 8-4 为原始顺序，图 8-5~图 8-8 为排序的具体过程。

从小到大排序：

图 8-4

第一次扫描会先拿第一个元素 55 和第二个元素 23 进行比较，如果第二个元素小于第一个元素，则进行互换。接着拿 55 和 87 进行比较，就这样一直比较并互换，到第 4 次比较完后即可确定最大值在数组的最后面，如图 8-5 所示。

图 8-5

第二次扫描也是从头比较，但因为最后一个元素在第一次扫描后就已确定是数组中的最大值，所以只需比较 3 次即可把剩余数组元素的最大值排到剩余数组的最后面，如图 8-6 所示。

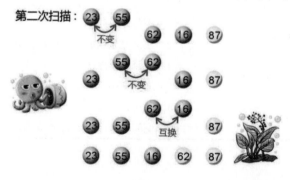

图 8-6

第三次扫描完成后，三个值的排序如图 8-7 所示。

图 8-7

第四次扫描完成后，所有的排序如图 8-8 所示。

图 8-8

由此可知，5 个元素的冒泡排序法必须执行 5-1 次扫描，第一次扫描需要比较 5-1 次，共比较 4+3+2+1=10 次。

- 冒泡排序法分析

（1）最坏情况和平均情况均需比较 $(n-1)+(n-2)+(n-3)+\cdots+3+2+1=\dfrac{n(n-1)}{2}$ 次，时间复杂度为 $O(n^2)$，最好情况只需完成一次扫描，若发现没有执行数据的交换操作，则表示已经排序完成。所以只做了 $n-1$ 次比较，时间复杂度为 $O(n)$。

（2）因为冒泡排序是相邻两个数据相互比较和对调，并不会更改其原本排列的顺序，所以是稳定排序法。

（3）只需要一个额外空间，所以空间复杂度为最佳。

（4）此排序法适用于数据量小或者有部分数据已经排序过的情况。

范例 8.2.1

设计一个 C 程序使用冒泡排序法对数列（16, 25, 39, 27, 12, 8, 45, 63）进行排序。

解答 请参考程序 CH08_01.c。

```
01      #include <stdio.h>
02      #include <stdlib.h>
03
04      int main()
05      {
06          int i,j,tmp;
07          int data[8]={16,25,39,27,12,8,45,63};      /* 原始数据 */
08          printf("冒泡排序法: \n 原始数据为: ");
09          for (i=0;i<8;i++)
10              printf("%3d",data[i]);
11          printf("\n");
12
```

```
13          for (i=7;i>=0;i--)           /* 扫描次数 */
14          {
15              for (j=0;j<i;j++)        /* 比较、交换的次数 */
16              {
17                  if (data[j]>data[j+1])      /* 比较相邻的两个数，若第一个数较大则交换 */
18                  {
19                      tmp=data[j];
20                      data[j]=data[j+1];
21                      data[j+1]=tmp;
22                  }
23              }
24              printf("第 %d 次排序后的结果为：",8-i); /* 把各次扫描后的结果打印出来 */
25              for (j=0;j<8;j++)
26                  printf("%3d",data[j]);
27              printf("\n");
28          }
29          printf("排序后的结果为：");
30          for (i=0;i<8;i++)
31              printf("%3d",data[i]);
32          printf("\n");
33
34          system("pause");
35          return 0;
36      }
```

【执行结果】参见图 8-9。

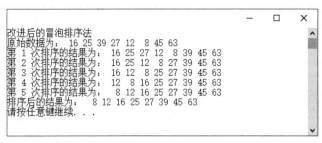

图 8-9

范例 ▶ 8.2.2

从范例程序 CH08_01 可以看出冒泡排序法有一个缺点，就是无论数据是否已排序完成都固定会执行 $n(n-1)/2$ 次。请设计一个 C 程序，通过在程序中加入一个判断语句来判断何时可以提前结束排序，这样既可得到正确的排序结果，又提高了程序执行的效率。

解答 ▶ 请参考程序 CH08_02.c（扫描文前"序"中二维码可获取本范例程序源码）。

【执行结果】参见图 8-10。

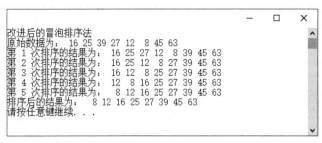

图 8-10

8.2.2　选择排序法

选择排序法可使用两种方式排序：在所有的数据中，若从大到小排序，则将最大值放入第一个位置；若从小到大排序，则将最大值放入最后一个位置。例如，一开始在所有数据中挑选一个最小项放在第一个位置（假设是从小到大排序），再从第二项开始挑选一个最小项放在第 2 个位置，以此重复，直到完成排序为止。

下面我们仍然用数列（55, 23, 87, 62, 16）从小到大的排序过程来说明选择排序法的演算流程，参考图 8-11~图 8-15。

原始值：

图 8-11

（1）首先找到此数列中的最小值，并与数列中的第一项交换，如图 8-12 所示。

（2）从数列中的第二项开始找，找到此数列中（不包含第一项）的最小值，再和第二项交换，如图 8-13 所示。

图 8-12　　　　　　　　　　　　　　　图 8-13

（3）从第三项开始找，找到此数列中（不包含第一项、第二项）的最小值，再和第三项交换，如图 8-14 所示。

（4）从第四项开始找，找到此数列中（不包含第一项、第二项、第三项）的最小值，再和第四项交换，则此排序完成，如图 8-15 所示。

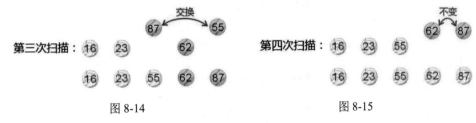

图 8-14　　　　　　　　　　　　　　　图 8-15

- 选择排序法分析

（1）由于无论是最坏情况、最好情况还是平均情况都需要找到最大值（或最小值），因此其比较次数为 $(n-1)+(n-2)+(n-3)+\cdots+3+2+1=\dfrac{n(n-1)}{2}$ 次，时间复杂度为 $O(n^2)$。

（2）由于选择排序是以最大值或最小值直接与最前方未排序的数据交换，数据排列顺序很有可能被改变，因此不是稳定排序法。

（3）只需要一个额外空间，所以空间复杂度为最佳。

（4）此排序法适用于数据量小或有部分数据已经排序的情况。

范例 8.2.3

请设计一个 C 程序使用选择排序法对数列（16, 25, 39, 27, 12, 8, 45, 63）进行排序。

解答 请参考程序 CH08_03.c（扫描文前"序"中二维码可获取本范例程序源码）。

【执行结果】参见图 8-16。

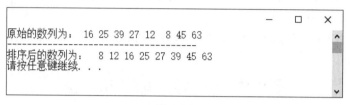

```
原始的数列为：  16 25 39 27 12  8 45 63
--------------------------------------
排序后的数列为：  8 12 16 25 27 39 45 63
请按任意键继续. . .
```

图 8-16

8.2.3　插入排序法

插入排序法是将数组中的元素逐一与已排序好的数据进行比较，前两个元素先排好，再将第三个元素插入适当的位置，所以这三个元素仍然是已排序好的，接着再将第四个元素加入，重复此步骤，直到排序完成。可以看作在一串有序的记录 R_1, R_2, $\cdots$, R_i 中插入新的记录 R，使得 $i+1$ 个记录排序妥当。

下面我们仍然用数列（55, 23, 87, 62, 16）从小到大的排序过程来说明插入排序法的演算流程。如图 8-17 所示，在步骤二以 23 为基准与其他元素进行比较后，将其放到适当的位置（55 的前面），步骤三则是将 87 与其他两个元素进行比较，接着 62 在比较完前三个数后插入 87 的前面……将最后一个元素比较完后即可完成排序。

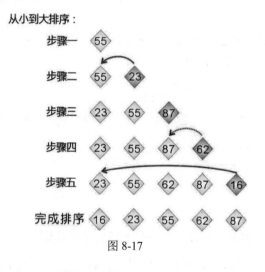

图 8-17

* 插入排序法分析

（1）最坏情况和平均情况需要比较 $(n-1)+(n-2)+(n-3)+\cdots+3+2+1=\dfrac{n(n-1)}{2}$ 次，时间复杂度为 $O(n^2)$，最好情况下的时间复杂度为 $O(n)$。

（2）插入排序法是稳定排序法。

（3）只需要一个额外空间，所以空间复杂度为最佳。

（4）此排序法适用于大部分数据已经排序或已排序数据库新增数据后进行排序的情况。

（5）因为插入排序法会造成数据的大量搬移，所以建议在链表上使用。

范例▶ 8.2.4

请设计一个 C 程序使用插入排序法对数列（16, 25, 39, 27, 12, 8, 45, 63）进行排序。

解答▶ 请参考程序 CH08_04.c。

```
01    #include <stdio.h>
02    #include <stdlib.h>
03    #define SIZE 8            /* 定义数组大小 */
04    void inser (int *);       /* 声明插入排序法子程序 */
05    void showdata (int *);  /* 声明打印数组子程序 */
06
07    int main()
08    {
09        int data[SIZE]={16,25,39,27,12,8,45,63};
10
11        printf("原始的数列为: ");
12        showdata(data);
13        printf("\n");
14        inser(data);
15        printf("排序后的数列为: ");
16        showdata(data);
17
18        system("pause");
19        return 0;
20    }
21
22    void showdata(int data[])
23    {
24        int i;
25        for (i=0;i<SIZE;i++)
26            printf("%3d",data[i]);    /* 打印出数列 */
27        printf("\n");
28    }
29    void inser(int data[])
30    {
31        int i;      /* i 为扫描次数 */
32        int no;     /* 以 j 来定位比较的元素 */
33        int tmp;   /* tmp 用来暂存数据 */
34        for (i=1;i<SIZE;i++)   /* 扫描循环次数为 SIZE-1 */
35        {
36            tmp=data[i];
37            no=i-1;
38            while (no>=0 && tmp<data[no])  /* 如果第二个元素小于第一个元素 */
39            {
40                data[no+1]=data[no];          /* 就把所有元素往后推一个位置 */
41                no--;
42            }
43            data[no+1]=tmp;    /* 最小的元素放到第一个位置 */
44        }
45    }
```

【执行结果】 参见图 8-18。

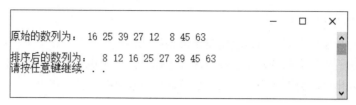

图 8-18

8.2.4　希尔排序法

当原始记录的键值大部分已排好序的情况下插入排序法会非常有效率，因为它不需要执行太多的数据搬移操作。希尔排序法是 D. L. Shell 在 1959 年 7 月发明的一种排序法，可以减少插入排序法中数据搬移的次数，以加速排序的进行。排序的原则是将数据区分成特定间隔的几个小区块，以插入排序法排完区块内的数据后再渐渐减少间隔的距离。

下面我们仍然用数列（63, 92, 27, 36, 45, 71, 58, 7）从小到大的排序过程来说明希尔排序法的演算流程，参考图 8-19~图 8-24。

首先，将所有数据分成 Y：(8 div 2)，即 Y=4，称为划分数。注意，划分数不一定要是 2，质数最好。但为了算法方便，我们习惯选 2。因此，一开始的间隔设置为 8/2，如图 8-20 所示。

图 8-19　　　　　　　　　　　　　　　　图 8-20

如此一来可得到 4 个区块，分别是(63, 45)(92, 71)(27, 58)(36, 7)，再分别用插入排序法排序成为(45, 63)(71, 92)(27, 58)(7, 36)。在整个队列中，数据的排列如图 8-21 所示。

接着间隔缩小为(8/2)/2，如图 8-22 所示。

图 8-21　　　　　　　　　　　　　　　　图 8-22

再分别用插入排序法对(45, 27, 63, 58)(71, 7, 92, 36)进行排序，得到如图 8-23 所示的结果。

最后再以((8/2)/2)/2 的间距进行插入排序，即对每一个元素进行排序，得到如图 8-24 所示的排序结果。

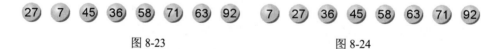

图 8-23　　　　　　　　　　　　　　　　图 8-24

- 希尔排序法分析

（1）任何情况下的时间复杂度均为 $O(n^{3/2})$。
（2）希尔排序法和插入排序法一样，都是稳定排序法。
（3）只需一个额外空间，所以空间复杂度是最佳。
（4）此排序法适用于数据大部分都已排序完成的情况。

范例 8.2.5

设计一个 C 程序使用希尔排序法对数列（16, 25, 39, 27, 12, 8, 45, 63）进行排序。

解答 请参考程序 CH08_05.c。

```
01    #include <stdio.h>
02    #include <stdlib.h>
03    #define SIZE 8
04
05    void shell (int *,int);   /* 声明希尔排序法子程序 */
06    void showdata (int *);    /* 声明打印数组子程序 */
07
08    int main(void)
09    {
10        int data[SIZE]={16,25,39,27,12,8,45,63};
11        printf("原始的数列为:    ");
12        showdata (data);
13        printf("-------------------------------------\n");
14        shell(data,SIZE);
15
16        system("pause");
17        return 0;
18    }
19
20    void showdata(int data[])
21    {
22        int i;
23        for (i=0;i<SIZE;i++)
24            printf("%3d",data[i]);
25        printf("\n");
26    }
27    void shell(int data[],int size)
28    {
29        int i;          /* i 为扫描次数 */
30        int j;          /* 以 j 来定位比较的元素 */
31        int k=1;        /* k 打印计数 */
32        int tmp;        /* tmp 用来暂存数据 */
33        int jmp;        /* 设置间距位移量 */
34        jmp=size/2;
35        while (jmp != 0)
36        {
37            for (i=jmp ;i<size ;i++)
38            {
39                tmp=data[i];
40                j=i-jmp;
41                while(tmp<data[j] && j>=0)   /* 插入排序法 */
42                {
43                    data[j+jmp] = data[j];
44                    j=j-jmp;
45                }
46                data[jmp+j]=tmp;
47            }
48            printf("第 %d 次排序过程: ",k++);
49            showdata (data);
50            printf("-------------------------------------\n");
51            jmp=jmp/2;     /* 控制循环数 */
52        }
53    }
```

【执行结果】参见图 8-25。

8

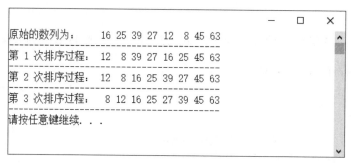

图 8-25

8.2.5 合并排序法

合并排序法通常是外部存储器最常用的排序方法，工作原理是针对已排序好的两个或两个以上的文件，通过合并的方式，将其组合成一个大的且已排好序的文件。步骤如下：

步骤01 将 N 个长度为 1 的键值成对地合并成 N/2 个长度为 2 的键值组。

步骤02 将 N/2 个长度为 2 的键值组成对地合并成 N/4 个长度为 4 的键值组。

步骤03 将键值组不断地合并，直到合并成一组长度为 N 的键值组为止。

下面我们用数列（38、16、41、72、52、98、63、25）从小到大排序过程来说明合并排序法的基本演算流程，如图 8-26 所示。

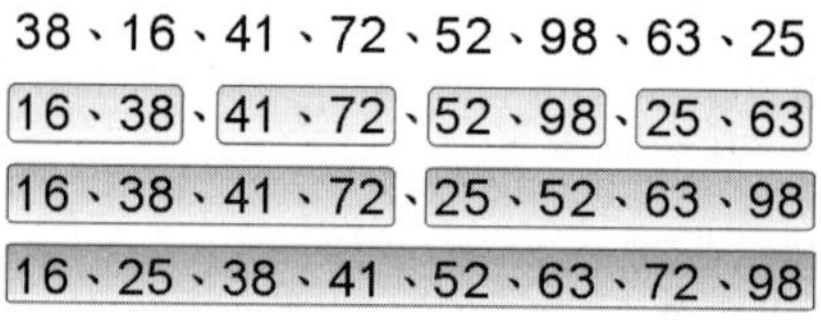

$$38、16、41、72、52、98、63、25$$
$$\boxed{16、38}、\boxed{41、72}、\boxed{52、98}、\boxed{25、63}$$
$$\boxed{16、38、41、72}、\boxed{25、52、63、98}$$
$$\boxed{16、25、38、41、52、63、72、98}$$

图 8-26

上面展示的是一种比较简单的合并排序，又称为 2-路（2-way）合并排序，主要是把原来的数列视作 N 个已排好序且长度为 1 的数列，再将这些长度为 1 的数列两两合并，结合成 N/2 个已排好序且长度为 2 的数列；同样的做法，再按序两两合并，合并成 N/4 个已排好序且长度为 4 的数列……以此类推，最后合并成一个已排好序且长度为 N 的数列。

现在将排序步骤整理如下：

步骤01 将 N 个长度为 1 的文件合并成 N/2 个已排好序且长度为 2 的文件。

步骤02 将 N/2 个长度为 2 的文件合并成 N/4 个已排好序且长度为 4 的文件。

步骤03 将 N/4 个长度为 4 的文件合并成 N/8 个已排好序且长度为 8 的文件。

步骤04 将 $N/2^{i-1}$ 个长度为 2^{i-1} 的文件合并成 $N/2^i$ 个已排好序且长度为 2^i 的文件。

- 合并排序法分析

（1）使用合并排序法，n 项数据一般需要约 $\log_2 n$ 次处理，因为每次处理的时间复杂度为 $O(n)$，所以合并排序法的最佳情况、最差情况及平均情况下的时间复杂度为 $O(n\log_2 n)$。

（2）由于在排序过程中需要一个与数列（或数据文件）大小相同的额外空间，因此其空间复

杂度为 $O(n)$。

（3）合并排序法是一种稳定排序法。

由于合并排序法也适合较大的外部文件的排序，我们将会在介绍外部排序法的章节中，更详尽地说明合并排序法的排序过程，并会以 C 程序来实现合并排序法。

8.2.6　快速排序法

快速排序法又称分割交换排序法，是目前公认最佳的排序法，也是使用分而治之的方式，会先在数据中找到一个虚拟的中间值，并按此中间值将所有打算排序的数据分为两部分。其中小于中间值的数据放在左边，大于中间值的数据放在右边，再以同样的方式分别处理左右两边的数据，直到排序完为止。操作与分割步骤如下：

假设有 n 项 R_1，R_2，R_3，$\cdots$，R_n 记录，其键值为 K_1，K_2，K_3，$\cdots$，K_n：

步骤 01　先假设 K 的值为第一个键值。

步骤 02　从左向右找出键值 K_i，使得 $K_i > K$。

步骤 03　从右向左找出键值 K_j，使得 $K_j < K$。

步骤 04　若 $i < j$，那么 K_i 与 K_j 互换，并回到**步骤 02**。

步骤 05　若 $i \geq j$，则将 K 与 K_j 交换，并以 j 为基准点分割成左、右两部分。然后针对左、右两边进行**步骤 01**～**步骤 05**，直到左半边键值等于右半边键值为止。

下面示范使用快速排序法对数据进行排序的过程，参考图 8-27~图 8-31。

参考图 8-27，$K=26$，$K_i=38>K$，$K_j=18<K$，此时因为 $i<j$，所以 K_i 与 K_j 互换，结果如图 8-28 所示，然后继续比较。

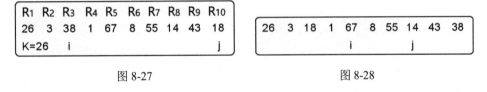

图 8-27　　　　　　　　　　　　　　　　　　图 8-28

参考图 8-28，$K=26$，$K_i=67>K$，$K_j=14<K$，此时因为 $i<j$，所以 K_i 与 K_j 互换，结果如图 8-29 所示，然后继续比较。

参考图 8-29，$K=26$，$K_i=55>K$，$K_j=8<K$，此时因为 $i \geq j$，故交换 K 与 K_j，并以 j 为基准点分割成左、右两半，结果如图 8-30 所示。

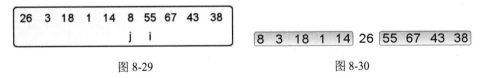

图 8-29　　　　　　　　　　　　　　　　　　图 8-30

经过上述几个步骤，小于键值 K 的数据就被放在左半部分了，大于键值 K 的数据被放在右半部分了。按照上述的排序过程，对左、右两部分再分别排序，过程如图 8-31 所示。

```
 1  3  8 18 14  26 55 67 43 38
 1  3  8 18 14  26 55 67 43 38
 1  3  8 14 18  26 55 67 43 38
 1  3  8 14 18  26 43 38 55 67
 1  3  8 14 18  26 38 43 55 67
```

图 8-31

- 快速排序法分析

（1）在最好情况和平均情况下，时间复杂度为 $O(n\log_2 n)$。最坏情况就是每次选中的中间值不是最大值就是最小值，因此最坏情况下的时间复杂度为 $O(n^2)$。

（2）快速排序法不是稳定排序法。

（3）在最坏情况下的空间复杂度为 $O(n)$，而最好情况下的空间复杂度为 $O(\log_2 n)$。

（4）快速排序法是平均运行时间最快的排序法。

范例 8.2.6

设计一个 C 程序使用快速排序法对随机生成的数列进行排序。

解答 请参考程序 CH08_06.c。

```
01    #include <stdio.h>
02    #include <stdlib.h>
03    #include <time.h>
04
05    void inputarr(int*,int);
06    void showdata(int*,int);
07    void quick(int*,int,int,int);
08    int process = 0;
09    int main(void)
10    {
11        int size,data[100]={0};
12        srand((unsigned)time(NULL));
13        printf("请输入数组大小(100 以下)：");
14        scanf("%d",&size);
15        printf("您输入的原始数据是：");
16        inputarr (data,size);
17        showdata (data,size);
18        quick(data,size,0,9);
19        printf("\n排序的结果：");
20        showdata(data,size);
21        system("pause");
22        return 0;
23    }
24    void inputarr(int data[],int size)
25    {
26        int i;
27        for (i=0;i<size;i++)
28            data[i]=(rand()%99)+1;
29    }
30    void showdata(int data[],int size)
31    {
32        int i;
33        for (i=0;i<size;i++)
34            printf("%3d",data[i]);
35        printf("\n");
36
37    }
38    void quick(int d[],int size,int lf,int rg)
39    {
40        int i,j,tmp;
41        int lf_idx;
```

```
42          int rg_idx;
43          int t;
44                                              /* 1：第一个键值为 d[lf] */
45          if(lf<rg)
46          {
47              lf_idx=lf+1;
48              rg_idx=rg;
49 step2:
50              printf("[处理过程%d]=> ",process++);
51              for(t=0;t<size;t++)
52                  printf("[%2d] ",d[t]);
53              printf("\n");
54              for(i=lf+1;i<=rg;i++)    /* 2：从左向右找出一个键值大于 d[lf]者 */
55              {
56                  if(d[i]>=d[lf])
57                  {
58                      lf_idx=i;
59                      break;
60                  }
61                  lf_idx++;
62              }
63              for(j=rg;j>=lf+1;j--)    /* 3：从右向左找出一个键值小于 d[lf]者 */
64              {
65                  if(d[j]<=d[lf])
66                  {
67                      rg_idx=j;
68                      break;
69                  }
70                  rg_idx--;
71              }
72              if(lf_idx<rg_idx)        /* 4-1：若 lf_idx<rg_idx */
73              {                        /* 则 d[lf_idx]和 d[rg_idx]互换 */
74                  tmp = d[lf_idx];
75                  d[lf_idx] = d[rg_idx];
76                  d[rg_idx] = tmp;
77                  goto step2;          /* 4-2：并继续执行步骤 2 */
78              }
79              if(lf_idx>=rg_idx)       /* 5-1：若 lf_idx 大于等于 rg_idx */
80              {                        /* 则将 d[lf]和 d[rg_idx]互换 */
81                  tmp = d[lf];
82                  d[lf] = d[rg_idx];
83                  d[rg_idx] = tmp;
84                                       /* 5-2：并以 rg_idx 为基准点分成左右两半 */
85                  quick(d,size,lf,rg_idx-1);   /* 以递归方式分别为左右两半进行排序 */
86                  quick(d,size,rg_idx+1,rg);   /* 直至完成排序 */
87              }
88          }
89      }
```

【执行结果】参见图 8-32。

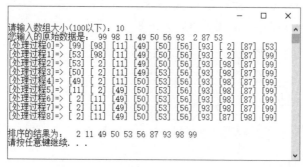

图 8-32

8.2.7　堆积排序法

堆积排序法是选择排序法的改进版，它可以减少在选择排序法中的比较次数，进而减少排序时间。堆积排序法用到了二叉树的技巧，它是利用堆积树来完成排序的。堆积树是一种特殊的二叉树，可分为最大堆积树和最小堆积树两种。最大堆积树具备以下三个条件：

（1）它是一棵完全二叉树。
（2）所有节点的值都大于或等于它左右子节点的值。
（3）树根是堆积树中最大的。

最小堆积树则具备以下三个条件：

（1）它是一棵完全二叉树。
（2）所有节点的值都小于或等于它左右子节点的值。
（3）树根是堆积树中最小的。

在开始讨论堆积排序法之前，大家必须先了解如何将二叉树转换成堆积树，下面以实例进行说明。

假设有一个含有 9 个元素的数列（32, 17, 16, 24, 35, 87, 65, 4, 12），我们以二叉树来表示这个数列，如图 8-33 所示。

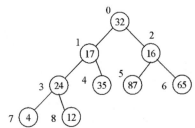

图 8-33

如果要将该二叉树转换成堆积树，可以用数组来存储二叉树所有节点的值，即 $A[0]=32$、$A[1]=17$、$A[2]=16$、$A[3]=24$、$A[4]=35$、$A[5]=87$、$A[6]=65$、$A[7]=4$、$A[8]=12$。

步骤 01 $A[0]=32$ 为树根，若 $A[1]$ 大于父节点，则必须互换。此处因 $A[1]=17 < A[0]=32$，故不交换。

步骤 02 因 $A[2]=16 < A[0]$，故不交换，如图 8-34 所示。

步骤 03 因 $A[3]=24 > A[1]=17$，故交换，如图 8-35 所示。

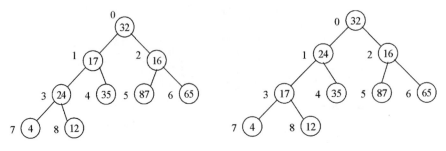

图 8-34   图 8-35

步骤 04 因 $A[4]=35 > A[1]=24$，故交换；再与 $A[0]=32$ 比较，因 $A[1]=35 > A[0]=32$，故交换，如图 8-36 所示。

步骤 05 因 $A[5]=87 > A[2]=16$，故交换；再与 $A[0]=35$ 比较，因 $A[2]=87 > A[0]=35$，故交换，如图 8-37 所示。

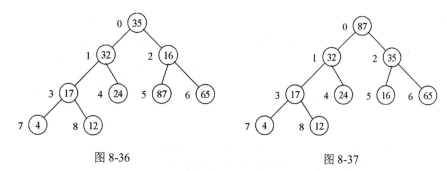

图 8-36　　　　　　　　　　　　　　　图 8-37

步骤 06 因 $A[6]=65 > A[2]=35$，故交换，且 $A[2]=65 < A[0]=87$，故不交换，如图 8-38 所示。

步骤 07 因 $A[7]=4 < A[3]=17$，故不交换。

步骤 08 因 $A[8]=12 < A[3]=17$，故不交换。

可得到如图 8-39 所示的堆积树。

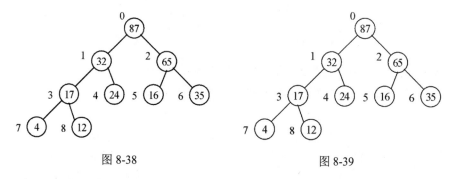

图 8-38　　　　　　　　　　　　　　　图 8-39

刚才示范从二叉树的树根开始从上向下逐一按堆积树的建立原则来改变各节点的值，最终得到一棵最大堆积树。大家可能已经发现，堆积树并非唯一。如果想从小到大排序，就必须建立最小堆积树，方法与建立最大堆积树类似，在此就不再赘述。

下面我们利用堆积排序法对数列（34, 19, 40, 14, 57, 17, 4, 43）进行排序。

（1）按图 8-40 左图中数字的顺序建立图 8-40 右图中的完全二叉树。

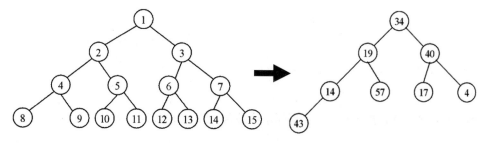

图 8-40

（2）建立堆积树，如图 8-41 所示。

（3）将 57 从树根删除，重新建立堆积树，如图 8-42 所示。

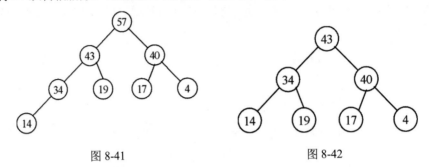

图 8-41   图 8-42

（4）将 43 从树根删除，重新建立堆积树，如图 8-43 所示。

（5）将 40 从树根删除，重新建立堆积树，如图 8-44 所示。

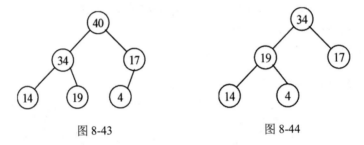

图 8-43   图 8-44

（6）将 34 从树根删除，重新建立堆积树，如图 8-45 所示。

（7）将 19 从树根删除，重新建立堆积树，如图 8-46 所示。

图 8-45   图 8-46

（8）将 17 从树根删除，重新建立堆积树，如图 8-47 所示。

（9）将 14 从树根删除，重新建立堆积树，如图 8-48 所示。

图 8-47   图 8-48

（10）最后将 4 从树根删除，得到的排序结果为（57, 43, 40, 34, 19, 17, 14, 4）。

● 堆积排序法分析

（1）在所有情况下的时间复杂度均为 $O(n\log_2 n)$。

（2）堆积排序法不是稳定排序法。

（3）只需要一个额外的空间，所以空间复杂度为 $O(1)$。

范例▶ 8.2.7

设计一个 C 程序使用堆积排序法对数列（5, 6, 4, 8, 3, 2, 7, 1）进行排序。

解答▶ 请参考程序 CH08_07.c。

```
01    #include <stdio.h>
02    void heap(int*,int);
03    void ad_heap(int*,int,int);
04    int main(void)
05    {
06        int i,size,data[9]={0,5,6,4,8,3,2,7,1};      /* 原始的数列 */
07        size=9;
08        printf("原始的数列为: ");
09        for(i=1;i<size;i++)
10            printf("[%2d] ",data[i]);
11        heap(data,size);   /* 建立堆积树 */
12        printf("\n 排序的结果为: ");
13        for(i=1;i<size;i++)
14            printf("[%2d] ",data[i]);
15        printf("\n");
16        system("pause");
17        return 0;
18    }
19    void heap(int *data,int size)
20    {
21        int i,j,tmp;
22        for(i=(size/2);i>0;i--)      /* 建立堆积树节点 */
23            ad_heap(data,i,size-1);
24        printf("\n 堆积的内容为: ");
25        for(i=1;i<size;i++)          /* 原始堆积树的内容 */
26            printf("[%2d] ",data[i]);
27        printf("\n");
28        for(i=size-2;i>0;i--)        /* 堆积排序 */
29        {
30            tmp=data[i+1];           /* 头尾节点交换 */
31            data[i+1]=data[1];
32            data[1]=tmp;
33            ad_heap(data,1,i);       /* 处理剩余节点 */
34            printf("\n 处理的过程为: ");
35            for(j=1;j<size;j++)
36                printf("[%2d] ",data[j]);
37        }
38    }
39    void ad_heap(int *data,int i,int size)
40    {
41        int j,tmp,post;
42        j=2*i;
43        tmp=data[i];
44        post=0;
45        while(j<=size && post==0)
46        {
47            if(j<size)
48            {
49                if(data[j]<data[j+1])  /* 找出最大节点 */
50                    j++;
51            }
52            if(tmp>=data[j])            /* 若树根较大，结束比较过程 */
```

8

```
53                  post=1;
54              else
55              {
56                  data[j/2]=data[j];       /* 若树根较小，则继续比较 */
57                  j=2*j;
58              }
59          }
60          data[j/2]=tmp;  /* 指定树根为父节点 */
61      }
```

【执行结果】参见图 8-49。

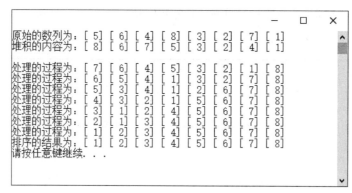

图 8-49

8.2.8　基数排序法

基数排序法和我们之前所讨论的排序法不太一样，它并不需要进行元素之间的比较操作，而是属于一种分配模式排序方式。

基数排序法按比较的方向可分为最高位优先（Most Significant Digit First，MSD）和最低位优先（Least Significant Digit First，LSD）两种。MSD 是从最左边的位数开始比较，而 LSD 则是从最右边的位数开始比较。在下面的范例中，我们以 LSD 将三位数的整数数据加以排序，它是按个位数、十位数、百位数来进行排序的。请直接看下面最低位优先（LSD）的例子，便可清楚地知道它的工作原理。

原始数据如下：

59	95	7	34	60	168	171	259	372	45	88	133

步骤01 把每个整数按其个位数字放到列表中。

个位数字	0	1	2	3	4	5	6	7	8	9
数据	60	171	372	133	34	95 45		7	168 88	59 259

合并后成为：

60	171	372	133	34	95	45	7	168	88	59	259

步骤02 然后把每个整数按其十位数字放到列表中。

十位数字	0	1	2	3	4	5	6	7	8	9
数据	7			133 34	45	59 259	60 168	171 372	88	95

合并后成为：

7	133	34	45	59	259	60	168	171	372	88	95

步骤 03 再把每个整数按其百位数字放到列表中。

百位数字	0	1	2	3	4	5	6	7	8	9
数据	7 34 45 59 60 88 95	133 168 171	259	372						

步骤 04 最后合并，即完成排序。

7	34	45	59	60	88	95	133	168	171	259	372

- 基数排序法分析

（1）在所有情况下的时间复杂度均为 $O(n\log_p k)$，k 是原始数据的最大值。

（2）基数排序法是稳定排序法。

（3）基数排序法会使用很大的额外空间来存放列表数据，其空间复杂度为 $O(n \times p)$，n 是原始数据的个数，p 是数据字符数。如上例中，数据的个数 n=12，字符数 p=3。

（4）若 n 很大，p 固定或很小，则此排序法将很有效率。

范例 8.2.8

设计一个 C 程序，可自行输入数列元素的个数（即数列项数），随后根据项数产生一组随机数作为数列的各个元素（存储在数组中），然后使用基数排序法对这个数列进行排序。

解答 请参考程序 CH08_08.c。

```
01    /* 基数排序法：从小到大排序 */
02    #include <stdio.h>
03    #include <stdlib.h>
04    #include <time.h>
05    void radix (int *,int);  /* 基数排序法子程序 */
06    void showdata (int *,int);
07    void inputarr (int *,int);
08    int main(void)
09    {
10        int size,data[100]={0};
11        printf("请输入数列的项数（100 以下）: ");
```

8

```
12         scanf("%d",&size);
13         printf("您输入的原始数列为：\n");
14         inputarr (data,size);
15         showdata (data,size);
16         radix (data,size);
17         system("pause");
18         return 0;
19     }
20     void inputarr(int data[],int size)
21     {
22         int i;
23         srand((unsigned)time(NULL));
24         for (i=0;i<size;i++)
25             data[i]=(rand()%999)+1;   /* 设置 data 值最大为 3 位数 */
26     }
27     void showdata(int data[],int size)
28     {
29         int i;
30         for (i=0;i<size;i++)
31             printf("%5d",data[i]);
32         printf("\n");
33     }
34     void radix(int data[],int size)
35     {
36         int i,j,k,n,m;
37         for (n=1;n<=100;n=n*10)  /* n 为基数，从个位数开始排序 */
38         {
39             int tmp[10][100]={0};/* 设置暂存数组，[0~9 位数] [数据个数]，所有内容均为 0 */
40             for (i=0;i<size;i++) /* 对比所有数据 */
41             {
42                 m=(data[i]/n)%10; /* m 为 n 位数的值，如 36 取十位数 (36/10)%10=3 */
43                 tmp[m][i]=data[i];/* 把 data[i]的值暂存于 tmp 中 */
44             }
45             k=0;
46             for (i=0;i<10;i++)
47             {
48                 for(j=0;j<size;j++)
49                 {
50                     if(tmp[i][j] != 0)      /* 因一开始设置 tmp={0}，故不为 0 者即为 */
51                     {
52                         data[k]=tmp[i][j];/* data 暂存在 tmp 中的值，把 tmp 中的值存 */
53                         k++;                /* 回 data[ ] */
54                     }
55                 }
56             }
57             printf("经过%3d 位数排序后：",n);
58             showdata(data,size);
59         }
60
61     }
```

【执行结果】参见图 8-50。

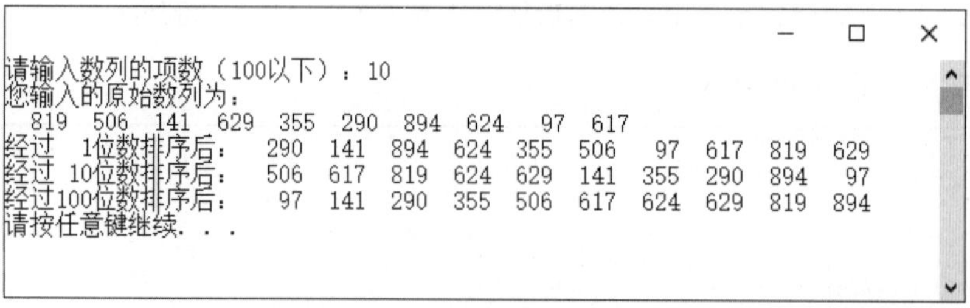

图 8-50

8.3　外部排序法

当我们所要排序的数据量太多或文件太大，无法直接在内存内排序而需依赖外部存储设备时，就会使用到外部排序法。外部存储设备又可按照存取方式分为两种：顺序存取（如磁带）和随机存取（如磁盘）。

要顺序存储的文件就像是链表一样，我们必须遍历整个链表才有办法进行排序，而随机存取的文件就像是数组，数据存取方便，所以相对而言，它的排序也会比顺序存取快一些。一般来说，外部排序法最常使用的就是直接合并排序法（Direct Merge Sort），它适用于顺序存取的文件。

8.3.1　直接合并排序法

直接合并排序法是外部存储设备常用的排序方法。它可以分为两个步骤：

步骤 01　将要排序的文件分为几个大小可以加载到内存空间的小文件，再使用内部排序法将各个小文件内的数据排序。

步骤 02　将**步骤 01**建立的小文件每两个合并成一个文件。两两合并后，把所有文件合并成一个文件后就完成了排序。

例如，我们把一个文件分成 6 个小文件，如图 8-51 所示。

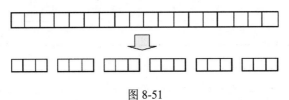

图 8-51

小文件都完成排序后，两两合并成一个较大的文件，最后合并成一个文件即可完成整个排序工作，如图 8-52 所示。

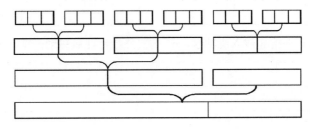

图 8-52

举例来说，如果要对文件 test.txt 进行排序，而 test.txt 里包含 1500 个数据，但内存最多一次可处理 300 个数据。

步骤 01　将 test.txt 分成 5 个文件，即 t1~t5，每个文件包含 300 个数据。

步骤 02　以内部排序法对 t1~t5 进行排序。

步骤 03 将文件 t1、t2 合并，将内存分成三部分，每部分可存放 100 个数据，先将 t1 和 t2 的前 100 个数据放到内存中，排序后放到合并完成缓冲区，等缓冲区满了之后写入磁盘，如图 8-53 所示。

t1	t2	合并完成缓冲区

图 8-53

步骤 04 重复**步骤 03**直到完成排序为止。

合并的方法如下：

假设有两个完成排序的文件要合并，那么排序从小到大为：

```
a1: 1,4,6,8,9
b1: 2,3,5,7
```

首先在两个文件中分别读出一个元素进行比较，比较后将较小的文件放入合并缓冲区内。

①a1:

1	4	6	8	9

↑　　　　文件指针

b1:

2	3	5	7

↑　　　　文件指针

合并完成缓冲区

1								

1 与 2 比较后，将较小的 1 放入缓冲区，a1 的文件指针往后移动一个元素。

②a1:

1	4	6	8	9

　　↑　　　文件指针

b1:

2	3	5	7

↑　　　　文件指针

合并完成缓冲区

1	2							

2 与 4 比较后，将较小的 2 放入缓冲区，b1 的文件指针往后移动一个元素。

③a1:

1	4	6	8	9

　　↑　　　文件指针

b1:

2	3	5	7

　　↑　　　文件指针

合并完成缓冲区

1	2	3						

3 与 4 比较后，将较小的 3 放入缓冲区，b1 的文件指针往后移动一个元素。

④a1:

1	4	6	8	9

　　↑

b1:

2	3	5	7

　　　　↑

合并完成缓冲区

1	2	3	4					

4 与 5 比较后，将较小的 4 放入缓冲区，a1 的文件指针往后移动一个元素。

以此类推，等到缓冲区的数据满了就执行写入文件的操作。

范例 8.3.1

设计一个 C 程序使用直接合并排序法将两个已经排好序的文件排序并合并成一个文件：

data1.dat：1, 3, 5, 7, 8。

data2.dat：2, 4, 6, 9。

解答▶ 请参考程序 CH08_09.c。

```
01    #include <stdio.h>
02    #include <stdlib.h>
03
04    void merge(FILE *fp, FILE *fp1, FILE *fp2)
05    {
06        int n1,n2;      /* 声明变量 n1、n2 暂存数据文件 data1 和 data2 内的元素值 */
07        n1=getc(fp1); /* 从 fp1 中取一个元素进来，存到在 n1 中 */
08        n2=getc(fp2);
09        while(feof(fp1)==0 && feof(fp2)==0)  /* 判断是否已到文件尾 */
10        {
11            if (n1 <= n2)
12            {
13                putc(n1,fp); /* 如果 n1 比较小，则把 n1 存到 fp 中 */
14                n1=getc(fp1);/* 接着读下一项 n1 的数据 */
15            }
16            else
17            {
18                putc(n2,fp); /* 如果 n2 比较小，则把 n2 存到 fp 中 */
19                n2=getc(fp2);/* 接着读下一项 n2 的数据 */
20            }
21        }
22        if(feof(fp1))    /* 如果其中一个数据文件已读取完毕，经判断后 */
23        {
24            putc(n2,fp);/* 把另一个数据文件内的数据全部放到 fp 中 */
25            while (1)
26            {
27                n2=getc(fp2);
28                if(feof(fp2)) break;
29                putc(n2,fp);
30            }
31        }
32        else if (feof(fp2))
33        {
34            putc(n1,fp);
35            while(feof(fp1))
36            {
37                n1=getc(fp1);
38                putc(n1,fp);
39            }
40        }
41    }
42
43    int main(void)
44    {
45        char n;
46        FILE *fp=fopen("data.txt","w+"); /* 声明并打开建立新文件的主指针 fp */
47        FILE *fp1=fopen("data1.txt","r"); /* 声明数据文件 1 指针 fp1 */
48        FILE *fp2=fopen("data2.txt","r"); /* 声明数据文件 2 指针 fp2 */
49        FILE *f,*f1,*f2;
50        if(fp==NULL)
51            printf("打开主文件失败\n");
52        else if(fp1==NULL)
53            printf("打开数据文件 1 失败\n");/* 打开文件成功时，指针会返回 FILE 文件 */
54        else if(fp2==NULL)  /* 指针，若打开失败，则返回 NULL 值 */
55            printf("打开数据文件 2 失败\n");
56        else
57        {
58            printf("数据排序中……\n");
59            merge(fp,fp1,fp2);
60            printf("数据处理完成！\n");
61        }
```

```
62          fclose(fp);     /* 关闭文件 */
63          fclose(fp1);
64          fclose(fp2);
65
66          printf("data1.txt 数据内容为: \n");
67          f1=fopen("data1.txt","r");
68          while(1)
69          {
70              n=getc(f1);
71              if(feof(f1)) break;
72                  printf("[%c] ",n);
73          }
74          printf("\n");
75          printf("data2.txt 数据内容为: \n");
76          f2=fopen("data2.txt","r");
77          while(1)
78          {
79              n=getc(f2);
80              if(feof(f2)) break;
81                  printf("[%c] ",n);
82          }
83          printf("\n");
84          printf("排序后 data.txt 数据内容为: \n");
85          f=fopen("data.txt","r");
86          while(1)
87          {
88              n=getc(f);
89              if(feof(f)) break;
90              printf("[%c] ",n);
91          }
92          printf("\n");
93          printf("\n");
94          fclose(f);      /* 关闭文件 */
95          fclose(f1);
96          fclose(f2);
97          system("pause");
98          return 0;
99      }
```

【执行结果】参见图 8-54。注意，范例程序执行时需要三个用于合并排序的数据文件，请读者确保第 46~47 行程序语句中引用的文件路径是读者存放本书范例程序的路径。

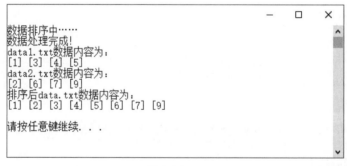

图 8-54

范例 ► 8.3.2

设计一个 C 程序，使用合并排序法将一个文件拆成两个或两个以上的行程（Run），再使用上一个范例程序所介绍的方法合并成一个文件。

解答 ► 请参考程序 CH08_10.c（扫描文前"序"中二维码可获取本范例程序源码）。

【执行结果】参见图 8-55。

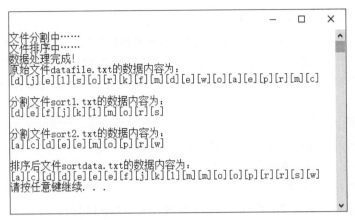

图 8-55

8.3.2 *k*-路合并法

8.3.1 节所介绍的是 2-路（2-way）合并排序，如果合并前共有 *n* 个轮次，那么所需的处理时间约为 $\log_2 n$ 次。下面我们就来看 *k*-路（*k*-way）合并（*k*>2）排序，它所需的时间为 $\log_k n$，也就是处理输入/输出的时间减少了许多，排序的速度也因此加快了。

使用 3-路合并处理 27 个轮次的示意图如图 8-56 所示。

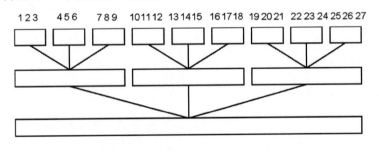

图 8-56

最后提醒大家一点，使用 *k*-路合并的原意是希望减少输入/输出的时间，但合并 *k* 个轮次前要决定下一项输出的排序数据，必须进行 *k*−1 次比较才可以得到答案，也就是说，虽然输入/输出的时间减少了，但进行 *k*-路合并时却增加了更多的比较时间，因此选择合适的 *k* 值才能在这两者之间取得平衡。

本章习题

1. 排序的数据是以数组数据结构来存储的，请问下列哪一种排序法的数据搬移量最大？

（A）冒泡排序法　　　（B）选择排序法　　　（C）插入排序法

2. 请举例说明合并排序法是否为稳定排序法？

3. 请问 12 项数据进行合并排序，需要经过几个回合才可以完成？

4. 待排序的数列为（26, 5, 37, 1, 61），请使用冒泡排序法列出数列每个排序回合的结果。

5. 建立数列（8, 4, 2, 1, 5, 6, 16, 10, 9, 11）的堆积树。

6. 待排序数列为（8, 7, 2, 4, 6），请使用选择排序法列出数列每个排序回合的结果。

7. 待排序的数列为（26, 5, 37, 1, 61），请使用选择排序法列出数列每个排序回合的结果。

8. 待排序的数列为（11, 8, 14, 7, 6, 8+, 23, 4），请使用合并排序法列出数列每个排序回合的结果。

9. 在排序过程中，数据移动的方式可分为哪两种？并说明两者之间的优劣。

10. 按照排序时使用的存储器种类可将排序分为哪两种类型？

11. 什么是稳定排序法？请列举出三种稳定排序法。

12. （1）什么是堆积树？

（2）为什么有 n 个元素的堆积树可以完全存放在大小为 n 的数组中？

（3）将下图中的堆积树表示为数组。

（4）将 88 移去后，该堆积树如何变化？

（5）若将 100 插入第（3）题的堆积树中，则该堆积树如何变化？

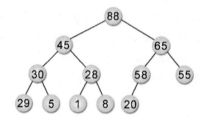

13. 请问最大堆积树必须满足哪三个条件？

14. 请回答下列问题：

（1）什么是最大堆积树？

（2）请问下面 3 棵树哪一棵为堆积树（设 a<b<c<…<y<z）？

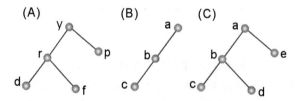

（3）利用堆积排序法把第（2）题中的堆积树内的数据排成从小到大的顺序，请画出堆积树的每一次变化。

15. 请简述基数排序法的主要特点。

16. 按序输入数列（5, 7, 2, 1, 8, 3, 4），并完成以下工作：

（1）建立最大堆积树。

（2）将树根节点删除后，再建立最大堆积树。

（3）在插入 9 后的最大堆积树是什么样的？

17. 若输入数据存储于双向链表中，则下列各种排序方法是否仍适用？

（1）快速排序。

（2）插入排序。

（3）选择排序。

（4）堆积排序。

18. 如何改进快速排序法的执行速度？

19. 下列叙述正确与否？请说明原因。

（1）无论输入数据如何，插入排序法的元素比较总次数比冒泡排序的元素比较总次数要少。

（2）若输入数据已排序完成，再利用堆积排序法，则只需 $O(n)$ 时间即可完成排序。n 为元素个数。

20. 在讨论一个排序法的复杂度时，对于那些以比较为主要排序手段的排序算法来说，决策树是一种常用的方法。

（1）什么是决策树？

（2）请以插入排序法为例，将（a、b、c）3 项元素排序，它的决策树是什么？请画出。

（3）就此决策树而言，什么能表示此算法的最坏表现。

（4）就此决策树而言，什么能表示此算法的平均比较次数。

21. 使用二叉查找法，在 $L[1] \leqslant L[2] \leqslant \cdots \leqslant L[i-1]$ 中找出适当位置。

（1）在最坏情况下，此修改的插入排序元素比较总数是多少？（以 Big-Oh 符号表示）

（2）在最坏情况下，元素共需搬动的总次数是多少？（以 Big-Oh 符号表示）

22. 讨论下列排序法的平均情况和最坏情况的时间复杂度：

（1）冒泡排序法。

（2）快速排序法。

（3）堆积排序法。

（4）合并排序法。

23. 试以数列（26, 73, 15, 42, 39, 7, 92, 84）来说明堆积排序的过程。

24. 请回答以下选择题：

（1）若以平均所花的时间考虑，使用插入排序法排序 n 项数据的时间复杂度为（   ）。

    （A）$O(n)$ （B）$O(\log_2 n)$ （C）$O(n\log_2 n)$ （D）$O(n^2)$

（2）数据排序中常使用一种数据值的比较而得到排列好的数据结果。若现有 N 个数据，试问在各排序方法中，最快的平均比较次数是（   ）。

    （A）$\log_2 N$ （B）$N\log_2 N$ （C）N （D）N^2

（3）在一棵堆积树数据结构上搜索最大值的时间复杂度为（   ）。

    （A）$O(n)$ （B）$O(\log_2 n)$

    （C）$O(1)$ （D）$O(n^2)$

8

（4）关于额外的内存空间，（   ）排序法需要最多。

  （A）选择排序法   （B）冒泡排序法

  （C）插入排序法   （D）快速排序法

25. 建立一棵最小堆积树，必须写出建立此堆积树的每一个步骤。

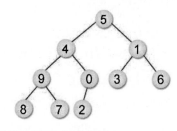

26. 请说明选择排序法为何不是一种稳定排序法？

27. 对数列（43, 35, 12, 9, 3, 99）采用冒泡排序法从小到大进行排序，请列出执行时前三次交换的结果。

第 9 章

查找与哈希函数

在数据处理过程中，能否在最短的时间内查找到所需要的数据是值得信息从业人员关心的一个问题。所谓查找（Search，或称为搜索），是指从数据文件中找出满足某些条件的记录，就像我们要从文件柜中找到所需的文件一样（见图9-1）。用来查找的条件称为键（或称为键值），如同排序中所用的键值。

图 9-1

在电话簿中查找某人的电话，这个人的姓名就是在电话簿中查找电话号码的键值。我们经常使用的搜索引擎所设计的 Spider 程序（网页抓取程序爬虫）会主动经由网站上的超链接"爬行"到另一个网站，收集每个网站上的信息，并收录到数据库中，这是依赖不同的查找算法来进行的。

通常判断一个查找算法的好坏主要是根据其比较次数及查找所需的时间来判断的。哈希法又可称为散列法，任何通过哈希查找的数据都不需要经过事先排序，也就是说这种查找可以直接且快速地找到键值所存放的地址。一般的查找技巧主要是通过各种不同的比较方法来查找所要的数据项，反观哈希法则是直接通过数学函数来获取对应的存放地址，因此可以快速找到所要的数据。

9.1 常见的查找算法

根据数据量的大小，我们可将查找算法分为：

（1）内部查找：数据量较小的文件，可以一次性全部加载到内存中进行查找。

（2）外部查找：数据量较大的文件，无法一次加载到内存中处理，需要使用辅助存储器分次处理。

从另一个角度来看，查找又可分为静态查找和动态查找两种。定义如下：

（1）静态查找：是指在查找过程中，查找的表格或文件的内容不会被改动。符号表的查找就是一种静态查找。

（2）动态查找：是指在查找过程中，查找的表格或文件的内容可能会被改动。树结构中的 B 树查找就是一种动态查找，另外在百度中搜索信息也是一种动态查找（见图 9-2）。

图 9-2

比较常见的查找方法有顺序查找法、二分查找法、插值查找法、斐波那契查找法、哈希查找法、m 路查找树、B 树法等。

9.1.1 顺序查找法

顺序查找法又称线性查找法，是一种比较简单的查找法。它是将数据一项一项地按顺序逐个查找，所以不管数据顺序如何，都得从头到尾遍历一次。该方法的优点是文件在查找前不需要进行任何处理与排序，缺点是查找速度比较慢。如果数据没有重复，找到数据就可以中止查找的话，那么最坏情况是未找到数据，需要进行 n 次比较，而最好情况则是一次就找到数据，只需要 1 次比较。

现在以一个例子来说明，假设有数列（74, 53, 61, 28, 99, 46, 88），若要查找 28，则需要比较 4 次；若要查找 74，则仅需要比较 1 次；若要查找 88，则需要查找 7 次，这表示当查找的数列长度 n 很大时，利用顺序查找是不太适合的，它是一种适用于小数据文件的查找算法。在日常生活中，我们经常会使用这种查找方法，例如我们想在衣柜中找衣服时，通常会从柜子最上方的抽屉逐层寻找，如图 9-3 所示。

图 9-3

- 顺序查找法分析

（1）时间复杂度：如果数据没有重复，找到数据就可以中止查找的话，在最坏情况下是未找到数据，需要进行 n 次比较，时间复杂度为 $O(n)$。

（2）在平均情况下，假设数据出现的概率相等，则需要进行 $(n+1)/2$ 次比较。

（3）当数据量很大时，不适合使用顺序查找法。但如果预估所查找的数据在文件的前端，选择这种查找方法则可以减少查找的时间。

范例 9.1.1

设计一个 C 程序，生成 1~150 中的 80 个随机整数，然后实现顺序查找法并显示具体的查找步骤。

解答 请参考程序 CH09_01.c。

```
01    #include <stdio.h>
02    #include <stdlib.h>
03
04    int main( )
05    {
06        int i,j,find,val=0,data[80]={0};
07        for (i=0;i<80;i++)
08           data[i]=(rand()%150+1);
09        while (val!=-1)
10        {
11           find=0;
12           printf("请输入查找键值(1-150)，输入-1 离开：");
13           scanf("%d",&val);
14           for (i=0;i<80;i++)
15           {
16               if(data[i]==val)
17               {
18                   printf("在第 %3d 个位置找到键值 [%3d]\n",i+1,data[i]);
19                   find++;
20               }
21           }
22           if(find==0 && val !=-1)
23               printf("######没有找到 [%3d]######\n",val);
24        }
25        printf("数据内容为：\n");
26        for(i=0;i<10;i++)
27        {
28           for(j=0;j<8;j++)
29               printf("%2d[%3d]  ",i*8+j+1,data[i*8+j]);
30           printf("\n");
31        }
32        system("pause");
33        return 0;
34    }
```

【执行结果】参见图 9-4。

9

```
                                                           —  □  ×
请输入查找键值(1-150)，输入-1离开: 76
#####没有找到 [ 76]#####
请输入查找键值(1-150)，输入-1离开: 78
#####没有找到 [ 78]#####
请输入查找键值(1-150)，输入-1离开: 79
在第   7个位置找到键值 [ 79]
请输入查找键值(1-150)，输入-1离开: -1
数据内容为:
 1[ 42]    2[ 18]    3[ 35]    4[101]    5[120]    6[125]    7[ 79]    8[109]
 9[113]   10[ 15]   11[  6]   12[ 96]   13[ 32]   14[ 28]   15[ 62]   16[ 42]
17[146]   18[ 93]   19[ 28]   20[ 37]   21[142]   22[ 55]   23[  3]   24[  4]
25[143]   26[ 83]   27[ 22]   28[117]   29[ 69]   30[ 96]   31[ 48]   32[127]
33[ 72]   34[139]   35[ 70]   36[113]   37[ 18]   38[ 50]   39[ 86]   40[145]
41[ 54]   42[112]   43[123]   44[ 34]   45[124]   46[ 15]   47[142]   48[ 62]
49[ 54]   50[119]   51[ 48]   52[ 45]   53[113]   54[ 58]   55[ 88]   56[110]
57[ 24]   58[142]   59[ 80]   60[ 29]   61[ 17]   62[ 36]   63[141]   64[ 43]
65[139]   66[107]   67[ 41]   68[ 93]   69[ 65]   70[149]   71[147]   72[106]
73[141]   74[130]   75[ 71]   76[ 51]   77[  7]   78[ 52]   79[ 94]   80[ 99]
请按任意键继续. . .
```

图 9-4

9.1.2　二分查找法

如果要查找的数据已经事先排好序了，则可以使用二分查找法来进行查找。二分查找法是将数据分割成两等份，再比较键值与中间值的大小，如果键值小于中间值，则可确定要查找的数据在前半部分，否则在后半部分。如此分割数次直到找到或确定不存在为止。例如，以下已排序的数列（2, 3, 5, 8, 9, 11, 12, 16, 18），当所要查找值为 11 时：

步骤 01 首先与第 5 个数值 9 比较，如图 9-5 所示。

图 9-5

步骤 02 因为 11>9，所以和后半部分的中间值 12 比较，如图 9-6 所示。

图 9-6

步骤 03 因为 11<12，所以和前半部分的中间值 11 比较，如图 9-7 所示。

图 9-7

步骤 04 因为 11=11，表示找到了（即查找完成），如果不相等则表示没有找到。

- 二分查找法分析

（1）时间复杂度：因为每次的查找都会比上一次少一半的范围，所以最多只需要比较 $(\log_2 n)+1$ 或 $[\log_2(n+1)]$ 次，时间复杂度为 $O(\log_2 n)$。

（2）二分查找法必须事先经过排序，且要求所有备查数据必须加载到内存中才能进行。

（3）此算法适用于不需要增删的静态数据。

范例 9.1.2

设计一个 C 程序，生成 1~150 中的 50 个随机整数，然后实现二分查找法并显示具体的查找步骤。

解答 请参考程序 CH09_02.c。

```
01    #include<stdio.h>
02    #include<stdlib.h>
03
04    int main()
05    {
06        int i,j,val=1,num,data[50]={0};
07        for (i=0;i<50;i++)
08        {
09            data[i]=val;
10            val+=(rand()%5+1);
11        }
12        while (1)
13        {
14            num=0;
15            printf("请输入查找键值（1-150），输入-1 结束：");
16            scanf("%d",&val);
17            if(val==-1)
18                break;
19            num=bin_search(data,val);
20            if(num==-1)
21                printf("##### 没有找到[%3d] #####\n",val);
22            else
23                printf("在第 %2d 个位置找到 [%3d]\n",num+1,data[num]);
24        }
25        printf("数据内容为：\n");
26        for(i=0;i<5;i++)
27        {
28            for(j=0;j<10;j++)
29                printf("%3d-%-3d",i*10+j+1,data[i*10+j]);
30            printf("\n");
31        }
32        printf("\n");
33        system("pause");
34        return 0;
35    }
36    int bin_search(int data[50],int val)
37    {
38        int low,mid,high;
39        low=0;
40        high=49;
41        printf("查找过程中……\n");
42        while(low <= high && val !=-1)
43        {
44            mid=(low+high)/2;
45            if(val<data[mid])
46            {
47                printf("%d 介于位置 %d[%3d]和中间值 %d[%3d]，找左半边
\n",val,low+1,data[low],mid+1,data[mid]);
48                high=mid-1;
49            }
50            else if(val>data[mid])
51            {
52                printf("%d 介于中间值位置 %d[%3d] 和 %d[%3d]，找右半边
\n",val,mid+1,data[mid],high+1,data[high]);
53                low=mid+1;
54            }
55            else
56                return mid;
57        }
```

9

```
58        return -1;
59    }
```

【执行结果】参见图 9-8。

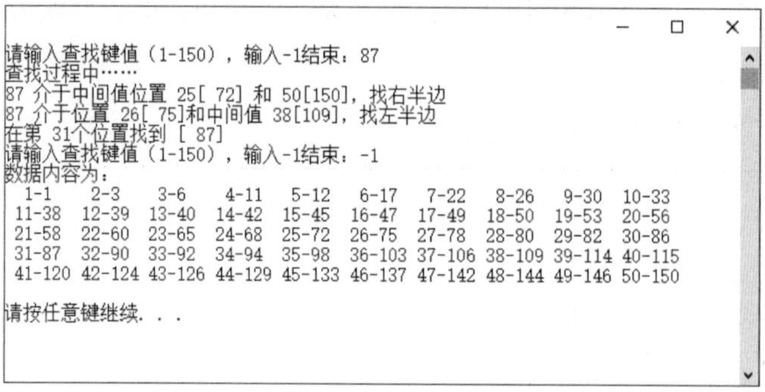

图 9-8

9.1.3   插值查找法

插值查找法（Interpolation Search）又称为插补查找法，是二分查找法的改进版。它是按照数据位置的分布，利用公式预测数据所在的位置，再以二分法的方式渐渐逼近。使用插值法是假设数据平均分布在数组中，而每一项数据的差距相当接近或有一定的距离比例。插值法的公式为：

$$Mid = low + ((key - data[low]) / (data[high] - data[low])) \times (high - low)$$

其中 key 是要查找的键，data[high]、data[low]是剩余待查找记录中的最大值和最小值，假设数据项数为 n，其插值查找法的步骤如下：

步骤 01   将记录按从小到大的顺序给予 1，2，3，…，n 的编号。

步骤 02   令 low=1，high=n。

步骤 03   当 low<high 时，重复执行 **步骤 04** 和 **步骤 05**。

步骤 04   令 Mid = low + ((key − data[low]) / (data[high] − data[low])) × (high − low)。

步骤 05   若 key<key$_{Mid}$ 且 high≠Mid−1，则令 high=Mid−1。

步骤 06   若 key = key$_{Mid}$，则表示成功查找到键值的位置。

步骤 07   若 key>key$_{Mid}$ 且 low≠Mid+1，则令 low=Mid+1。

● 插值查找法分析

（1）一般而言，插值查找法优于顺序查找法，数据的分布越平均，则查找速度越快，甚至可能第一次就找到数据。此算法的时间复杂度取决于数据分布的情况，平均优于 $O(\log_2 n)$。

（2）使用插值查找法，数据需要先经过排序。

范例 9.1.3

设计一个 C 程序，生成 1~150 中的 50 个随机整数，然后实现插值查找法并显示具体的查找步骤。

解答 请参考程序 CH09_03.c。

```
01    #include<stdio.h>
02    #include<stdlib.h>
03
04    int bin_search(int*,int);
05    int main(void)
06    {
07        int i,j,val=1,num,data[50]={0};
08        for (i=0;i<50;i++)
09        {
10            data[i]=val;
11            val+=(rand()%5+1);
12        }
13        while(1)
14        {
15            num=0;
16            printf("请输入查找键值（1-150），输入-1 结束：");
17            scanf("%d",&val);
18            if(val==-1)
19                break;
20            num=bin_search(data,val);
21            if(num==-1)
22                printf("##### 没有找到[%3d] #####\n",val);
23            else
24                printf("在第 %2d 个位置找到 [%3d]\n",num+1,data[num]);
25        }
26        printf("数据内容为：\n");
27        for(i=0;i<5;i++)
28        {
29            for(j=0;j<10;j++)
30                printf("%3d-%-3d",i*10+j+1,data[i*10+j]);
31            printf("\n");
32        }
33        system("pause");
34        return 0;
35    }
36    int bin_search(int data[50],int val)
37    {
38        int low,mid,high;
39        low=0;
40        high=49;
41        printf("查找过程中……\n");
42        while(low<= high && val !=-1)
43        {
44            mid=low+((val-data[low])*(high-low)/(data[high]-data[low])); /* 插值查找法公式 */
45            if (val==data[mid])
46                return mid;
47            else if (val < data[mid])
48            {
49                printf("%d 介于位置 %d[%3d]和中间值 %d[%3d] 之间，找左半边
\n",val,low+1,data[low],mid+1,data[mid]);
50                high=mid-1;
51            }
52            else if(val > data[mid])
53            {
54                printf("%d 介于中间值位置 %d[%3d] 和 %d[%3d] 之间，找右半边
\n",val,mid+1,data[mid],high+1,data[high]);
55                low=mid+1;
56            }
57        }
58        return -1;
59    }
```

【执行结果】参见图 9-9。

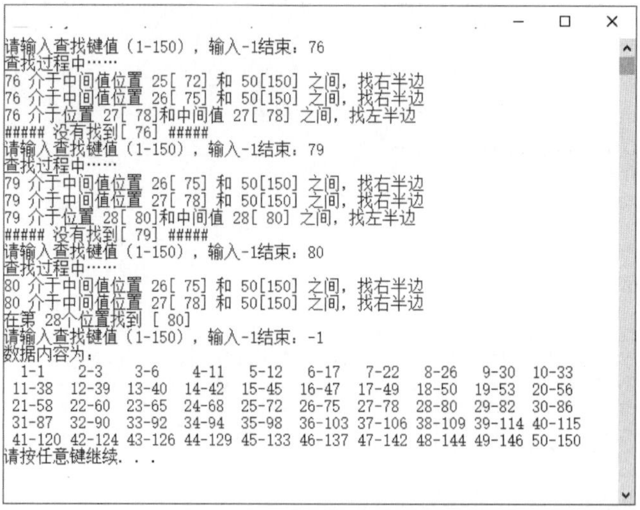

图 9-9

9.1.4 斐波那契查找法

斐波那契查找法（Fibonacci Search）和二分法一样都是以分割范围来进行查找的，不同的是斐波那契查找法不以对半分割，而是以斐波那契级数的方式来分割。

斐波那契级数 $F(n)$ 的定义如下：

$$\begin{cases} F_0 = 0, & F_1 = 1 \\ F_i = F_{i-1} + F_{i-2}, & i \geqslant 2 \end{cases}$$

斐波那契级数：0, 1, 1, 2, 3, 5, 8, 13, 21, 34, 55, 89…也就是除了第 0 项和第 1 项元素外，级数中每一项的值都是其前两项的值之和。

斐波那契查找法的好处是只用到加减运算，而不需要用到乘除运算，这从计算机运算的过程来看效率会高于前两种查找法。在了解斐波那契查找法之前，我们先来认识斐波那契查找树。所谓斐波那契查找树，是以斐波那契级数的特性来建立的二叉树，其建立的原则如下：

（1）斐波那契树的左右子树均为斐波那契树。

（2）当数据个数 n 确定时，若想确定斐波那契树的层数 k 值是多少，则必须找到一个最小的 k 值，使得斐波那契层数的 Fib(k+1)≥n+1。

（3）斐波那契树的树根一定是一个斐波那契数，且子节点与父节点差值的绝对值为斐波那契数。

（4）当 k≥2 时，斐波那契树的树根为 Fib(k)，左子树为(k-1)层斐波那契树（其树根为 Fib(k-1)），右子树为(k-2)层斐波那契树（其树根为 Fib(k)+Fib(k-2)）。

（5）若 n+1 值不为斐波那契数的值，则可以找出存在一个 m 使 Fib(k+1)-m=n+1，m=Fib(k+1)-(n+1)，再按斐波那契树的建立原则完成斐波那契树的建立，最后斐波那契树的各节点再减去差值 m 即可，并把小于 1 的节点去掉。

斐波那契树建立过程的示意图如图 9-10 所示。

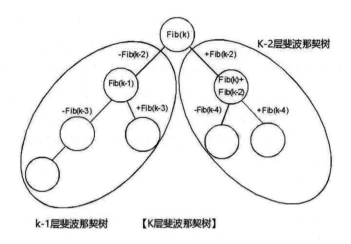

图 9-10

也就是说，当数据个数为 n，且我们找到一个最小的斐波那契数 $Fib(k+1)$ 使得 $Fib(k+1) > n+1$，$Fib(k)$ 就是这棵斐波那契树的树根，而 $Fib(k-2)$ 则是与左右子树开始的差值，左子树用减的，右子树用加的。例如，求出 $n=33$ 的斐波那契树：

由于 $n=33$，且 $n+1=34$ 为一棵斐波那契树，并知道斐波那契数列的三个特性：

```
Fib(0) = 0
Fib(1) = 1
Fib(k) = Fib(k-1) + Fib(k-2)
```

得知：$Fib(0) = 0$，$Fib(1) = 1$，$Fib(2) = 1$，$Fib(3) = 2$，$Fib(4) = 3$，$Fib(5) = 5$，$Fib(6) = 8$，$Fib(7) = 13$，$Fib(8) = 21$，$Fib(9) = 34$。

从上式可得知 $Fib(k+1) = 34 \rightarrow k = 8$，建立二叉树的树根为 $Fib(8) = 21$，左子树的树根为 $Fib(8-1) = Fib(7) = 13$，右子树的树根为 $Fib(8) + Fib(8-2) = 21 + 8 = 29$。

按此原则，我们可以建立如图 9-11 所示的斐波那契树。

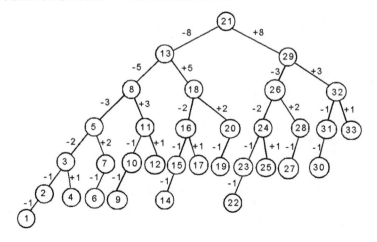

图 9-11

斐波那契查找法是以斐波那契树来查找数据，如果数据的个数为 n，且 n 比某一个斐波那契数小，且满足如下的表达式：

Fib(k+1)≥n+1

那么 Fib(*k*)就是这棵斐波那契树的树根，而 Fib(*k*-2)则是与左右子树开始的差值，若要查找的键值为 key，则首先比较数组索引 Fib(*k*)和键值 key，此时可以有下列三种比较情况：

（1）当 key 值比较小，表示所查找的键值 key 落在 1~Fib(*k*)-1，故继续查找 1~Fib(*k*)-1 的数据。

（2）如果键值与数组下标 Fib(*k*)的值相等，则表示成功查找到所要的数据。

（3）当 key 值比较大时，表示所找的键值 key 落在 Fib(*k*)+1~Fib(*k*+1)-1，故继续查找 Fib(*k*)+1~Fib(*k*+1)-1 的数据。

- 斐波那契查找法分析

（1）平均而言，斐波那契查找法的比较次数会少于二分查找法的比较次数，但在最坏情况下，二分查找法较快，其平均时间复杂度为 $O(\log_2 n)$。

（2）斐波那契查找算法较为复杂，需要额外产生斐波那契树。

范例 9.1.4

设计一个 C 程序，实现斐波那契查找法并显示具体的查找步骤。待查数列存储在以下数组中：

```
int data[]={ 5,7,12,23,25,37,48,54,68,77,
             91,99,102,110,118,120,130,135,136,150};
```

解答 请参考程序 CH09_04.c。

```
01    #include<stdio.h>
02    #include<stdlib.h>
03    #define MAX 20
04
05    int fib(int n)
06    {
07        if(n==1 || n==0)
08            return n;
09        else
10            return fib(n-1)+fib(n-2);
11    }
12
13    int fib_search(int data[MAX],int SearchKey)
14    {
15        int index=2;
16        /* 斐波那契数列的查找 */
17        while(fib(index)<=MAX)
18            index++;
19        index--;
20        /* index >=2 */
21        /* 起始的斐波那契数 */
22        int RootNode=fib(index);
23        /* 前一项斐波那契数 */
24        int diff1=fib(index-1);
25        /* 往前数两项的那一项斐波那契数，即 diff2=fib(index-2) */
26        int diff2=RootNode-diff1;
27        RootNode--;  /*这个表达式是配合数组的下标是从 0 开始储存数据的 */
28        while(1)
29        {
30            if(SearchKey==data[RootNode])
31            {
32                return RootNode;
33            }
34            else
35            {
36                if(index==2) return MAX; /* 没有找到 */
```

```
37              if(SearchKey<data[RootNode])
38              {
39                  RootNode=RootNode-diff2;  /* 左子树的新斐波那契数 */
40                  int temp=diff1;
41                  diff1=diff2;        /* 前一项斐波那契数 */
42                  diff2=temp-diff2; /* 往前数两项的那一项斐波那契数 */
43                  index=index-1;
44              }
45              else
46              {
47                  if(index==3) return MAX;
48                  RootNode=RootNode+diff2;  /* 右子树的新斐波那契数 */
49                  diff1=diff1-diff2;  /* 前一项斐波那契数 */
50                  diff2=diff2-diff1;  /* 往前数两项的那一项斐波那契数 */
51                  index=index-2;
52              }
53          }
54      }
55  }
56
57  int main(void)
58  {
59      int data[]={5,7,12,23,25,37,48,54,68,77,
60                  91,99,102,110,118,120,130,135,136,150};
61      int val;
62      int i=0;
63      int j=0;
64      while(1)
65      {
66          printf("请输入查找键值（1-150），输入-1 结束：");
67          scanf("%d",&val);  /* 输入查找的数值 */
68          if(val==-1)  /* 输入值为-1 就跳离循环 */
69              break;
70          int RootNode=fib_search(data,val);  /* 使用斐波那契查找法查找数据 */
71          if(RootNode==MAX)
72              printf("##### 没有找到[%3d] #####\n",val);
73          else
74              printf("在第 %2d 个位置找到 [%3d]\n",RootNode+1,data[RootNode]);
75      }
76      printf("数据的内容为：\n");
77      for(i=0;i<2;i++)
78      {
79          for(j=0;j<10;j++)
80              printf("%3d-%-3d",i*10+j+1,data[i*10+j]);
81          printf("\n");
82      }
83      system("pause");
84      return 0;
85  }
```

【执行结果】参见图 9-12。

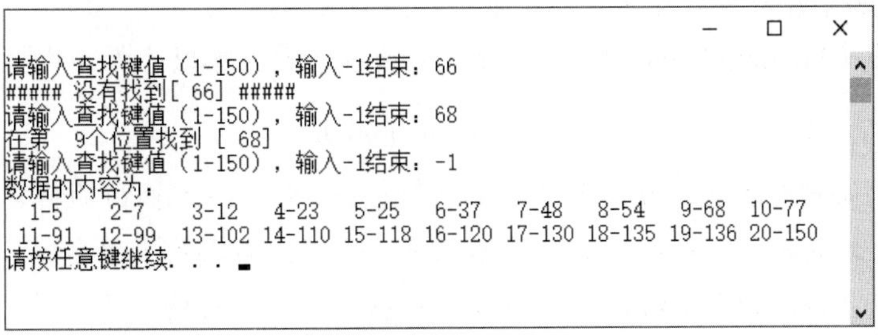

图 9-12

9.1.5　哈希查找法

哈希法（Hashing，又称散列法）通常与查找法一起讨论，主要原因是哈希法不仅被用于数据的查找，在数据结构的领域中，还能应用于数据的建立、插入、删除与更新。

例如，符号表在计算机上的应用领域很广泛，包含汇编程序、编译程序、数据库使用的数据字典等，都是利用提供的名称来找到对应的属性。符号表按其特性可分为两类：静态表（Static Table）和动态表（Dynamic Table）。而哈希表（Hash Table）属于静态表中的一种，我们将相关的数据和键值存储在一个固定大小的表格中。

所谓哈希法，是指将本身的键值通过特定的数学函数运算或使用其他的方法转换成相对应的数据存储地址。哈希法所使用的数学函数就称为哈希函数（Hashing Function）。先来了解一下有关哈希函数的名词：

- Bucket（桶）：哈希表中存储数据的位置，每一个位置对应到唯一的地址（Bucket Address）。桶就好比存在一个记录的位置。
- Slot（槽）：每一个记录中可能包含好多个字段，而槽指的就是桶中的字段。
- Collision（碰撞）：两项不同的数据经过哈希函数运算后，对应到相同的地址就称为碰撞。
- 溢出：如果数据经过哈希函数运算后，所对应到的桶已满，则会使桶发生溢出。
- 哈希表：存储记录的连续内存。哈希表是一种类似数据表的索引表格，其中可分为 n 个桶，每个桶又可分为 m 个槽，如表 9-1 所示。

表9-1　哈希表

Bucket（桶）→

索引	姓名	电话
0001	Allen	07-772-1234
0002	Jacky	07-772-5525
0003	May	07-772-6604

↑ Slot（槽）　　　　　↑ Slot（槽）

- 同义词（Synonym）：当两个标识符 I_1 和 I_2 经过哈希函数运算后所得的数值相同，即 $f(I_1)=f(I_2)$，则称 I_1 与 I_2 对于 f 这个哈希函数是同义词。
- 加载密度（Loading Factor）：是指标识符的使用数目除以哈希表内槽的总数，即：

$$a = n / (s \times b)$$

  其中 a 为加载密度，n 为标识符的使用数目，s 为每一个桶内的槽数，b 为桶的数目。a 值越大，就表示哈希空间的使用率越高，碰撞或溢出的概率会越大。
- 完美哈希（Perfect Hashing）：指既没有碰撞又没有溢出的哈希函数。

在设计哈希函数时应该遵循以下原则：

（1）降低碰撞和溢出的产生。

（2）哈希函数不宜过于复杂，越容易计算越佳。

（3）尽量把文字的键值转换成数字的键值，以利于哈希函数的运算。

（4）设计的哈希函数计算得到的值应尽量能均匀地分布在每一个桶中，不要太过于集中在某些桶内，这样既可以降低碰撞又能减少溢出。

9.2　常见的哈希法

常见的哈希法有除留余数法、平方取中法、折叠法和数字分析法。下面分别介绍相关的原理与执行方式。

9.2.1　除留余数法

最简单的哈希函数是将数据除以某一个常数后，取余数来当索引。例如在有 13 个位置的数组中，只使用到 7 个地址，值分别是 12，65，70，99，33，67，48。可以把数组内的值除以 13，并以其余数作为数组的索引，可以用以下式子来表示：

```
h(key)=key mod B
```

在这个例子中，我们使用的 $B = 13$。建议大家在选择 B 时，B 最好是质数。建立的哈希表如表9-2 所示。

表 9-2　建立的哈希表

索引	数据
0	65
1	
2	67
3	
4	
5	70
6	
7	33
8	99
9	48
10	
11	
12	12

下面我们以除留余数法作为哈希函数，将数字 323，458，25，340，28，969，77 存储在 11 个空间。

令哈希函数为 $h(key) = key \bmod B$，其中 $B=11$，且为一个质数，这个函数的计算结果范围为 0~10（包括 0 和 10），则 $h(323)=4$，$h(458)=7$，$h(25)=3$，$h(340)=10$，$h(28)=6$，$h(969)=1$，$h(77)=0$。建

立的哈希表如表 9-3 所示。

表 9-3　建立的哈希表

索引	数据
0	77
1	969
2	
3	25
4	323
5	
6	28
7	458
8	
9	
10	340

9.2.2　平方取中法

平方取中法和除留余数法相当类似，就是先计算数据的平方，然后取中间的某段数字作为索引。下面我们用平方取中法将数据存放在 100 个地址空间中，其操作步骤如下：

步骤 01 将 12、65、70、99、33、67、51 平方后结果如下：

```
144、4225、4900、9801、1089、4489、2601
```

步骤 02 再取百位数和十位数作为键值，分别为：

```
14、22、90、80、08、48、60
```

步骤 03 上述这 7 个数字的数列就对应原先的 7 个数 12、65、70、99、33、67、51 存放在 100 个地址空间的索引键值，即：

```
f(14) = 12
f(22) = 65
f(90) = 70
f(80) = 99
f(8)  = 33
f(48) = 67
f(60) = 51
```

若实际空间介于 0~9（10 个空间），则取百位数和十位数的值介于 0~99（共有 100 个空间），所以我们必须将平方取中法第一次所求得的键值再压缩 1/10，才可以将 100 个可能产生的值对应到 10 个空间，即将每一个键值除以 10 取整数。下面我们以 DIV 运算符作为取整数的除法，可以得到下列对应关系：

```
f(14 DIV 10)=12        f(1)=12
f(22 DIV 10)=65        f(2)=65
f(90 DIV 10)=70        f(9)=70
```

```
f(80 DIV 10)=99            ──────────►    f(8)=99
f(8 DIV 10) =33                           f(0)=33
f(48 DIV 10)=67                           f(4)=67
f(60 DIV 10)=51                           f(6)=51
```

9.2.3　折叠法

折叠法是将数据转换成一串数字后，先将这串数字拆成几个部分，然后把它们加起来就可以计算出这个键值的桶地址。例如，有一个数据转换成数字后为 2365479125443，若以每 4 个数字为一个部分，则可拆分为 2365，4791，2544，3。将这 4 组数字加起来后即为索引值：

```
  2365
  4791
  2544
+    3
  9703 →桶地址
```

在折叠法中有两种做法，如上例直接将每一部分相加所得的值作为其桶地址，这种做法称为"移动折叠法"。哈希法的设计原则之一是降低碰撞，如果希望降低碰撞的机会，就可以将上述每一部分数字中的奇数或偶数位段反转，再相加来取得其桶地址，这种改进式的做法称为"边界折叠法（folding at the boundaries）"。

请看下列说明：

情况一：将偶数位段反转。2365479125443 被拆成 2365，4791，2544，3，它们分别处于第 1、第 2、第 3、第 4 位段。第 1 和第 3 位段是奇数位段，第 2 和第 4 位段是偶数位段。

```
  2365（第 1 个是奇数位段，故不反转）
  1974（第 2 个是偶数位段，故要反转）
  2544（第 3 个是奇数位段，故不反转）
+    3（第 4 个是偶数位段，故要反转）
  6886 →桶地址
```

情况二：将奇数位段反转。

```
  5632（第 1 个是奇数位段，故要反转）
  4791（第 2 个是偶数位段，故不反转）
  4452（第 3 个是奇数位段，故要反转）
+    3（第 4 个是偶数位段，故不反转）
 14878 →桶地址
```

9.2.4　数字分析法

数字分析法适用于数据不会更改且为数字类型的静态表。在决定哈希函数时，先逐一检查数据的相对位置和分布情况，将重复性高的部分删除。例如下面的电话号码表，除了区码全部是 080（注意：此区号仅用于举例，表中的电话号码也不是实际的）外，中间三个数字的变化不大。假设地址空间的大小 $m=999$，我们必须从下列数字中提取适当的数字，即数字不要太不集中，分布范围较为平均（即随机度高），最后决定提取最后 4 个数字的末尾三码。所得哈希表如下：

电话
080-772-2234
080-772-4525
080-774-2604
080-772-4651
080-774-2285
080-772-2101
080-774-2699
080-772-2694

索引	电话
234	080-772-2234
525	080-772-4525
604	080-774-2604
651	080-772-4651
285	080-774-2285
101	080-772-2101
699	080-774-2699
694	080-772-2694

看完上面几种哈希函数之后，相信大家可以发现哈希函数并没有一定的规则可寻，可能是其中的某一种方法，也可能同时使用好几种方法，所以哈希常常被用来处理数据的加密和压缩。但是，哈希法常会遇到碰撞和溢出的情况。接下来，我们将介绍如果遇到这两种情况时该如何解决。

9.3   碰撞与溢出问题的处理

没有一种哈希函数能够确保数据经过哈希运算处理后所得到的索引值都是唯一的，当索引值重复时就会产生碰撞的问题，而且特别容易发生在数据量较大的情况下。因此，如何在碰撞后处理溢出的问题就显得相当重要。接下来介绍常见的溢出处理方法。

9.3.1   线性探测法

线性探测法是当发生碰撞情况时，若该索引对应的存储位置已有数据，则以线性的方式往后寻找空的存储位置，一旦找到位置就把数据放进去。线性探测法通常把哈希的位置视为环形结构，如此一来，若后面的位置已被填满而前面还有位置，则可以将数据放到前面。

用 C 语言实现的线性探测算法如下：

```
int creat_table(int num,int *index)   /* 子程序：建立哈希表 */
{
    int tmp;
    tmp=num%INDEXBOX;                  /* 哈希函数 = 数据 % INDEXBOX */
    while(1)
    {
        if(index[tmp]==-1)            /* 如果数据对应的位置是空的 */
        {
            index[tmp]=num;           /* 则直接存入数据 */
            break;
        }
        else
            tmp=(tmp+1)%INDEXBOX;     /* 否则往后找位置存放 */
    }
}
```

范例▶ 9.3.1

设计一个 C 程序，以除留余数法的哈希函数取得索引值，再以线性探测法来存储数据。

解答▶ 请参考程序 CH09_05.c。

```
01    #include <stdio.h>
02    #include <stdlib.h>
03    #include <time.h>
04    #define INDEXBOX 10     /* 哈希表最大元素 */
05    #define MAXNUM 7         /* 最大数据个数 */
06
07    int main()
08    {
09        int i,index[INDEXBOX],data[MAXNUM];
10        srand((unsigned)time(NULL));/* 按时间初始化随机数 */
11        printf("原始数组值为: \n");
12        for(i=0;i<MAXNUM;i++)          /* 起始数据值 */
13            data[i]=rand()%20+1;
14        for(i=0;i<INDEXBOX;i++)       /* 清除哈希表 */
15            index[i]=-1;
16        print_data(data,MAXNUM);      /* 打印起始数据 */
17        printf("哈希表的内容为: \n");
18        for(i=0;i<MAXNUM;i++)         /* 建立哈希表 */
19        {
20            creat_table(data[i],index);
21            printf(" %2d =>",data[i]); /* 打印单个元素的哈希表位置 */
22            print_data(index,INDEXBOX);
23        }
24        printf("完成的哈希表: \n");
25        print_data(index,INDEXBOX);     /* 打印最后完成的结果 */
26        system("pause");
27        return 0;
28    }
29    int print_data(int *data,int max)  /* 打印数组子程序 */
30    {
31        int i;
32        printf("\t");
33        for(i=0;i<max;i++)
34            printf("[%2d] ",data[i]);
35        printf("\n");
36    }
37    int creat_table(int num,int *index)  /* 子程序:建立哈希表 */
38    {
39        int tmp;
40        tmp=num%INDEXBOX;              /* 哈希函数 = 数据 % INDEXBOX */
41        while(1)
42        {
43            if(index[tmp]==-1)        /* 如果数据对应的位置是空的 */
44            {
45                index[tmp]=num;       /* 则直接存入数据 */
46                break;
47            }
48            else
49                tmp=(tmp+1)%INDEXBOX;   /* 否则往后找位置存放 */
50        }
51    }
```

【执行结果】参见图 9-13。

```
                                            —  □  ×
原始数组值为：
        2] [ 3] [ 6] [13] [ 7] [20] [13]
哈希表的内容为：
    2 => [-1] [-1] [ 2] [-1] [-1] [-1] [-1] [-1] [-1] [-1]
    3 => [-1] [-1] [ 2] [ 3] [-1] [-1] [-1] [-1] [-1] [-1]
    6 => [-1] [-1] [ 2] [ 3] [-1] [-1] [ 6] [-1] [-1] [-1]
   13 => [-1] [-1] [ 2] [ 3] [13] [-1] [ 6] [-1] [-1] [-1]
    7 => [-1] [-1] [ 2] [ 3] [13] [-1] [ 6] [ 7] [-1] [-1]
   20 => [20] [-1] [ 2] [ 3] [13] [-1] [ 6] [ 7] [-1] [-1]
   13 => [20] [-1] [ 2] [ 3] [13] [13] [ 6] [ 7] [-1] [-1]
完成的哈希表：
        [20] [-1] [ 2] [ 3] [13] [13] [ 6] [ 7] [-1] [-1]
请按任意键继续. . .
```

图 9-13

9.3.2　平方探测法

线性探测法有一个缺点，就是类似的键值经常会聚集在一起，因此可以考虑以平方探测法来加以改进。在平方探测法中，当溢出发生时，下一次查找的地址是 $(f(x)+i^2)$ mod B 与 $(f(x)-i^2)$ mod B，即让数据值加或减 i 的平方，例如数据值 key，哈希函数 f：

第一次查找：$f(\text{key})$

第二次查找：$(f(\text{key})+1^2)\%B$

第三次查找：$(f(\text{key})-1^2)\%B$

第四次查找：$(f(\text{key})+2^2)\%B$

第五次查找：$(f(\text{key})-2^2)\%B$

⋮

第 n 次查找：$(f(\text{key})\pm((B-1)/2)^2)\%B$，其中 B 必须为 $4j+3$ 型的质数，且 $1 \leq i \leq (B-1)/2$。

9.3.3　再哈希法

再哈希法就是一开始先设置一系列的哈希函数，如果使用第一种哈希函数出现溢出，就改用第二种，如果第二种也出现溢出，则改用第三种，一直到没有发生溢出为止。例如，h_1 为 key%11，h_2 为 key*key，h_3 为 key*key%11，以此类推。

9.3.4　链表法

将哈希表的所有空间建立 n 个链表，最初的默认值只有 n 个链表头。如果发生溢出，就把相同地址的键值链接在链表头的后面形成一个键表，直到所有的可用空间全部用完为止，如图 9-14 所示。

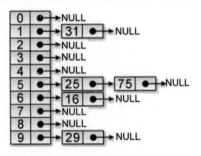

图 9-14

用 C 语言实现的再哈希（利用链表）算法如下：

```
void creat_table(int val)   /* 子程序：建立哈希表 */
{
    link newnode;
    link current;
    int hash;
    hash = val % 7;            /* 哈希函数：除以 7 取余数 */
    newnode=(link)malloc(sizeof(node));
    current=(link)malloc(sizeof(node));
    newnode->val=val;
    newnode->next=NULL;
    *current=indextable[hash];
    if(current->next==NULL)
        indextable[hash].next=newnode;
    else
        while(current->next!=NULL) current=current->next;
    current->next=newnode; /* 将节点加到链表 */
}
```

范例▶ 9.3.2

设计一个 C 程序使用链表来进行再哈希处理。

解答▶ 请参考程序 CH09_06.c。

```
01      #include <stdio.h>
02      #include <stdlib.h>
03      #include <time.h>
04      #define INDEXBOX 7        /* 哈希表元素的个数 */
05      #define MAXNUM 13         /* 数据个数 */
06
07      void creat_table(int);   /* 声明建立哈希表的子程序 */
08      void print_data(int);    /* 声明打印哈希表的子程序 */
09
10      struct list              /* 声明链表结构 */
11      {
12          int val;
13          struct list *next;
14      };
15      typedef struct list node;
16      typedef node *link;
17      node indextable[INDEXBOX];  /* 声明动态数组 */
18      int main(void)
19      {
20          int i,data[MAXNUM];
21          srand((unsigned)time(NULL));
22          for(i=0;i<INDEXBOX;i++)          /* 清除哈希表 */
23          {
24              indextable[i].val=-1;
25              indextable[i].next=NULL;
26          }
27          printf("原始数据: \n\t");
28          for(i=0;i<MAXNUM;i++)
29          {
30              data[i]=rand()%30+1;         /* 用随机函数来生成原始数据 */
31              printf("[%2d] ",data[i]);    /* 并打印出来 */
32              if(i%8==7)
33              printf("\n\t");
34          }
35          printf("\n 哈希表: \n");
36          for(i=0;i<MAXNUM;i++)
37              creat_table(data[i]);        /* 建立哈希表 */
38          for(i=0;i<INDEXBOX;i++)
39              print_data(i);               /* 打印哈希表 */
```

```
40        printf("\n");
41        system("pause");
42        return 0;
43    }
44    void creat_table(int val)          /* 子程序：建立哈希表 */
45    {
46        link newnode;
47        link current;
48        int hash;
49        hash = val % 7;                /* 哈希函数：除以 7 取余数 */
50        newnode=(link)malloc(sizeof(node));
51        current=(link)malloc(sizeof(node));
52        newnode->val=val;
53        newnode->next=NULL;
54        *current=indextable[hash];
55        if(current->next==NULL)
56            indextable[hash].next=newnode;
57        else
58            while(current->next!=NULL) current=current->next;
59        current->next=newnode;         /* 将节点加到链表中 */
60    }
61    void print_data(int val)           /* 子程序：打印哈希表 */
62    {
63        link head;
64        int i=0;
65        head=indextable[val].next;     /* 起始指针 */
66        printf("   %2d: \t",val);      /* 索引地址 */
67        while(head!=NULL)
68        {
69            printf("[%2d]-",head->val);
70            i++;
71            if(i%8==7)                 /* 控制长度 */
72                printf("\n\t");
73            head=head->next;
74        }
75        printf("\b \n");               /* 清除最后一个"-"符号 */
76    }
```

【执行结果】参见图 9-15。

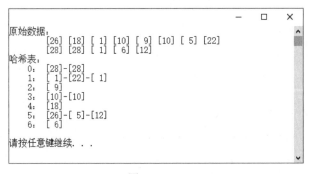

图 9-15

范例 ► 9.3.3

在范例 9.3.2 中，我们已经把原始数据值存放在哈希表中，如果现在要查找一个数据，只需将该数据经过哈希函数的处理后直接到对应的索引值列表中查找即可，如果没找到，就表示数据不存在。如此可大幅减少读取数据和比较数据的次数，甚至可能经过一次读取和比较就可以找到数据。下面修改范例程序 CH09_06，加入查找的功能并打印出对比的次数。

解答 ► 请参考程序 CH09_07.c。

```
01    #include <stdio.h>
02    #include <stdlib.h>
03    #include <time.h>
04    #define INDEXBOX 7          /* 哈希表元素的个数 */
05    #define MAXNUM 13           /* 数据个数 */
06    void creat_table(int);      /* 声明建立哈希表的子程序*/
07    void print_data(int);       /* 声明打印哈希表的子程序*/
08    int findnum(int);           /* 声明哈希查找的子程序*/
09    struct list
10    {
11        int val;
12        struct list *next;
13    };
14    typedef struct list node;
15    typedef node *link;
16    node indextable[INDEXBOX];   /* 声明动态数组 */
17
18    int main(void)
19    {
20        int i,num,data[MAXNUM];
21        srand((unsigned)time(NULL));
22        for(i=0;i<INDEXBOX;i++)   /* 清除哈希表 */
23        {
24            indextable[i].val=i;
25            indextable[i].next=NULL;
26        }
27        printf("原始数据: \n\t");
28        for(i=0;i<MAXNUM;i++)
29        {
30            data[i]=rand()%30+1;          /* 用随机函数来生成原始数据 */
31            printf("[%2d] ",data[i]);     /* 并打印出来 */
32            if (i%8==7)
33                printf("\n\t");
34        }
35        printf("\n");
36        for(i=0;i<MAXNUM;i++)
37            creat_table(data[i]);          /* 建立哈希表 */
38        while(1)
39        {
40            printf("请输入要查找的数据（1-30），结束请输入-1: ");
41            scanf("%d",&num);
42            if(num==-1)
43                break;
44            i=findnum(num);
45            if(i==0)
46                printf("#####没有找到 %d #####\n",num);
47            else
48                printf("找到 %d, 共找了 %d 次! \n",num,i);
49        }
50        printf("\n 哈希表: \n");
51        for(i=0;i<INDEXBOX;i++)
52            print_data(i);          /* 打印哈希表 */
53        printf("\n");
54        system("pause");
55        return 0;
56    }
57    void creat_table(int val)     /* 子程序: 建立哈希表 */
58    {
59        link newnode;
60        link current;
61        int hash;
62        hash = val % 7;             /* 哈希函数: 除以 7 取余数 */
63        newnode=(link)malloc(sizeof(node));
64        current=(link)malloc(sizeof(node));
65        newnode->val=val;
66        newnode->next=NULL;
67        *current=indextable[hash];
68        if(current->next==NULL)
```

```
69          indextable[hash].next=newnode;
70      else
71          while(current->next!=NULL) current=current->next;
72      current->next=newnode;   /* 将节点加到链表中 */
73  }
74  void print_data(int val)   /* 子程序：打印哈希表 */
75  {
76      link head;
77      int i=0;
78      head=indextable[val].next;  /* 起始指针 */
79      printf("  %2d: \t",val);    /* 索引地址 */
80      while(head!=NULL)
81      {
82          printf("[%2d]-",head->val);
83          i++;
84          if(i%8==7)                /* 控制长度 */
85              printf("\n\t");
86          head=head->next;
87      }
88      printf("\b \n");        /* 清除最后一个"-"符号 */
89  }
90  int findnum(int num)       /* 子程序：哈希查找 */
91  {
92      link ptr;
93      int i=0,hash;
94      hash=num%7;
95      ptr=indextable[hash].next;
96      while(ptr!=NULL)
97      {
98          i++;
99          if(ptr->val==num)
100             return i;
101         else
102             ptr=ptr->next;
103     }
104     return 0;
105 }
```

【执行结果】参见图 9-16。

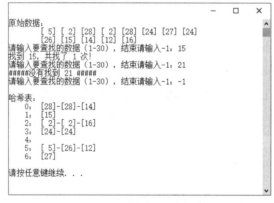

图 9-16

 本章习题

1. 若有 n 项数据已排序完成，请问用二分查找法查找其中某一项数据，其查找时间约为（　　）。

（A）$O(\log_2 n)$　　　　（B）$O(n)$　　　　（C）$O(n^2)$　　　　（D）$O(\log_2 n)$

2. 请问使用二分查找法的前提条件是什么？

3. 有关二分查找法，下列叙述哪一个是正确的（　　）。

（A）文件必须事先排序

（B）当排序数据非常小时，其用时会比顺序查找法长

（C）排序的复杂度比顺序查找法的复杂度要高

（D）以上都正确

4. 下图为二叉查找树，试绘出当插入键值 42 后的新二叉树。注意，插入这个键值后仍需保持高度为 3 的二叉查找树。

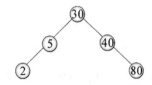

5. 用二叉查找树表示 n 个元素时，最小高度和最大高度的二叉查找树的值分别是什么？

6. 斐波那契查找法中的算术运算比二分查找法中的算术运算简单，请问该叙述是否正确？

7. 假设 $A[i]=2i$，$1 \leq i \leq n$。若欲查找键值为 $2k-1$，请以插值查找法进行查找，试求需要比较几次才能确定此为一次失败的查找。

8. 用哈希法将（101, 186, 16, 315, 202, 572, 463）这 7 个数字存入 0，1，…，6 的 7 个位置。若要存入 1000 开始的 11 个位置，又应该如何存放？

9. 什么是哈希函数？试以除留余数法和折叠法，并以 7 位电话号码作为数据进行说明。

10. 试述哈希查找法与一般查找法的技巧有何不同？

11. 什么是完美哈希？在什么情况下使用？

12. 假设有 n 个数据记录，我们要在其中查找一个特定键值的记录。

（1）若用顺序查找法，平均查找次数是多少？

（2）若用二分查找法，平均查找次数是多少？

（3）在什么情况下才能使用二分查找法去查找一个特定记录？

（4）若找不到要查找的记录，在二分查找法中要进行多少次比较？

13. 采用哪一种哈希函数可以使下列的整数集合：{74, 53, 66, 12, 90, 31, 18, 77, 85, 29}存入数组空间为 10 的哈希表不会发生碰撞？

14. 解决哈希碰撞有一种叫 Quadratic 的方法，请证明碰撞函数为 $h(k)$，其中 k 为 key，当哈希碰撞发生时 $h(k) \pm i^2$，$1 \leq i \leq \dfrac{M-1}{2}$，$M$ 为哈希表的大小，这样的方法能涵盖哈希表的每一个位置，即证明该碰撞函数 $h(k)$ 将产生 $0 \sim (M-1)$ 的所有正整数。

15. 当哈希函数 $f(x)=5x+4$，请分别计算下列 7 项键值所对应的哈希值。

87、65、54、76、21、39、103

16. 解释下列哈希函数的相关名词。

（1）Bucket。

（2）同义词。

（3）完美哈希。

（4）碰撞。

17. 有一棵二叉查找树：

（1）键值平均分配在[1,100]，求在该查找树查找平均要比较几次。

（2）假设 $k=1$ 时其概率为 0.5，$k=4$ 时其概率为 0.3，$k=9$ 时其概率为 0.103，其余 97 个数的概率为 0.001。

（3）假设各 key 的概率如（2），是否能将此查找树重新安排？

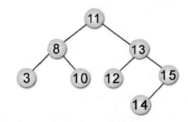

（4）以得到的最小平均比较次数绘出重新调整后的查找树。

18. 试写出以插值查找法从（1, 2, 3, 6, 9, 11, 17, 28, 29, 30, 41, 47, 53, 55, 67, 78）中查找到 9 的过程。

附录 A

课后习题与参考答案

第 1 章　课后习题与参考答案

1. 请问以下 C 程序片段是否相当严谨地表达出了算法的含义？

```
count＝0;
while(count＜＞3)
    count＋=2;
```

解答▶ 不够严谨，因为会造成无限循环，与算法有限性的特性相抵触。

2. 请问下列程序的循环部分实际执行的次数与时间复杂度是多少？

```
for i=1 to n
    for j=i to n
        for k =j to n
            { end of k Loop }
    { end of j Loop }
{ end of i Loop }
```

解答▶ 我们可使用数学算式来计算，公式如下：

$$\sum_{i=1}^{n}\sum_{j=i}^{n}\sum_{k=j}^{n}1 = \sum_{i=1}^{n}\sum_{j=i}^{n}(n-j+1)$$

$$= \sum_{i=1}^{n}(\sum_{j=i}^{n}n - \sum_{j=i}^{n}j + \sum_{j=i}^{n}1)$$

$$= \sum_{i=1}^{n}(\frac{2n(n-i+1)}{2} - \frac{(n+i)(n-i+1)}{2}) + (n-i+1)$$

$$= \sum_{i=1}^{n}(\frac{n-i+1}{2})(n-i+2)$$

$$= \frac{1}{2}\sum_{i=1}^{n}(n^2 + 3n + 2 + i^2 - 2ni - 3i)$$

$$= \frac{1}{2}(n^3 + 3n^2 + 2n + \frac{n(n+1)(2n+1)}{6} - n^3 - n^2 - \frac{3n^2 + 3n}{2})$$

$$= \frac{1}{2}(\frac{n(n+1)(2n+1)}{6} + \frac{n(n+1)}{2})$$

$$= \frac{n(n+1)(n+2)}{6}$$

这个 $\dfrac{n(n+1)(n+2)}{6}$ 就是实际循环执行的次数，且我们知道必定存在 c，使得 $\dfrac{n(n+1)(n+2)}{6}n_0 \leqslant cn^3$，因此当 $n \geqslant n_0$ 时，时间复杂度为 $O(n^3)$。

3. 试证明 $f(n) = a_m n^m + \dots + a_1 n + a_0$，则 $f(n) = O(n^m)$。

解答▶

$$f(n) \leqslant \sum_{i=1}^{n} |a_i| n^i$$
$$\leqslant n^m \sum_{0}^{m} |a_i| n^{i-m}$$
$$\leqslant n^m \sum_{0}^{m} |a_i|, \text{for} \geqslant n$$

另外，我们可以把 $\sum_{0}^{m} |a_i|$ 视为常数 $C \Rightarrow f(n) = O(n^m)$。

4. 求下列程序中函数 $F(i, j, k)$ 的执行次数。

```
for k=1 to n
    for I-0 to k-1
        for j=0 to k-1
            if i<>j then F(i,j,k)
        end
    end
end
```

解答▶ $n \times (n+1) \times (2n+1)/6 - n \times (n+1)/2 = n(n^2-1)/3$。

5. 请问以下程序的 Big-Oh 是多少？

```
Total=0;
    for(i=1; i<=n ; i++)
        total=total+i*i;
```

解答▶ 因为循环执行 n 次，所以是 $O(n)$。

6. 试述非多项式问题的意义。

解答▶ 当解决某问题算法的时间复杂度为 $O(2^n)$（指数时间）时，我们就称此问题为非多项式问题（Nonpolynomial Problem），简称 NP 问题。

7. 解释下列名词：

（1）$O(n)$。
（2）抽象数据类型。

解答▶

（1）定义一个 $T(n)$ 来表示程序执行所需的时间，其中 n 代表数据输入量，分析算法在所有可能的输入组合下需要的最多时间，也就是程序最高的时间复杂度，称为 Big-Oh（念成"big-o"），或者可以看成是程序执行的最坏情况。

（2）抽象数据类型是指一个数学模型以及定义在此数学模型上的一组数学运算或操作，并以预定的方式提供这个数据类型给使用者使用。也就是指使用者不用考虑抽象数据类型的制作细节，只要知道如何使用即可，如堆栈或队列就是典型的抽象数据类型。

8. 请编写一个算法求出函数 $f(n)$，$f(n)$ 的定义如下：

$$f(n): \begin{cases} n^n & n \geqslant 1 \\ 0 & n < 1 \end{cases}$$

解答▶

```
int aaa(n)
{
    int p,q;
    if(n<=0) return 0;
    p=n;
    q=n-1;
    while (q>0)
    {
        p=q*n;
        q=q-1;
    }
    return p;
}
```

9. 算法必须符合哪 5 个条件？

解答▶

算法的特性	内容与说明
输入（Input）	0 或多个输入数据，这些输入必须有清楚的描述或定义
输出（Output）	至少会有一个输出结果，不可以没有输出结果
明确性（Definiteness）	每一个指令或步骤必须是简洁明确的
有限性（Finiteness）	在有限步骤后一定会结束，不会产生无限循环
有效性（Effectiveness）	步骤清晰明了且可行，能让用户用纸笔计算而求出答案

10. 试简述分治法的核心思想。

解答▶ 分治法的核心思想在于将一个难以直接解决的大问题按照不同的分类分割成两个或更多的子问题，以便各个击破，分而治之。

11. 试简述贪心法的核心概念。

解答▶ 贪心法又称为贪婪算法，是从某一起点开始，在每一个解决问题步骤中使用贪心原则，即采取在当前状态下最有利或最优化的选择，不断地改进该解答，持续在每一步骤中选择最优的方法，并且逐步逼近给定的目标，当达到某一步骤不能再继续前进时算法就停止，就是尽可能快地求得更好的解。

A

12. 试简述枚举法的核心思想。

解答 ▶ 枚举法的核心思想是：列举所有的可能。根据问题要求逐一列举问题的解答，或者为了便于解决问题，把问题分为不重复、不遗漏的有限种情况，逐一列举各种情况，并加以解决，最终达到解决整个问题的目的。

第 2 章　课后习题与参考答案

1. 密集表在某些应用上相当方便，请问（1）哪种情况下不适用？（2）如果原有 n 项数据，请计算插入一项新数据平均需要移动几项数据？

解答 ▶

（1）密集表中同时加入或删除多项数据时，会造成数据的大量移动，此种状况非常不方便，例如数组结构。

（2）因为可能插入位置的概率都一样为 $1/n$，所以平均移动数据的项数为（求期望值）：

$$E = 1 \times \frac{1}{n} + 2 \times \frac{1}{n} + 3 \times \frac{1}{n} + \cdots + n \times \frac{1}{n}$$

$$= \frac{1}{n} \times \frac{n \times (n-1)}{2} = \frac{n+1}{2} \quad （项）$$

2. 试举出 8 种线性表常见的运算方式。

解答 ▶

（1）计算线性表的长度 n。

（2）取出线性表中的第 i 项元素来加以修正，$1 \leqslant i \leqslant n$。

（3）插入一个新元素到第 i 项，$1 \leqslant i \leqslant n$，并使得原来的第 i, $i+1$, $\cdots$, n 项后移一个位置，变成 $i+1$, $i+2$, $\cdots$, $n+1$ 项。

（4）删除第 i 项的元素，$1 \leqslant i \leqslant n$，并使得第 $i+1$, $i+2$, $\cdots$, n 项前移一个位置，变成第 i, $i+1$, $\cdots$, $n-1$ 项。

（5）从右到左或从左到右读取线性表中各个元素的值。

（6）在第 i 项存入新值，并取代旧值，$1 \leqslant i \leqslant n$。

（7）复制线性表。

（8）合并线性表。

3. $A(-3:5, -4:2)$数组的起始地址 $Loc(A(-3, -4)) = 100$，数组 A 采用以行为主的内存分配方式（即存储方式），试求出 $A(1,1)$在内存中的地址。

解答 ▶ $Loc(A(1,1)) = 133$。

4. 若 $A(3, 3)$在内存中的地址为 121，$A(6,4)$在内存中的地址为 159，则 $A(4,5)$在内存中的地址是多少？（单位存储空间 $d=1$）

解答 ▶ 由 $Loc(A(3,3)) = 121$，$Loc(A(6,4)) = 159$ 可知数组 A 采用的是以列为主的内存分配方式，

令起始地址为 α，单位存储空间 $d=1$，则数组 $A(1{:}m,1{:}n)$：

$$=> α + (3-1)×1 + m×(3-1)×1$$
$$= α + 2×(1+m) = 121 => α + 2 + 2m = 121 \cdots\cdots ①$$
$$α + (6-1)×1 + (4-1)×m$$
$$= α + 3m + 5 = 159 => α + 3m + 5 = 159 \cdots\cdots ②$$

由①、②式可得 $α=49$，$m=35$，

$$=> \text{Loc}(A(4,5)) = 49 + 4×35 + 3 = 192$$

所以 $\text{Loc}(A(4,5)) = 192$。

5. 若 $A(1,1)$ 在内存中的地址为 2（即 $\text{Loc}(A(1, 1)) = 2$），$A(2,3)$ 在内存中的地址为 18，$A(3,2)$ 在内存中的地址为 28，则 $A(4,5)$ 在内存中的地址是多少？

解答▶ 由 $\text{Loc}(A(3,2))$ 大于 $\text{Loc}(A(2,3))$ 可知 A 数组采用以行为主的内存分配方式，而且：$α = \text{Loc}(A(1,1)) = 2$，令单位空间为 d，另外可由公式：

$$\text{Loc}(A(i,j)) = α + (i-1)×n×d + (j-1)×d$$

$$=> \qquad 2 + nd + 2d = 18 \cdots\cdots ①$$
$$2 + 2nd + d = 28 \cdots\cdots ②$$

从①、②可得 $d=2$，$n=6$，因此 $\text{Loc}(A(4,5)) = 2 + 3×6×2 + 4×2 = 46$。

6. 请说明稀疏矩阵的定义，并举例说明。

解答▶ 最简单的定义就是一个矩阵中大部分的元素为 0，即可称为稀疏矩阵。例如下图的矩阵就是典型的稀疏矩阵。

$$\begin{bmatrix} 25 & 0 & 0 & 32 & 0 & -25 \\ 0 & 33 & 77 & 0 & 0 & 0 \\ 0 & 0 & 0 & 55 & 0 & 0 \\ 0 & 0 & 0 & 0 & 0 & 0 \\ 101 & 0 & 0 & 0 & 0 & 0 \\ 0 & 0 & 38 & 0 & 0 & 0 \end{bmatrix} \quad 6×6$$

7. 假设数组 $A[-1{:}3, 2{:}4, 1{:}4, -2{:}1]$ 采用以行为主的存储方式，起始地址 $α = 200$，每个数组元素占用 5 个单位的存储空间，试求出 $A[-1, 2, 1, -2]$、$A[3, 4, 4, 1]$、$A[3, 2, 1, 0]$ 在内存中的地址。

解答▶ $\text{Loc}(A[-1, 2, 1, -2]) = 200$、$\text{Loc}(A[3, 4, 4, 1]) = 1395$、$\text{Loc}(A[3, 2, 1, 0]) = 1170$。

8. 求下图稀疏矩阵的压缩数组表示法。

$$\begin{bmatrix} 0 & 0 & 0 & 0 & 3 \\ 1 & 0 & 0 & 0 & 0 \\ 0 & 0 & 0 & 4 & 0 \\ 6 & 0 & 0 & 0 & 7 \\ 0 & 5 & 0 & 0 & 0 \end{bmatrix}$$

解答▶ 声明一个数组 $A[0:6, 1:3]$：

A	1	2	3
0	5	5	6
1	1	5	3
2	2	1	1
3	3	4	4
4	4	1	6
5	4	5	7
6	5	2	5

9. 什么是带状矩阵？并举例说明。

解答▶ 所谓带状矩阵，是一种在应用上较为特殊且稀少的矩阵，就是在上三角矩阵中，右上方的元素都为 0，在下三角矩阵中，左下方的元素也都为 0，即除了第一行与第 n 行有两个元素外，其余每行都具有 3 个元素，使得中间主轴附近的值形成类似带状的矩阵。如下图所示：

$$\begin{bmatrix} a_{11} & a_{21} & 0 & 0 & 0 \\ a_{12} & a_{22} & a_{32} & 0 & 0 \\ 0 & a_{23} & a_{33} & a_{43} & 0 \\ 0 & 0 & a_{34} & a_{44} & a_{54} \\ 0 & 0 & 0 & a_{45} & a_{55} \end{bmatrix}_{5 \times 5}$$

$a_{ij}=0$，　如果 $|i-j| > 1$
$\Rightarrow k = n \times (j-1) - j \times (j-1)/2 + i$

10. 解释下列名词：

（1）转置矩阵。　　　　（2）稀疏矩阵。
（3）左下三角矩阵。　　（4）有序表。

解答▶ 请参考本章内容（略）。

11. 数组结构类型通常包含哪几个属性？

解答▶ 数组结构类型通常包含 5 个属性：起始地址、维数、索引（或下标）上下限、数组元素个数、数组类型。

12. 数组是以 PASCAL 语言来声明的，每个数组元素占用 4 个单位的存储空间。若起始地址是 255，在下列声明中，所列元素在内存中的地址是多少？

（1）Var A=array[−55···1, 1···55]，求 A[1,12]在内存中的地址。

（2）Var A=array[5···20, −10···40]，求 A[5,−5]在内存中的地址。

解答 ▶

（1）先求数组中的实际行数和列数。

$1 − (−55) + 1 = 57$ 为行数，$55 − 1 + 1 = 55$ 为列数。

由于 PASCAL 语言中的数组是采用以行为主的存储方式，因此可代入以下计算公式中：

$255 + 55×4×(1− (−55)) + (12−1)×4 = 12619$。

（2）同样是先求数组中的实际行数和行数。

$20 − 5 + 1 = 16$ 为行数，$40 − (−10) + 1 = 51$ 为列数，

$255 + 4×51×(5−5) + 4×(−5 − (−10)) = 275$。

13. 假设我们以 FORTRAN 语言来声明浮点数的数组 A[8][10]，且每个数组元素占用 4 个单位的存储空间，如果 A[0][0]的起始地址是 200，那么元素 A[5][6]在内存中的地址是多少？

解答 ▶ 因为 FORTRAN 语言采用以列为主的存储方式，$Loc(A[5][6]) = 200 + 5×4 + 8×4×4 = 348$。

14. 假设有一个三维数组声明为 A(1:3, 1:4, 1:5)，$Loc(A(1,1,1)) = 300$，且单位存储空间 d=1，采用以列为主的存储方式，试求出 A(2,2,3)在内存中的地址。

解答 ▶ $Loc(A(1,2,3)) = 300 + (3−1)×3×4×1+ (2−1)×3×1 + (2−1) = 328$。

15. 有一个三维数组 A(−3:2, −2:3, 0:4)，采用以行为主的存储方式，数组的起始地址是 1118，试求出 A(1,3,3)在内存中的地址。（单位存储空间 d=1）

解答 ▶ 假设 A 为 $u_1×u_2×u_3$ 的数组，因为采用以行为主的存储方式，所以：

$m = 2 − (−3) + 1 = 6$， $n = 3 − (−2) + 1 = 6$， $o = 4 − 0 + 1 = 5$。

套用公式进行计算：

$Loc(A(1,3,3)) = 1118 + (1−(−3))×6×5 + (3−(−2))×5 + (3−0) = 1118 + 120 + 25 + 3 = 1266$。

16. 假设有一个三维数组声明为 A(−3:2, −2:3, 0:4)，$Loc(A(1,1,1)) = 300$，且单位存储空间 $d = 2$，采用以列为主的存储方式，试求出 A(2,2,3)在内存中的地址。

解答 ▶

$m = 2 − (−3) + 1 = 6$，$n = 3 − (−2) + 1 = 6$，$o = 4 − 0 + 1 = 5$，

$Loc(A(2,2,3)) = 300 + (3−0)×6×6×2 + (2−(−2))×6×2 + (2−(−3))×2 = 574$。

17. 一个下三角数组，B 是一个 $n×n$ 的数组，其中 $B[i, j]=0$，$i<j$。

（1）求数组 B 中不为 0 的最大个数。

（2）如何将数组 B 以最经济的方式存储在内存中。

（3）写出在（2）的存储方式中，如何求得 $B[i, j]$，$i \geqslant j$。

解答▶

（1）由题意得知 B 为左下三角矩阵，因此不为 0 的个数为 $\dfrac{n \times (n+1)}{2}$。

（2）可将数组 B 非零项的值以行为主映射到一维数组 A 中，如下图所示。

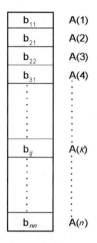

（3）以行为主的映射方式，$b_{ij} = A(k)$，$k = \dfrac{i \times (i-1)}{2} + j$。

18. 请使用多项式的两种数组表示法来存储多项式 $P(x)=8x^5+7x^4+5x^2+12$。

解答▶

（1）$P=(5,8,7,0,5,0,12)$
（2）$P=(5,8,5,7,4,5,2,12,0)$

19. 如何表示与存储多项式 $P(x, y) = 9x^5 +4x^4y^3 +14x^2y^2 +13xy^2 +15$？试说明。

解答▶ 假如 m, n 分别为多项式 x, y 的最大指数幂的系数，对于多项式 $P(x)$ 而言，可用一个 $(m+1) \times (n+1)$ 的二维数组来存储它。例如本题 $P(x, y)$ 可用 $(5+1) \times (3+1)$ 的二维数组表示如下：

$$
\begin{array}{c@{\quad}cccc}
 & y^0 & y^1 & y^2 & y^3 \\
x^0 & \begin{bmatrix} 15 & 0 & 0 & 0 \\ x^1 \quad 0 & 0 & 13 & 0 \\ x^2 \quad 0 & 0 & 14 & 0 \\ x^3 \quad 0 & 0 & 0 & 0 \\ x^4 \quad 0 & 0 & 0 & 4 \\ x^5 \quad 9 & 0 & 0 & 0 \end{bmatrix}
\end{array}
$$

$$6 \times 4$$

第 3 章 课后习题与参考答案

1. 如下图所示，请使用任何一种程序设计语言或伪语言来描述添加一个节点 I 的算法。

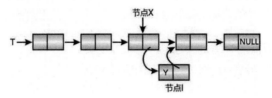

解答▶

```
procedure Insert(T, X, Y)
    call GETNODE(I);
    DATA(I)←Y;
    If T=NULL then[T←I; Link(I)←NULL]
    else
        [Link(I)←Link(X);
        Link(X)←I]
end
```

2. 请简述如何将稀疏矩阵以环形链表来表示，并说明这种表示法的优点？

解答▶ 使用环形链表表示法的最大优点是：在变更矩阵内的数据时，不需大量移动数据。主要的技巧是用节点来表示非零项，由于矩阵是二维的，因此每个节点除了必须有 3 个数据字段：Row（行）、Col（列）和 Value（值或数据）外，还必须有两个指针变量：Right（右指针）、Down（下指针），其中 Right 指针可用来链接同一行的节点，而 Down 指针则用来链接同一列的节点，如下图所示。

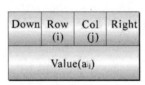

- Value：表示此非零项的值。
- Row：以 i 表示非零项元素所在行数。
- Col：以 j 表示非零项元素所在列数。
- Down：为指向同一列中下一个非零项元素的指针。
- Right：为指向同一行中下一个非零项元素的指针。

3. 什么是悬挂引用（Dangling Reference）？

解答▶ 在动态存储器的管理上，向系统申请内存空间并使用之后，可调用 free()函数将内存释放以归还给系统。之后就没有任何的方法可以再度存取刚被释放的这块内存，指向这块内存的指针就被称为悬挂引用（Dangling Reference），即空悬指针。

4. 在有 n 项数据的链表中查找一项数据，若以平均花费的时间考虑，其时间复杂度是多少？

解答▶ $O(n)$。

5. 试说明环形链表的优缺点。

解答 ▶

优点：

（1）回收整个链表所需的时间是固定的，与长度无关。

（2）可以从任何一个节点开始遍历链表上的所有节点。

缺点：

（1）需要多一个指针空间。

（2）插入一个节点需要改变两个指针。环形链表增删节点比较慢，因为每个节点必须处理两个指针。

6. 试写出计算环形链表长度的算法。

解答 ▶

```
Procedure Length(T)
    n←0;
    if head ≠ NULL then
    [p←head
        while (p≠head) do
            n←n+1
            p←LINK(p)
    END]
    return(n)
END
```

7. 绘图和写出回收环形链表节点到可用空间链表（AV 链表）的算法，并比较回收单向链表与环形链表的时间复杂度。

解答 ▶

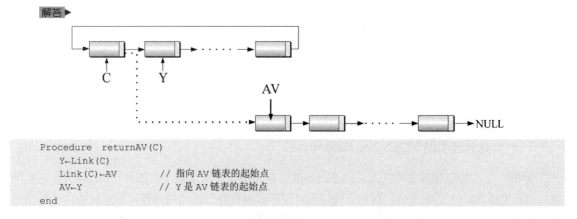

```
Procedure  returnAV(C)
    Y←Link(C)
    Link(C)←AV          // 指向 AV 链表的起始点
    AV←Y                // Y 是 AV 链表的起始点
end
```

因为回收单向链表的节点必须找到此链表的最后一个节点，所以时间复杂度是 $O(n)$，而回收环形链表节点只需更改两个指针，时间复杂度是 $O(1)$。

8. 利用绘图与任何语言来描述环形链表的反转算法。

解答▶ 以下为环形链表反转的示意图：

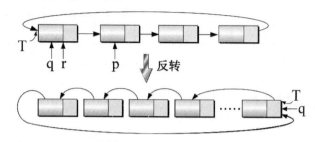

算法如下：

```
Procedure Invert(T)
    If T=NULL then return
    q←T;
    p←LINK(T)
    while p<>T do
        r←q
        q←p
        p←LINK(p);LINK(q)←r
    end
    LINK(T)←q
    T←q
end
```

9. 如何使用数组来表示与存储多项式 $P(x, y) = 9x^5 + 4x^4y^3 + 14x^2y^2 + 13xy^2 + 15$？

解答▶ 假如 m, n 分别为多项式 x, y 的最大指数幂的系数，对于多项式 $P(x)$ 而言，可用一个 $(m+1)\times(n+1)$ 的二维数组来存储它。例如本题 $P(x, y)$ 可用 $(5+1)\times(3+1)$ 的二维数组表示如下：

$$
\begin{array}{c}
 \\
x^0 \\
x^1 \\
x^2 \\
x^3 \\
x^4 \\
x^5
\end{array}
\begin{array}{cccc}
y^0 & y^1 & y^2 & y^3 \\
\left[\begin{array}{cccc}
15 & 0 & 0 & 0 \\
0 & 0 & 13 & 0 \\
0 & 0 & 14 & 0 \\
0 & 0 & 0 & 0 \\
0 & 0 & 0 & 4 \\
9 & 0 & 0 & 0
\end{array}\right]_{6\times4}
\end{array}
$$

10. 设计一个链表数据结构表示如下多项式。

$P(x, y, z) = x^{10}y^3z^{10} + 2x^8y^3z^2 + 3x^8y^2z^2 + x^4y^4z + 6x^3y^4z + 2yz$

解答▶ 可建立一个数据结构如下：

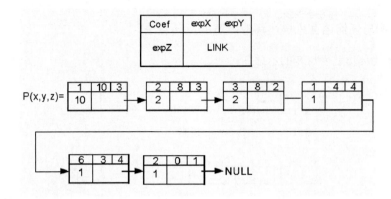

11. 使用多项式的两种数组表示法来存储 $P(x) = 8x^5 + 7x^4 + 5x^2 + 12$。

解答▶

① $P = (5, 8, 7, 0, 5, 0, 12)$
② $P = (5, 8, 5, 7, 4, 5, 2, 12, 0)$

12. 假设一个链表的节点结构如下图所示。

Coefficient			
±	A	B	C	LINK

用这个链表结构来表示多项式 $X^A Y^B Z^C$ 的各项。

（1）画出多项式 $X^6 - 6XY^5 + 5Y^6$ 的链表图。
（2）画出多项式 "0" 的链表图。
（3）画出多项式 $X^6 - 3X^5 - 4X^4 + 2X^3 + 3X + 5$ 的链表图。

解答▶

（1）

（2）

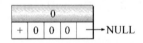

（3）

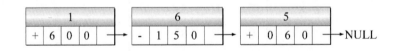

13. 设计一个存储学生成绩的双向链表的节点，并说明双向链表结构的意义。

解答▶ 双向链表的工作原理与单向链表其实是相同的，由于每个节点都拥有前后节点的位置信息，因此对于数据的查找会十分的方便，节点的结构数据类型的定义如下：

```
struct student
{
    char name[20];
    struct student *back;
    struct student *next;
};
```

在这个结构类型中，声明了两个结构指针 back 与 next，可以令 back 指向前一个节点的地址，而 next 指向下一个节点的地址，如此就可以形成双向链表的结构。

第 4 章　课后习题与参考答案

1. 将下列中序法表达式转换为前序法表达式与后序法表达式。

（1）(A/B*C – D) + E/F/(G+H)

（2）(A + B)*C – (D–E)*(F+G)

解答▶

（1）前序法表达式为：+–*/ABCD//EF+GH
　　　后序法表达式为：AB/C*D–EF/GH+/+

（2）前序法表达式为：–*+ABC*–DE+FG
　　　后序法表达式为：AB+C*DE–FG+*–

2. 将下列中序法表达式转换为前序法表达式与后序法表达式。

（1）(A+B)*D + E/(F+A*D) + C

（2）A↑B↑C

（3）A↑ – B + C

解答▶

（1）

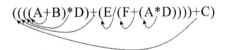

前序法表达式：++*+ABD/E+F*ADC

$$(((((A+B)*D)+(E/(F+(A*D))))+C)$$

后序法表达式：AB+D*EFAD*+/+C+

（2）

$$(A \uparrow (B \uparrow C))$$

前序法表达式：↑A↑BC

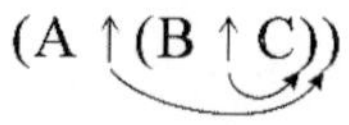

$$(A \uparrow (B \uparrow C))$$

后序法表达式：ABC↑↑

（3）

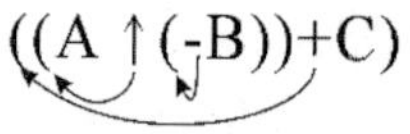

$$((A \uparrow (-B)) + C)$$

前序法表达式：+ ↑A−BC

$$((A \uparrow (-B)) + C)$$

后序法表达式：AB−↑C+

3. 以堆栈法求中序法表达式 A−B*(C+D)/E 的后序法表达式与前序法表达式。

解答▶ 中序转前序（从右至左读入字符）

读入字符	堆栈中的内容	输出	说明
None	Empty	None	
E	Empty	E	字符是操作数就直接输出
/	/	E	将运算符压入堆栈
)	)/	E	')'在堆栈中的先权较小
D	)/	DE	
+	+)/	DE	
C	+)/	CDE	
(	/	+CDE	弹出堆栈内的运算符，直到')'为止
*	*/	+CDE	虽然'*'的运算优先级和'/'的相等,但在中序→前序时不必弹出
B	*/	B+CDE	
−	−	/*B+CDE	'−'的运算优先级小于'*'的运算优先级，所以弹出堆栈内的运算符
A	−	A/*B+CDE	
None	Empty	− A/*B+CDE	读入完毕，将堆栈内的运算符弹出

中序转后序（从左至右读入字符）

读入字符	堆栈内容	输出	说明
None	Empty	None	
A	Empty	A	

（续表）

读入字符	堆栈内容	输出	说明
–	–	A	将运算符压入堆栈
B	–	AB	
*	*–	AB	因为'*'的运算优先级大于'–'的运算优先级，所以将'*'压入堆栈
(	(*–	AB	'('在堆栈外优先级最大，所以'('的运算优先级大于'*'的运算优先级
C	(*–	ABC	
+	+(*–	ABC	在堆栈内的优先级最小
D	+(*–	ABCD	
)	*–	ABCD+	遇到')'，则直接弹出堆栈内运算符，一直到弹出一个'('为止
/	/–	ABCD+*	因为在中序→后序中，只要堆栈内运算符的优先级大于等于外面符号的运算优先级，则弹出堆栈内的运算符
E	/–	ABCD+*E	
None	Empty	ABCD+*E/–	读入完毕，将堆栈内的运算符弹出

4. 用括号法求 A–B*(C+D)/E 的前序法表达式和后序法表达式。

解答▶

（1）中序转前序

$$(A-((B*(C+D))/E))$$

前序法表达式：–A/*B+CDE

（2）中序→后序

$$(A-((B*(C+D))/E))$$

后序法表达式：ABCD+*E/–

5. 用堆栈法求中序法表达式(A+B)*D – E/(F+C) + G 的后序法表达式。

解答▶

读入字符	堆栈中的内容	输出
None	Empty	None
(	(	
A	(	A
+	(+	A
B	(+	AB

（续表）

读入字符	堆栈中的内容	输出
）	Empty	AB+
*	*	AB+
D	*	AB+D
–	–	AB+D*
E	–	AB+D*E
/	–/	AB+D*E
（	–/（	AB+D*E
F	–/（	AB+D*EF
+	–/（+	AB+D*EF
C	–/（+	AB+D*EFC
）	–/	AB+D*EFC+
+	+	AB+D*EFC+/–
G	+	AB+D*EFC+/–G
None	Empty	AB+D*EFC+/–G+

6. 用堆栈法把中序法表达式 A*(B+C)*D 转换为前序法表达式和后序法表达式。

解答▶ 中序表示法 A*(B+C)*D 转成前序表示法的过程如下所示。

Next–token	Stack	Output
D	empty	D
*	*	D
）	）*	D
C	）*	CD
+	+）*	CD
B	+）*	BCD
（	*	+BCD
*	**	+BCD
A	**	A+BCD
None	None	**A+BCD

中序表示法 A*(B+C)*D 转换为后序表示法的过程如下所示。

Next-token	Stack	Output
none	empty	none
A	empty	A
*	*	A
(	*(	A
B	*(	AB
+	*(+	AB
C	*(+	ABC
)	*	ABC+
*	*	ABC+*
D	*	ABC+*D
none	empty	ABC+*D*

7. 将下列中序法表达式转换为后序法表达式。

（1）A** – B + C

（2）¬ (A&¬ (B<C or C>D)) or C<E

解答▶

（1）AB–**C+

（2）ABC＜CP＞or¬ 8¬ CE<or

8. 将前序法表达式+*23*45 转换为中序法表达式。

解答▶ 2*3+4*5

9. 将下列中序法表达式转换为前序法表达式和后序法表达式。

（1）A**B**C

（2）A**B–B+C

（3）(A&B)orCor¬(E>F)

解答▶

（1）**A**BC（前序）、ABC****（后序）

（2）+**A–BC（前序）、AB–**C+（后序）

（3）oror&ABC ⟶>EF（前序）、AB&CorEF>¬or（后序）

10. 将 6 + 2*9/3 + 4*2 – 8 用括号法转换为前序法表达式或后序法表达式。

解答▶

（1）中序转前序

前序法表达式：–++6/*293*428

（2）中序转后序

$$(((6+((2*9)/3))+(4*2))-8)$$

后序法表达式：629*3/+42*+8–。

11. 计算下列后序法表达式 abc–d+/ea–*c*的值（a=2，b=3，c=4，d=5，e=6）。

解答▶ 将 abc-d+/ea-*c*转为中序法表达式 a/(b-c+d)*(e-a)*c，再代入求值可得答案为 8。

12. 用堆栈法将 AB*CD+-A/转换为中序法表达式。

解答▶

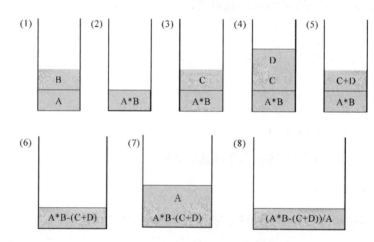

13. 下列哪个数学表达式不符合前序法表达式的语法规则？

（A）+++ab*cde　　　　（B）–+ab+cd*e　　　　（C）+–**abcde　　　　（D）+a*–+bcde

解答▶ 可从以上前序法表达式是否能成功转换为中序法表达式来判断，可按照括号法检验得（B）并非完整的前序法表达式，所以答案为（B）。

14. 如果主程序调用子程序 A，A 再调用子程序 B，在 B 完成后，A 再调用子程序 C，试以堆栈的方法说明调用过程。

解答▶

步骤01 主程序调用子程序 A。

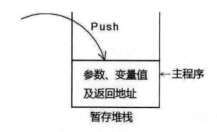

步骤 02 A 调用子程序 B，B 完成。

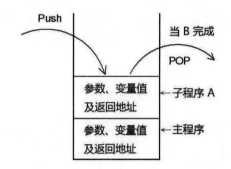

步骤 03 B 完成后，A 再调用子程序 C。

提示　此处堆栈中子程序 A 相关的数据值和步骤 2 堆栈中子程序 A 的相关数据值并不相同。

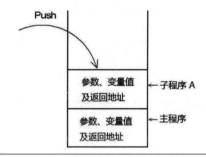

---

15. 请举出至少 7 种常见的堆栈应用。

解答▶

（1）二叉树和森林的遍历运算，例如中序遍历、前序遍历等。

（2）计算机中央处理单元（CPU）的中断处理。

（3）图形的深度优先（DFS）搜索法。

（4）某些所谓堆栈计算机，是一种采用空地址（zero-address）指令，其指令没有操作数，大都通过弹出和压入两个指令来处理程序。

（5）递归程序的调用和返回：在每次递归之前，须先将下一个指令的地址和变量的值保存到堆栈中。当从递归返回时，则按序从堆栈顶端取出这些相关值，回到原来执行递归前的状态，再往下继续执行。

（6）算术表达式的转换和求值，例如中序法转换成后序法。

（7）调用子程序和返回处理，例如在执行调用的子程序之前，必须先将返回地址（即下一条指令的地址）压入堆栈，然后才开始执行调用子程序的操作，等到子程序执行完毕后，再从堆栈弹出返回地址。

（8）编译错误处理：例如当编辑程序发生错误或警告信息时，会将所在的地址压入堆栈之后，才会显示出错误相关的信息对照表。

16. 什么是多重堆栈（Multi Stack）？试说明定义与目的？

解答▶ 我们可以使用一维数组 $S(1{:}n)$ 来表示，假设数组分给 m 个堆栈使用，令 $B(i)$ 表示第一个堆栈的底部，$T(i)$ 为第 i 个堆栈的顶端，而且每一个堆栈为空时，$T(i)=B(i)$ 且 $T(i)=B(i)=\mathrm{int}[n/m]\times(i-1)$ $1\leq i\leq m$。

如下图所示：

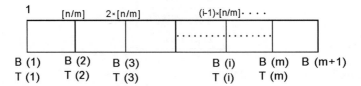

其中多重堆栈压入与弹出操作的算法如下所示：

```
Procedure push(i,x)                  Procedure pop(i,x)
    if T(i)=B(i+1)                        if T(i)=B(i)
    then call Stack_Full(i)              then call Stack_Empty(i)
    T(i)←T(i)+1                           T(i)←T(i)-1
    S(T(i))←x                        end
end
```

17. 下式为一般的数学表达式，其中"*"表示乘法，"/"表示除法。

A*B + (C/D)

请回答下列问题：

（1）写出上式的前序法表达式。
（2）要编写一个程序完成表达式的转换，下列数据结构哪一个较合适？
（A）队列　　　　　（B）堆栈
（C）列表　　　　　（D）环

解答▶

（1）前序法表达式为：+*AB/CD。
（2）堆栈，答案为 B。

18. 试写出利用两个堆栈对下列数学表达式求值的每一个步骤。

a + b*(c-1) + 5

解答▶ 方式如下：

（1）将中序法表达式 a + b*(c-1) + 5 转换为后序法表达式 abc1-*+5+的过程如下：

下一个符号	堆栈	输出
-	empty	-
a	empty	a
+	+	a
b	+	ab
*	+*	ab
(	+*	ab
c	+*(	abc
-	+*(-	abc
1	+*(-	abc1
)	+*	abc1-
+	+	abc1*+
5	+	abc1*+5
-	-	abc-*+5+

（2）再以堆栈法求出后序法表达式 abc1-*5+的值。

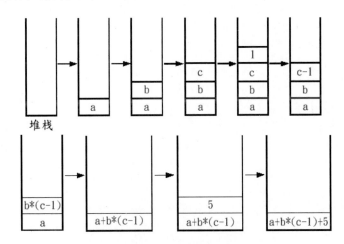

19. 若 A=1，B=2，C=3，求出下面后序法表达式的值。

（1）ABC+*CBA-+*

（2）AB+C-AB+*

解答▶

（1）ABC+*CBA-+* ＝ 5*4 = 20

（2）AB+C-AB+* = (1+2-3) * (1+2) = 0

20. 回答下列问题：

（1）堆栈是什么？

（2）TOP (PUSH(i, s))的结果是什么？

（3）POP (PUSH(i, s))的结果是什么？

A

解答▶

（1）堆栈是一组相同数据类型数据的集合，所有的操作均在堆栈顶端进行，具有"后进先出"的特性。堆栈结构在计算机中的应用相当广泛，时常被用来解决计算机运行的问题，例如递归调用，子程序的调用。堆栈的应用在日常生活中也随处可见，例如大楼电梯、货架的货品等，都类似于堆栈的原理。

（2）结果是堆栈内增加一个元素。这个操作是将元素 i 压入堆栈 s，再返回堆栈顶端的元素。

（3）结果是堆栈内的元素保持不变。这个操作是将元素 i 压入堆栈 s，再将堆栈 s 最顶端的 i 元素弹出。

21. 在汉诺塔问题中，移动 n 个圆盘所需的最小移动次数是多少？试说明。

解答▶

$$\begin{aligned} a_n &= a_{n-1}+1+ a_{n-1} \\ &= 2a_{n-1}+1 \\ &= 2(a_{n-2}+1) \\ &= 4a_{n-2}+2+1 \\ &= 4(2a_{n-3}+1)+2+1 \\ &= 8a_{n-3}+4+2+1 \\ &= 8(2a_{n-4}+1)+4+2+1 \\ &= 16a_{n-4}+8+4+2+1 \\ &= \cdots \\ &= \cdots \\ &= 2^{n-1}a_1+ \sum_{k=0}^{n-2}2^k \end{aligned}$$

因此，

$$a_n = 2^{n-1} \times 1+ \sum_{k=0}^{n-2}2^k$$

$= 2^{n-1}+2^{n-1}-1=2^n-1$，由此得知要移动 n 个圆盘所需的最小移动次数为 2^n-1 次。

22. 试述尾递归的含义。

解答▶ 所谓尾递归就是程序的最后一条指令为递归调用，每次调用后，再回到前一次调用后的第一行指令就是 return，不需要再进行任何计算工作，因此也不必保存原来的环境信息（如参数存储、控制权转移）。例如 $N!$ 的递归方式。

23. 以下程序是递归程序的应用，请问输出结果是什么？

```
int main()
{
    dif1(21);
    cout<<endl;
    system("pause");
```

```
        return 0;
    }
    void dif1(int y)
    {
        if(y>0) dif2(y-3);
        cout<<y;
    }
    void dif2(int x)
    {
        if(x) dif1(x);
    }
```

解答▶ 3 6 9 12 15 18 21。

24. 说明环形队列的基本概念。

解答▶ 环形队列就是一种环形结构的队列，它是 $Q(0:n-1)$ 的一维数组，并且 $Q(0)$ 是 $Q(n-1)$ 的下一个元素。

25. 将下面的中序法表达式转换为前序法表达式与后序法表达式（用堆栈法）。

A/B↑C+D*E−A*C

解答▶

中序转前序

读入字符	运算符堆栈中的内容	输出
C	Empty	C
*	*	C
A	*	AC
−	−	*AC
E	−	E*AC
*	*−	E*AC
D	*−	DE*AC
+	+−	* DE*AC（不要弹出＋号，请注意）
C	+−	C* DE*AC
↑	↑+−	C* DE*AC
B	↑+−	B C* DE*AC
/	/+−	↑ B C* DE*AC
A	/+−	A↑ B C* DE*AC
None	Empty	−+/ A↑ B C* DE*AC

中序转后序

读入字符	运算符堆栈中的内容	输出
None	Empty	None
A	Empty	A
/	/	A

（续表）

读入字符	运算符堆栈中的内容	输出
B	/	AB
↑	↑/	AB
C	↑/	ABC
+	+	ABC↑/
D	+	ABC↑/D
*	*+	ABC↑/D
E	*+	ABC↑/DE
–	–	ABC↑/DE*+
A	–	ABC↑/DE*+A
*	*–	ABC↑/DE*+A
C	*–	ABC↑/DE*+AC
None		ABC↑/DE*+AC*–

第 5 章　课后习题与参考答案

1. 什么是优先队列？请说明。

解答▶ 优先队列为一种不必遵守队列特性——FIFO（先进先出）的有序表，其中每一个元素都赋予一个优先权，加入元素时可任意加入，但有最高优先权者将最先输出。例如，计算机中 CPU 的工作调度就会使用到优先队列。

2. 设计一个队列存储于全长为 *N* 的密集表 *Q* 内，head、tail 分别为其开始和结尾指针，均以 NULL 表示其为空。现欲加入一项新数据（New Entry），其处理为以下步骤，请按序回答空格部分。

（1）按序按条件做下列选择：

①　若__(a)__，则表示 Q 已存满，无法执行插入操作。
②　若 head 为 NULL，则表示 Q 内为空，可取 head=1，tail=__(b)__。
③　若 tail=*N*，则表示__(c)__须将 Q 内从 head 到 tail 位置的数据，移至从 1 到__(d)__的位置，并取 tail=__(e)__，head=1。

（2）tail=tail+1。
（3）New Entry 移入 Q 内的 tail 处。

解答▶ 加入数据到 tail 指针指向的位置，删除数据到 head 指针指向的位置。这样的方法当 tail=*N* 时，必须检查前面是否有空间。检查 Q 是否已满，我们可查看 tail-head 的差。

（a）tail – head + 1 = *N*　　　　　　　（b）0
（c）已到密集表最右边，无法加入　　　（d）tail – head + 1
（e）*N* – head + 1

3. 回答以下问题：

（1）下列哪一个不是队列的应用？
   （A）操作系统的作业调度　　　　（B）输入/输出的工作缓冲
   （C）汉诺塔的解决方法　　　　　（D）高速公路的收费站收费
（2）下列哪些数据结构是线性表？
   （A）堆栈　　　（B）队列　　　（C）双向队列　　　（D）数组　　　（E）树

解答▶ （1）（C）；（2）（A）、（B）、（C）、（D）。

4. 假设我们利用双向队列按序输入 1、2、3、4、5、6、7，试问是否能够得到 5174236 的输出排列？

解答▶ 这个问题必须思考的是：从输出序列和输入序列求得当 7 个数字 1、2、3、4、5、6、7 存在队列内合理排列的情况，因为按序输入 1、2、3、4、5、6、7，且得到 5174236，5 为第一个输出，则此刻 deque 应是：

则先输出 5，再输出 1，又输出 7，deque 又变成：

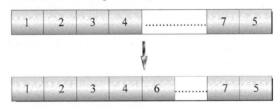

如果下一项要输出 4 则不可能，只可能输出 2，所以本题答案是不可能。

5. 什么是多重队列？请说明定义与目的。

解答▶ 双向队列就是一种二重队列，只是队列的队首可以在队列的左右两端。多重队列的原则就是遵循数据在 rear 端加入，在 front 端删除，并将多重堆栈的 $T(i)$ 改成 $rear(i)$，$B(i)$ 改成 $front(i)$ 即可。多重队列也可以改成多重环形队列。其实无论是多重堆栈、多重队列还是环形队列，主要目的都是为了提高用于这些数据结构的数组的有效使用率，因为数组的大小必须事先声明，声明太大可能造成空间的浪费，而太小又可能造成使用空间不足。

6. 试说明环形队列的基本概念。

解答▶ 环形队列就是一种环形结构的队列，它是 $Q(0{:}n{-}1)$ 的一维数组，并且 $Q(0)$ 是 $Q(n{-}1)$ 的下一个元素。

7. 列出队列常见的基本操作。

A

解答 ▶

CREATE	创建空队列
ADD	将新数据加入队列的末尾，返回新队列
DELETE	删除队列前端的数据，返回新队列
FRONT	返回队列前端的值
EMPTY	若队列为空集合，则返回 true，否则返回 false

8. 试说明队列应具备的基本特性。

解答 ▶ 队列是一种抽象型数据结构，具有下列特性：

（1）先进先出。

（2）拥有两种基本操作，即加入与删除，而且使用 front 与 rear 两个指针来分别指向队列的前端与末端。

9. 至少列举队列常见的 3 种应用。

解答 ▶ 图遍历的广度优先遍历法、计算机的模拟、CPU 的工作调度、外设脱机批处理系统等。

10. 在环形队列算法中，任何时候队列中最多只允许 MAX_SIZE-1 个元素。有没有方法可以改进呢？试说明并写出修正后的算法。

解答 ▶ 只要多使用一个标志 TAG 来判断，当 TAG=1 时，表示队列是满的；当 TAG=0 时，表示队列是空的。修正后的算法如下：

```
/* 环形队列的加入操作的修正算法 */
void AddQ (int item)
{
    rear=(rear+1)%MAX_SIZE;
    if(front==rear && TAG==1)
        printf("%s", "队列已满！");
    else
        queue[rear]=item;
    if(front==rear)
        TAG=1;
}
```

```
/* 环形队列的删除操作的修正算法 */
void dequeue(int item)
{
    if(rear==front && TAG==0)
        printf("%s", "队列是空的！");
    else
    {
        front=(front+1)%MAX_SIZE;
        item=Queue[front];
        if (front==rear)
            TAG=0;
    }
}
```

第 6 章　课后习题与参考答案

1. 一般树结构在计算机内存中的存储方式是以链表为主的，对于 n 叉树来说，我们必须取 n 为链接个数的最大固定长度。试说明为了改进存储空间浪费的缺点，为何经常使用二叉树结构来取代 n 叉树结构。

解答▶ 假设此 n 叉树有 m 个节点，那么此树共用了 $n×m$ 个链接字段。因为除了树根外，每一个非空链接都指向一个节点，所以得知空链接个数为 $n×m(m-1)=m×(n-1)+1$，而 n 叉树的链接浪费率为 $\dfrac{m×(n-1)+1}{m×n}$。因此我们可以得到以下结论：

n=2 时，二叉树的链接浪费率约为 1/2。

n=3 时，三叉树的链接浪费率约为 2/3。

n=4 时，四叉树的链接浪费率约为 3/4。

……

故而，当 n=2 时，它的链接浪费率最低。

2. 下列哪一种不是树？

（A）一个节点　　　　　　　（B）环形链表

（C）一个没有回路的连通图　　（D）一个边数比点数少 1 的连通图

解答▶　（B）因为环形链表会造成回路现象，所以不符合树的定义。

3. 关于二叉查找树的叙述，哪一个是错误的？

（A）二叉查找树是一棵完全二叉树

（B）可以是斜二叉树

（C）一节点最多只能有两个子节点

（D）一节点的左子节点的键值不会大于右节点的键值

解答▶　（A）。

4. 以下二叉树的中序法、后序法及前序法表达式分别是什么？

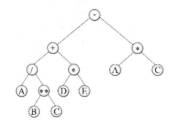

解答▶

中序法表达式：A/B**C+D*E–A*C

后序法表达式：ABC**/DE*+AC*–

前序法表达式：–+/A**BC*DE*AC

5. 以下二叉树的中序法、前序法及后序法表达式分别是什么？

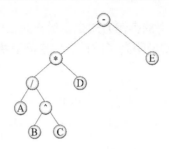

解答▶

中序法表达式：A/B↑C*D−E
前序法表达式：−*/A↑BCDE
后序法表达式：ABC↑/D*E−

6. 试以链表来描述以下树结构的数据结构。

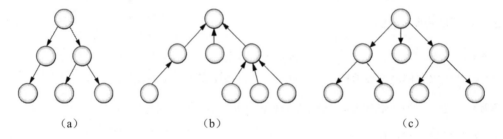

（a）　　　　　　　　　　（b）　　　　　　　　　　（c）

解答▶

（a）每个节点的数据结构如下：

Llink	Data	Rlink

（b）因为子节点都指向父节点，所以结构可以设计如下：

Data	link

（c）每个节点的数据结构如下：

Data		
Link1	Link2	Link3

7. 假如有一棵非空树，其度数为 5，已知度数为 i 的节点有 i 个，其中 $1 \leq i \leq 5$，请问树叶节点一共有多少个？

解答▶ 41 个。

8. 请用后序法遍历以下的二叉树。

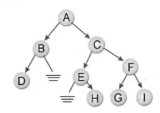

> **解答▶** 根据左子树→右子树→树根的遍历顺序，后续遍历的结果为 DBHEGIFCA。

9. 试写出以下二叉树的中序法、前序法及后序法遍历的结果。

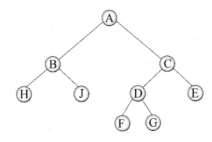

> **解答▶** 中序法：HBJAFDGCE
> 　　　　前序法：ABHJCDFGE
> 　　　　后序法：HJBFGDECA

10. 用二叉查找树去表示 n 个元素时，二叉查找树的最小和最大高度值分别是多少？

> **解答▶** 二叉查找树的最大高度值为 n，例如斜二叉树。最小高度值为 $\log_2(n+1)$，例如完全二叉树。

11. 一棵二叉树被表示成 A(B(CD)E(F(G)H(I(JK)L(MNO))))，请画出二叉树的结构以及该二叉树的后序法与前序法的遍历结果。

解答▶

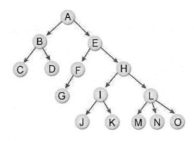

后序法：CDBGFJKIMNOLHEA
前序法：ABCDEFGHIJKLMNO

12. 试写出以下二叉运算树的中序法、后序法与前序法表达式。

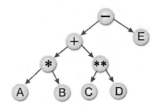

解答▶ 中序法表达式：A*B+C**D−E

前序法表达式：−+*AB**CDE

后序法表达式：AB*CD**+E−

13. 请将 A−B*(−C+−3.5)表达式转化为二叉运算树，并求出此表达式的前序法与后序法的表达式。

解答▶ →A−B*(−C+−3.5) →(A−(B*((−C)+(−3.5)))) →

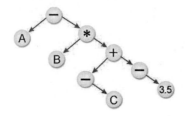

前序法表达式：−A*B+−C−3.5

后序法表达式：ABC−3.5−+*−

14. 以下为一棵二叉树：

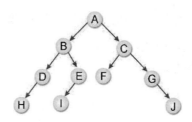

（1）写出此二叉树的前序遍历、中序遍历与后序遍历的结果。

（2）空的线索二叉树是什么？

（3）以线索二叉树表示其存储情况。

解答▶

（1）前序遍历结果：ABDHEICFGJ

中序遍历结果：HDBIEAFCGJ

后序遍历结果：HDIEBFJGCA

（2）

（3）

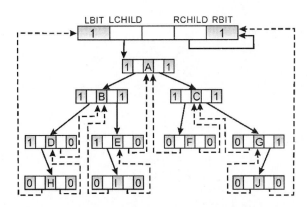

15. 求下面的树转化为二叉树之前和之后的中序法、前序法与后序法遍历的结果。

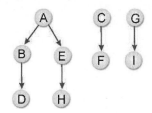

解答▶ 森林遍历的结果：

中序：DBHEAFCIG

前序：ABDEHCFGI

后序：DHEBFIGCA

转化为二叉树：

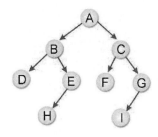

该二叉树遍历的结果：

中序：DBHEAFCIG

前序：ABDEHCFGI

后序：DHEBFIGCA

16. 形成 8 层的平衡树最少需要几个节点？

解答▶ 因为条件是形成最少节点的平衡树，不但要最少，而且要符合平衡树的定义。在此我们逐一讨论。

（1）一层的最少节点的平衡树：

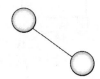

（2）二层的最少节点的平衡树：

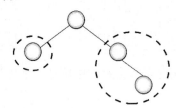

（3）三层的最少节点的平衡树：

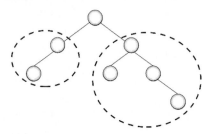

（4）四层的最少节点的平衡树：

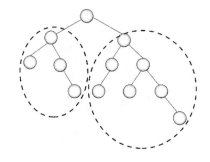

（5）五层的最少节点的平衡树：

由以上的讨论得知：

Nn=Nn-1+Nn-2+1

且 N0=0，N1=1　　◄━━━━━━━ 树根

→0，1，2，4，7，12，20，33，54，88，…

所以第 8 层最少节点平衡树为 54 个节点。

17. 将下面的树转化为二叉树。

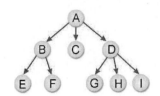

解答▶

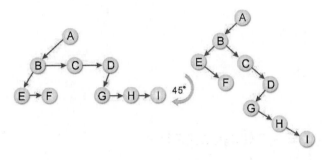

18. 在以下平衡二叉树中，加入节点 11 后，重新调整后的平衡树是什么？

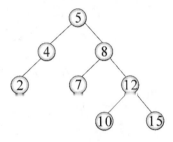

解答▶

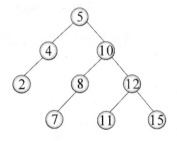

19. 请说明二叉查找树的特点。

解答▶ 二叉查找树 T 具有以下特点：

（1）可以是空集合，若不是空集合，节点上一定要有一个键值。

（2）每一个树根的键值需大于其左子树的键值。

（3）每一个树根的键值需小于其右子树的键值。

（4）左右子树也是二叉查找树。

（5）树的每个节点的键值都不相同。

20. 试编写出 SWAPTREE(T)的伪代码，将二叉树 T 的所有节点的左右子节点对换。

解答►

```
Procedure SWAPTREE(T)
    i←0
    while T<>NULL do
        p←Lchild(T);q←Rchild(T)
        Lchild(T)←q;Rchild(T)←q
        if Rchild(T)<>NULL then
        [
            i←i+1
            S(i)←Rchild(T)
        ]
        else
            T←Lchild(T)
    end
    if i≠0 then [T←S(i);i←i-1]
end
```

21. 请将 A/BC+D*E-A*C 转化为二叉运算树。**

解答► 加括号成为→(((A/B**C))+(D*E))-(A*C))，如下图。

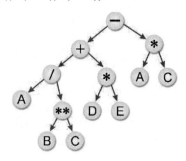

22. 试述如何对二叉树进行中序遍历而不用堆栈或递归？

解答► 使用线索二叉树就不必使用堆栈或递归也能进行中序遍历。因为右指针可以指向中序遍历的下一个节点，而左指针可指向中序遍历的前一个节点。

23. 将下图的树转化为二叉树。

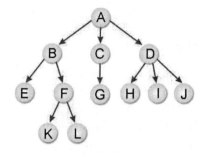

解答►

（1）将树的各层兄弟用横线连接起来，结果如下图所示。

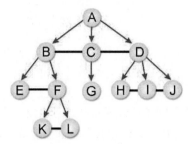

（2）每个父节点只保留与最左边的子节点的连接，删除与其他子节点间的连接，结果如下图所示。

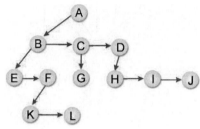

（3）顺时针旋转 45°，结果如下图所示。

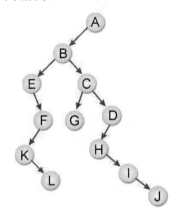

24. 请简述四叉树与八叉树的基本原理。

解答▶ 四叉树（Quadtree）就是树的每个节点拥有 4 个子节点。许多游戏场景的地形（Terrain）就是以四叉树来进行划分的，以递归的方式并以轴心一致为原则将地形按照 4 个象限分成 4 个子区域。

八叉树的定义是如果不为空树，树中任何一个节点的子节点恰好只有 0 个或 8 个，也就是子节点不会有 0 与 8 以外的数目。读者可把它看作是双层的四叉树，也就是四叉树在 3D 空间中的对应结构，通常用于 3D 空间的场景管理与分割，以加速空间数据的查找，多半适用于密闭或有限的空间，这样有助于快速计算出物体在 3D 场景中的位置。

第 7 章 课后习题与参考答案

1. 请问以下哪些是图的应用？

（1）作业调度 　　（2）递归程序 　　（3）电路分析 　　（4）排序

（5）最短路径搜索　　（6）仿真　　　　（7）子程序调用　　（8）都市计划

解答▶　（3），（5），（8）。

2. 什么是欧拉链？试绘图说明。

解答▶ 如果"欧拉七桥问题"的条件改成从某顶点出发，经过每边一次，不一定要回到起点，即只允许其中两个顶点的度数是奇数，其余则必须全部为偶数，符合这样的结果就被称为欧拉链。

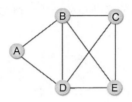

3. 求出下图的 DFS 与 BFS 结果。

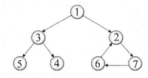

解答▶ DFS 结果为：1-2-7-6-3-4-5

　　　　　BFS 结果为：1-2-3-7-4-5-6

4. 什么是多重图？试绘图说明。

解答▶ 图中任意两顶点只能有一条边，如果两顶点间相同的边有 2 条以上（含 2 条），则称这样的图为多重图。以图论严格的定义来说，多重图应该不能称为一种图。下图就是一个多重图。

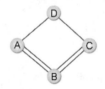

5. 请以 K 氏法求出下图的最小成本生成树。

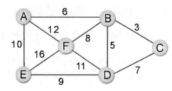

解答▶

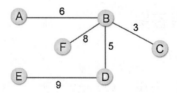

6. 请写出下图的邻接矩阵表示法和各个顶点之间最短距离的表示矩阵。

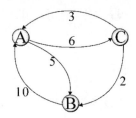

解答 ▶

$$
A^0 = \begin{array}{c} \\ A \\ B \\ C \end{array}
\begin{array}{ccc} A & B & C \end{array}
\left[\begin{array}{ccc}
0 & 5 & 6 \\
10 & 0 & \infty \\
3 & 2 & 0
\end{array}\right]
\qquad
A^3 = \begin{array}{c} \\ A \\ B \\ C \end{array}
\begin{array}{ccc} A & B & C \end{array}
\left[\begin{array}{ccc}
0 & 5 & 6 \\
10 & 0 & 16 \\
3 & 2 & 0
\end{array}\right]
$$

7. 求下图的拓扑排序。

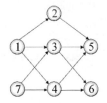

解答 ▶ 拓扑排序为 7→1→4→3→6→2→5。

8. 求下图的拓扑排序。

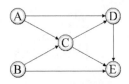

解答 ▶ 拓扑排序为 A→B→C→D→E 或 B→A→C→D→E。

9. 下图是否为双连通图？有哪些连通分支？试说明。

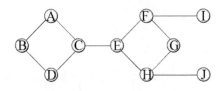

解答 ▶ 对于一个顶点 V，将 V 上所连接的边都去掉所生成的 G′，如果 G′最少有两个连通分支，则称此顶点 V 为图的割点（Articulation Point）。而一个没有割点的图，就是双连通图。由于这个图有 4 个割点 C、E、F、H，因此不是双连通图，而此图的连通分支有下列 5 种：

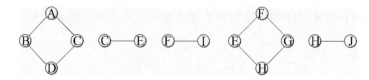

10. 请问图有哪4种常见的表示法？

解答▶ 邻接矩阵法、邻接链表法、邻接多叉链表法（或邻接复合链表法）、索引表格法。

11. 试简述图遍历的定义。

解答▶ 一个图 $G=(V, E)$，存在某一顶点 v，从 v 开始，经过此顶点相邻的顶点而去访问 G 中其他顶点，这就称为"图的遍历"。

12. 请简述拓扑排序的步骤。

解答▶ 拓扑排序的步骤：

1）寻找图中任何一个没有先行者的顶点。

2）输出此顶点，并将此顶点的所有边全部删除。

3）重复以上两个步骤处理所有的顶点。

13. 以下为一个有限状态机的状态转换图，试列举两种图的数据结构来表示它，其中：

- S 代表状态 S。
- 射线（→）表示转换方式。
- 射线上方 A/B：A 代表输入信号，B 代表输出信号。

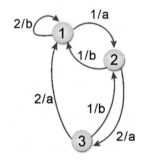

解答▶

① 邻接矩阵：

$$
\begin{array}{c c c c}
 & 1 & 2 & 3 \\
1 & \begin{bmatrix} 2 \\ 1 \\ 2 \end{bmatrix} & \begin{matrix} 1 \\ \infty \\ 1 \end{matrix} & \begin{matrix} \infty \\ 2 \\ \infty \end{matrix}
\end{array}
\qquad
\begin{array}{c c c c}
 & 1 & 2 & 3 \\
1 & \begin{bmatrix} b \\ 1 \\ 2 \end{bmatrix} & \begin{matrix} a \\ \infty \\ b \end{matrix} & \begin{matrix} \infty \\ a \\ \infty \end{matrix}
\end{array}
$$

② 邻接链表：

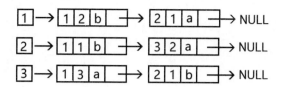

14. 试说明什么是完全图。

解答▶ 在无向图中，N 个顶点正好有 $N(N-1)/2$ 条边，就称为完全图。但在有向图中，若要称为完全图，则必须有 $N(N-1)$ 条边。

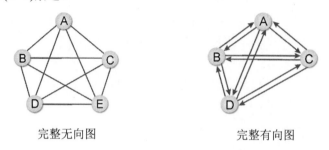

完整无向图　　　　　　　　　　完整有向图

15. 下图为图 G。

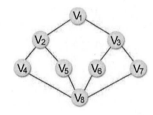

（1）请以邻接链表和邻接矩阵表示图 G。

（2）使用下面的遍历法求出生成树。

　　① 深度优先。

　　② 广度优先。

解答▶

（1）

① 邻接链表

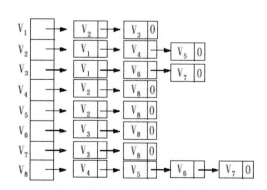

② 邻接矩阵

$$\begin{array}{c} & \begin{array}{cccccccc} V_1 & V_2 & V_3 & V_4 & V_5 & V_6 & V_7 & V_8 \end{array} \\ \begin{array}{c} V_2 \\ V_3 \\ V_3 \\ V_4 \\ V_2 \\ V_3 \\ V_3 \\ V_4 \end{array} & \left[\begin{array}{cccccccc} 0 & 1 & 1 & 0 & 0 & 0 & 0 & 0 \\ 1 & 0 & 0 & 1 & 1 & 0 & 0 & 0 \\ 1 & 0 & 0 & 0 & 0 & 1 & 1 & 0 \\ 0 & 1 & 0 & 0 & 0 & 0 & 0 & 1 \\ 0 & 1 & 0 & 0 & 0 & 0 & 0 & 1 \\ 0 & 0 & 1 & 0 & 0 & 0 & 0 & 1 \\ 0 & 0 & 1 & 0 & 0 & 0 & 0 & 1 \\ 0 & 0 & 0 & 1 & 1 & 1 & 1 & 0 \end{array} \right] \end{array}$$

（2）

① 深度优先

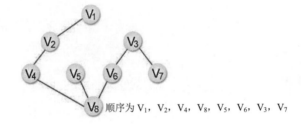

顺序为 V_1，V_2，V_4，V_8，V_5，V_6，V_3，V_7

② 广度优先

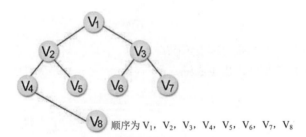

顺序为 V_1，V_2，V_3，V_4，V_5，V_6，V_7，V_8

16. 以下所列的各个树都是关于图 G 的查找树。假设所有的查找都始于节点 1，试判定每棵树是深度优先查找树还是广度优先查找树，或二者都不是。

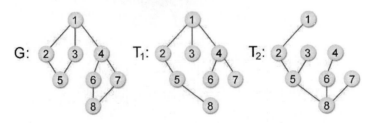

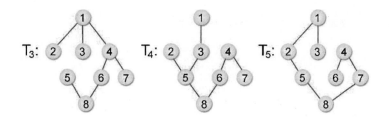

解答▶

① T_1 为广度优先查找树　　　　② T_2 二者都不是

③ T_3 二者都不是　　　　　　　④ T_4 为深度优先查找树

⑤ T_5 二者都不是

17. 求 V_1、V_2、V_3 任意两个顶点的最短距离，并描述其过程。

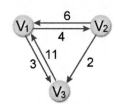

解答▶

$$A^0 = \begin{bmatrix} 0 & 4 & 11 \\ 6 & 0 & 2 \\ 3 & \infty & 0 \end{bmatrix} \quad A^1 = \begin{bmatrix} 0 & 4 & 11 \\ 6 & 0 & 2 \\ 3 & 7 & 0 \end{bmatrix}$$

$$A^2 = \begin{bmatrix} 0 & 4 & 6 \\ 6 & 0 & 2 \\ 3 & 7 & 0 \end{bmatrix} \quad A^3 = \begin{array}{c} \\ V_1 \\ V_2 \\ V_3 \end{array}\begin{array}{ccc} V_1 & V_2 & V_3 \\ \begin{bmatrix} 0 & 4 & 6 \\ 6 & 0 & 2 \\ 3 & 7 & 0 \end{bmatrix} \end{array}$$

18. 假设在注有各地距离的图上（单行道），求各地之间的最短距离。

（1）利用距离，将下图的数据存储起来，并写出结果。

（2）写出最后所得的矩阵，并说明其可表示的所求各地间的最短距离。

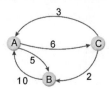

解答▶

（1）

$$\begin{array}{c} \\ A \\ B \\ C \end{array}\begin{array}{ccc} A & B & C \\ \begin{bmatrix} 0 & 5 & 6 \\ 10 & 0 & \infty \\ 3 & 2 & 0 \end{bmatrix} \end{array}$$

（2）

$$\begin{array}{c} \\ A \\ B \\ C \end{array}\begin{array}{ccc} A & B & C \\ \begin{bmatrix} 0 & 5 & 6 \\ 10 & 0 & 16 \\ 3 & 2 & 0 \end{bmatrix} \end{array}$$

19. 求下图的邻接矩阵。

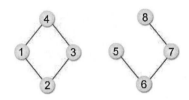

解答▶

$$
\begin{array}{c}
\begin{array}{ccccccccc}
& 1 & 2 & 3 & 4 & 5 & 6 & 7 & 8
\end{array}\\
\begin{array}{c}
0\\1\\2\\3\\4\\5\\6\\7\\8
\end{array}
\left[
\begin{array}{ccccccccc}
0 & 1 & 1 & 0 & 0 & 0 & 0 & 0\\
1 & 0 & 0 & 1 & 0 & 0 & 0 & 0\\
1 & 0 & 0 & 1 & 0 & 0 & 0 & 0\\
0 & 1 & 1 & 0 & 0 & 0 & 0 & 0\\
0 & 0 & 0 & 0 & 0 & 1 & 0 & 0\\
0 & 0 & 0 & 0 & 0 & 1 & 0 & 0\\
0 & 0 & 0 & 0 & 1 & 0 & 1 & 0\\
0 & 0 & 0 & 0 & 0 & 1 & 0 & 1\\
0 & 0 & 0 & 0 & 0 & 0 & 1 & 0
\end{array}
\right]
\end{array}
$$

20. 什么是生成树？生成树应该包含哪些特点？

解答▶ 一个图的生成树是以最少的边来连接图中所有的顶点，且不造成回路的树结构。由于生成树是由所有顶点和访问过程经过的边所组成，因此令 $S = (V, T)$ 为图 G 中的生成树，该生成树具有下面的几个特点：

（1）$E = T + B$。

（2）将集合 B 中的任意一边加入集合 T 中，就会造成回路。

（3）V 中任意两个顶点 V_i 和 V_j，在生成树 S 中存在唯一的一条简单路径。

21. 求解一个无向连通图的最小生成树，Prim 算法的主要方法是什么？试简述。

解答▶ Prim 算法又称 P 氏法，对一个加权图 $G = (V, E)$，设 $V=\{1, 2, \cdots, n\}$，假设 $U=\{1\}$，也就是说，U 和 V 是两个顶点的集合。然后从 $V-U$ 差集所产生的集合中找出一个顶点 x，该顶点 x 能与 U 集合中的某个顶点形成最小成本的边，且不会造成回路。然后将顶点 x 加入 U 集合中，反复执行同样的步骤，一直到 U 集合等于 V 集合（即 $U=V$）为止。

22. 求解一个无向连通图的最小生成树，Kruskal 算法的主要方法是什么？试简述。

解答▶ Kruskal 算法是将各边按权值从小到大排列，接着从权值最低的的边开始建立最小成本生成树。如果加入的边会造成回路，则舍弃不用，直到加入了 $n-1$ 条边为止。

23. 请用邻接矩阵来表示下面的有向图。

解答▶ 和无向图的做法一样，找出相邻的点并把边连接的两个顶点矩阵值填入 1。不同的是横坐标为出发点，纵坐标为终点。如下图所示。

	1	2	3	4
1	0	1	0	0
2	1	0	1	1
3	0	0	0	0
4	0	0	1	0

第 8 章　课后习题与参考答案

1. 排序的数据是以数组数据结构来存储的，请问下列哪一种排序法的数据搬移量最大？

（A）冒泡排序法　　　　（B）选择排序法　　　　（C）插入排序法

解答▶ （C）。

2. 请举例说明合并排序法是否为稳定排序法？

解答▶ 合并排序法是一种稳定排序法，例如数列（11, 8, 14, 7, 6, 8+, 23, 4）在经过合并排序法的结果为（4, 6, 7, 8, 8+, 11, 14, 23），这种排序法不会更改键值相同数据的原有顺序，例中 8+在 8 的右侧，经排序后，8+仍在 8 的右侧。

3. 请问 12 项数据进行合并排序，需要经过几个回合才可以完成？

解答▶ 4 个回合。

4. 待排序的数列为（26, 5, 37, 1, 61），请使用冒泡排序法列出数列每个排序回合的结果。

解答▶

原始值：	26	5	37	1	61
第一次扫描：	26 5（交换）		37	1	61
	5	26 37（不变）		1	61
	5	26	37 1（交换）		61
	5	26	1	37 61（不变）	
第一次扫描结果：	5	26	1	37	61
第二次扫描：	5 26（不变）		1	37	61
	5	26 1（交换）		37	61
	5	1	26 37（不变）		61
第二次扫描结果：	5	1	26	37	61

A

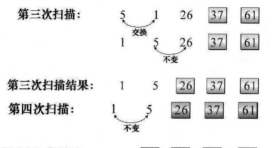

5. 建立数列（8, 4, 2, 1, 5, 6, 16, 10, 9, 11）的堆积树。

解答▶

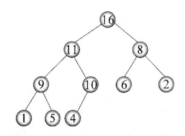

6. 待排序数列为（8, 7, 2, 4, 6），请使用选择排序法列出数列每个排序回合的结果。

解答▶

1	X_0	X_1	X_2	X_3	X_4	X_5
2	$-\infty$	8	7	2	4	6
3	$-\infty$	7	8	2	4	6
4	$-\infty$	2	7	8	4	6
5	$-\infty$	2	4	7	8	6
	$-\infty$	2	4	6	7	8

7. 待排序的数列为（26, 5, 37, 1, 61），请使用选择排序法列出数列每个排序回合的结果。

解答▶

```
26    5    37    1    61
    →  (1)    5    37    26    61
    →  (1)   (5)   37    26    61
    →  (1)   (5)  (26)   37    61
    →  (1)   (5)  (26)  (37)   61
```

8. 待排序的数列为（11, 8, 14, 7, 6, 8+, 23, 4），请使用合并排序法列出数列每个排序回合的结果。

解答▶

$$11、8、14、7、6、8+、23、4$$

$$8、11　7、14　6、8+　4、23$$

$$7、8、11、14　4、6、8+、23$$

$$4、6、7、8、8+、11、14、23$$

9. 在排序过程中，数据移动的方式可分为哪两种？并说明两者之间的优劣。

解答▶　在排序的过程中，数据的移动方式可分为"直接移动"和"逻辑移动"两种。直接移动是直接交换存储数据的位置，而逻辑移动并不会移动数据存储的位置，仅改变指向这些数据的辅助指针的值。两者之间的优劣在于直接移动方式会浪费许多时间进行数据的移动，而逻辑移动方式只要改变辅助指针指向的位置就能轻易达到排序的目的。

10. 按照排序时使用的存储器种类可将排序分为哪两种类型？

解答▶　按照排序时使用的存储器种类可将排序分为以下两种类型：

（1）内部排序法：排序的数据量小，可以全部加载到内存中进行排序。

（2）外部排序法：排序的数据量大，无法全部一次性加载到内存中进行排序，必须借助辅助存储器（如硬盘）。

11. 什么是稳定排序法？请列举出三种稳定排序法。

解答▶　稳定排序法是指数据在经过排序后，两个相同键值的记录仍然保持原来的顺序。冒泡排序法、插入排序法、基数排序法都属于稳定排序法。

12.

（1）什么是堆积树？

（2）为什么有 n 个元素的堆积树可以完全存放在大小为 n 的数组中？

（3）将下图中的堆积树表示为数组。

（4）将 88 移去后，该堆积树如何变化？

（5）若将 100 插入第（3）题的堆积树中，则该堆积树如何变化？

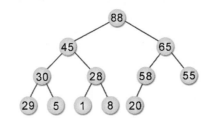

解答▶

（1）堆积树的特性（最大堆积树）：

① 为完全二叉树。

② 每个节点的键值都大于或等于其键值。

③ 树根的键值为各堆积树的最大值。

（2）因为堆积树为一个完全二叉树，所以按其定义可以完全存放在大小为 n 的数组，且有下列规则：

① 节点 i 的父节点为 $i/2$。

② 节点 i 的右子节点为 $2i+1$。

③ 节点 i 的左子节点为 $2i$。

（3）存放于一维数组中，如下图所示。

1	2	3	4	5	6	7	8	9	10	11	12
88	45	65	30	28	58	55	29	5	1	8	20

（4）

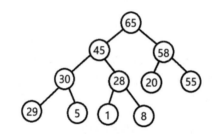

（5）

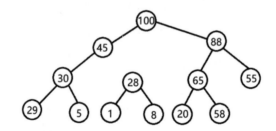

13. 请问最大堆积树必须满足哪三个条件？

解答▶ 最大堆积树要满足以下 3 个条件。

（1）它是一棵完全二叉树。

（2）所有节点的值都大于或等于它左右子节点的值。

（3）树根是堆积树中最大的。

14. 请回答下列问题：

（1）什么是最大堆积树？

（2）请问下面 3 棵树哪一棵为堆积树（设 a<b<c<…<y<z）？

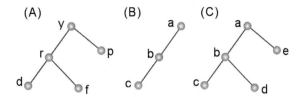

（3）利用堆积排序法把第（2）题中的堆积树内的数据排成从小到大的顺序，请画出堆积树的每一次变化。

解答▶

（1）最大堆积树的定义：

① 是一棵完全二叉树。
② 每一个节点的值大于或等于其子节点的值。
③ 堆积树中具备最大键值的必定是树根。

（2）图（A）为堆积树。
（3）

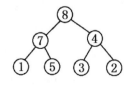

15. 请简述基数排序法的主要特点。

解答▶ 基数排序法并不需要进行元素之间的直接比较操作，它是属于一种分配模式排序方式。基数排序法按比较的方向可分为最高位优先（Most Significant Digit First，MSD）和最低位优先（Least Significant Digit First，LSD）两种。MSD 法是从最左边的位数开始比较，而 LSD 则是从最右边的位数开始比较。

16. 按序输入数列（5, 7, 2, 1, 8, 3, 4），并完成以下工作：

（1）建立最大堆积树。
（2）将树根节点删除后，再建立最大堆积树。
（3）在插入 9 后的最大堆积树是什么样的？

解答▶

（1）

（2）

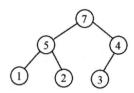

（3）

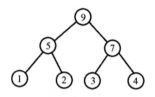

17. 若输入数据存储于双向链表中，则下列各种排序方法是否仍适用？

（1）快速排序。
（2）插入排序。
（3）选择排序。
（4）堆积排序。

解答▶ 除了堆积排序法之外，其他三种都可适用。

18. 如何改进快速排序的执行速度？

解答▶ 快速排序执行时，最好的情况是使分开两边的数据个数尽量一样，一般先找出中间值（Middle Value）作为基准：

```
Kmiddle: {Km, K(m+n)/2, Kn} (m, n 表示分隔数据的左右边界)
```

例如：Kmiddle: {10, 13, 12} = 12
此方法会使在快速排序在最坏情况时的时间复杂度仍然只有 $O(n\log_2 n)$。

19. 下列叙述正确与否？请说明原因。

（1）无论输入数据如何，插入排序的元素比较总次数比冒泡排序的元素比较总次数要少。
（2）若输入数据已排序完成，再利用堆积排序，则只需 $O(n)$ 时间即可完成排序。n 为元素个数。

解答▶

（1）错。提示：当 n 个已排好序的输入数据，两种方法比较次数都相同。
（2）错。在输入数据已排好序的情况下，需要 $O(n\log_2 n)$。

20. 在讨论一个排序法的复杂度时，对于那些以比较为主要排序手段的排序算法来说，决策树是一种常用的方法。

（1）什么是决策树？
（2）请以插入排序法为例，将（a、b、c）3 项元素排序，它的决策树是什么？请画出。

（3）就此决策树而言，什么能表示此算法的最坏表现。

（4）就此决策树而言，什么能表示此算法的平均比较次数。

解答▶

（1）对数据结构而言，决策树本身是人工智能（AI）中一个重要概念，在信息管理系统（MIS）中也是决策支持系统执行的基础。决策树就是一种利用树结构的方法来讨论一个问题的各种情况分布的可能性。

（2）

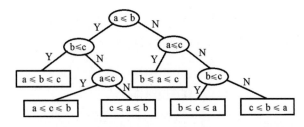

（3）所谓最坏表现，可以看成树根到叶节点的最远距离，以本题来说就是 3。

（4）平均比较次数是树根到每一树叶节点的平均距离，以本题来说则是(2+3+3+2+3+3)/6=8/3。

21. 使用二叉查找法，在 $L[1] \leqslant L[2] \leqslant \cdots \leqslant L[i-1]$ 中找出适当位置。

（1）在最坏情况下，此修改的插入排序元素比较总数是多少？（以 Big-Oh 符号表示）

（2）在最坏情况下，元素共需搬动的总次数是多少？（以 Big-Oh 符号表示）

解答▶　（1）$O(n\log_2 n)$；（2）$O(n^2)$。

22. 讨论下列排序法的平均情况和最坏情况的时间复杂度：

（1）冒泡排序法。

（2）快速排序法。

（3）堆积排序法。

（4）合并排序法。

解答▶

排序名称	平均情况	最坏情况
冒泡法	$O(n^2)$	$O(n^2)$
快速排序	$O(n\log_2 n)$	$O(n^2)$
堆排序	$O(n\log_2 n)$	$O(n\log_2 n)$
合并排序	$O(n\log_2 n)$	$O(n\log_2 n)$

23. 试以数列（26, 73, 15, 42, 39, 7, 92, 84）来说明堆积排序的过程。

解答▶　请参考本章的方法，输出顺序为（7, 15, 26, 39, 42, 73, 84, 92）。

24. 请回答以下选择题：

（1）若以平均所花的时间考虑，使用插入排序法排序 n 项数据的时间复杂度为（　　）。

　　（A）$O(n)$　　　　（B）$O(\log_2 n)$　　　（C）$O(n\log_2 n)$　　　（D）$O(n^2)$

（2）数据排序中常使用一种数据值的比较而得到排列好的数据结果。若现有 N 个数据，试问在各排序方法中，最快的平均比较次数是（　　）。

　　（A）$\log_2 N$　　　（B）$N\log_2 N$　　　（C）N　　　（D）N^2

（3）在一棵堆积树数据结构上搜索最大值的时间复杂度为（　　）。

　　（A）$O(n)$　　　　（B）$O(\log_2 n)$　　　　（C）$O(1)$　　　　（D）$O(n^2)$

（4）关于额外的内存空间，（　　）排序法需要最多。

　　（A）选择排序法　　　　　　（B）冒泡排序法
　　（C）插入排序法　　　　　　（D）快速排序法

解答▶　（1）D；　　（2）B；　　（3）C；　　（4）D。

25. 建立一棵最小堆积树，必须写出建立此堆积树的每一个步骤。

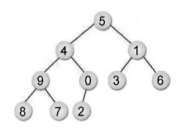

解答▶　根据最小堆积树的定义：

（1）是一棵完全二叉树。
（2）每一个节点的键值都小于其子节点的值。
（3）树根的键值是此堆积树中的最小值。

建立好的最小堆积树为：

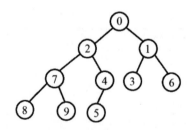

26. 请说明选择排序法为何不是一种稳定排序法？

解答▶　由于选择排序法是以最大值或最小值直接与最前方未排序的键值互换，数据排列的顺序很有可能被改变，故不是稳定排序法。

27. 对数列（43，35，12，9，3，99）采用冒泡排序法从小到大进行排序，请列出执行时前三次交换的结果。

解答▶

第一次交换的结果为（35, 43, 12, 9, 3, 99）。
第二次交换的结果为（35, 12, 43, 9, 3, 99）。
第三次交换的结果为（35, 12, 9, 43, 3, 99）。

第 9 章　课后习题与参考答案

1. 若有 n 项数据已排序完成，请问用二分查找法查找其中某一项数据，其查找时间约为（　　）。

（A）$O(\log^2 n)$　　　　（B）$O(n)$　　　　（C）$O(n^2)$　　　　（D）$O(\log_2 n)$

解答▶（D）。

2. 请问使用二分查找法的前提条件是什么？

解答▶ 必须存放在可以直接存取且已排好序的文件中。

3. 有关二分查找法，下列叙述哪一个是正确的（　　）。

（A）文件必须事先排序
（B）当排序数据非常小时，其用时会比顺序查找法长
（C）排序的复杂度比顺序查找法的复杂度要高
（D）以上都正确

解答▶（D）。

4. 下图为二叉查找树，试绘出当插入键值 42 后的新二叉树。注意，插入这个键值后仍需保持高度为 3 的二叉查找树。

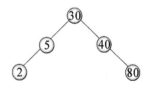

解答▶

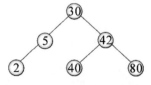

5. 用二叉查找树表示 n 个元素时，最小高度和最大高度的二叉查找树的值分别是什么？

解答 ▶

（1）最大高度二叉查找树的高度为 n（如斜二叉树）。

（2）最小高度二叉查找树为完全二叉树，高度为 $\log_2(n+1)$。

6. 斐波那契查找法中的算术运算比二分查找法中的算术运算简单，请问该叙述是否正确？

解答 ▶ 正确。因为它只会用到加减运算而不像二分法有除法运算。

7. 假设 $A[i]=2i$，$1 \leq i \leq n$。若要查找键值为 $2k-1$，请以插值查找法进行查找，试求需要比较几次才能确定此为一次失败的查找。

解答 ▶ 2 次。

8. 用哈希法将（101, 186, 16, 315, 202, 572, 463）这 7 个数字存入 0，1，…，6 的 7 个位置。若要存入 1000 开始的 11 个位置，又应该如何存放？

解答 ▶

$f(X)=X \bmod 7$

$f(101)=3$

$f(186)=4$

$f(16)=2$

$f(315)=0$

$f(202)=6$

$f(572)=5$

$f(463)=1$

位置	0	1	2	3	4	5	6
数字	315	463	16	101	186	572	202

同理取：

$f(X)=(X \bmod 11)+1000$

$f(101)=1002$

$f(186)=1010$

$f(16)=1005$

$f(315)=1007$

$f(202)=1004$

$f(572)=1000$

$f(463)=1001$

位置	1000	1001	1002	1003	1004	1005	1006	1007	1008	1009	1010
数字	572	463	101		202	16		315			186

9. 什么是哈希函数？试以除留余数法和折叠法，并以 7 位电话号码作为数据进行说明。

解答▶ 以下列 6 组电话号码为例：

① 9847585
② 9315776
③ 3635251
④ 2860322
⑤ 2621780
⑥ 8921644

（1）除留余数法

利用 $f_D(X)=X \bmod M$，假设 $M=10$，

$f_D(9847585)=9847585 \bmod 10=5$
$f_D(9315776)=9315776 \bmod 10=6$
$f_D(3635251)=3635251 \bmod 10=1$
$f_D(2860322)=2830322 \bmod 10=2$
$f_D(2621780)=2621780 \bmod 10=0$
$f_D(8921644)=8921644 \bmod 10=4$

（2）折叠法

将数据分成几段，除最后一段外，每段长度都相同，再把每段值相加。

$f(9847585)=984+758+5=1747$
$f(9315776)=931+577+6=1514$
$f(3635251)=363+525+1=889$
$f(2860322)=286+032+2=320$
$f(2621780)=262+178+0=440$
$f(8921644)=892+164+4=1060$

10. 试述哈希查找法与一般查找法的技巧有何不同？

解答▶ 判断一个查找法的好坏主要是由其比较次数和查找时间来决定的，一般的查找技巧主要是通过各种不同的比较方式来查找所要的数据项，反观哈希则是直接通过数学函数来取得对应的地址，可以快速找到所要的数据。也就是说，在没有发生任何碰撞的情况下，其比较时间只需 $O(1)$ 的时间复杂度。最重要的是，通过哈希函数来进行查找的文件，事先不需要排序，这也是与一般查找较大差异之处。

11. 什么是完美哈希？在什么情况下使用？

解答▶ 所谓完美哈希，是指该哈希函数在存入与读取的过程中不会发生碰撞或溢出，一般只有在静态表的情况下才可以使用。

12. 假设有 n 个数据记录，我们要在其中查找一个特定键值的记录。

（1）若用顺序查找法，平均查找次数是多少？

（2）若用二分查找法，平均查找次数是多少？

（3）在什么情况下才能使用二分查找法去查找一个特定记录？

（4）若找不到要查找的记录，在二分查找法中要进行多少次比较？

解答▶

（1）$\dfrac{n+1}{2}$ 次。

（2）$\displaystyle\sum_{i=1}^{n}\dfrac{\log_2(i+1)}{n}$ 次。

（3）已排序完成的文件。

（4）$O(\log_2 n)$。

13. 采用哪一种哈希函数可以使下列的整数集合：{74, 53, 66, 12, 90, 31, 18, 77, 85, 29} 存入数组空间为 10 的哈希表不会发生碰撞？

解答▶ 采数字分析法，并取出键值的个位数作为其存放地址。

14. 解决哈希碰撞有一种叫 Quadratic 的方法，请证明碰撞函数为 $h(k)$，其中 k 为 key，当哈希碰撞发生时 $h(k)\pm i^2$，$1 \leqslant i \leqslant \dfrac{M-1}{2}$，$M$ 为哈希表的大小，这样的方法能涵盖哈希表的每一个位置，即证明该碰撞函数 $h(k)$ 将产生 $0 \sim (M-1)$ 的所有正整数。

解答▶ 提示：可以导出，$h(i)$ 为一个哈希函数值：

$$A=\{j^2+h(i),\ [\bmod M]\ |\ j=1,2\cdots(M-1)/2\}$$
$$B=\{(M+2h(i)-(j^2+h(i))[\bmod M])[\bmod M]\ |\ j=1,2\cdots(M-1)/2\}$$
$$=>A\cup B=\{j=0,1,2\cdots M-1)\}\ -\ \{h(i)\}$$

15. 当哈希函数 $f(x)=5x+4$，请分别计算下列 7 项键值所对应的哈希值。

87、65、54、76、21、39、103

解答▶

（1）$f(87)=5\times87+4=439$

（2）$f(65)=5\times65+4=329$

（3）$f(54)=5\times54+4=274$

（4）$f(76)=5\times76+4=384$

（5）$f(21)=5\times21+4=109$

（6）$f(39)=5\times39+4=199$

（7）$f(103)=5\times103+4=519$

16. 解释下列哈希函数的相关名词。

（1）Bucket。

（2）同义词。

（3）完美哈希。

（4）碰撞。

解答▶

（1）Bucket：哈希表中存储数据的位置，每一个位置对应唯一的一个地址。桶就好比存在一个记录的位置。

（2）同义词：如果两个标识符 I_1 和 I_2 经过哈希函数运算后所得的数值相同，即 $f(I_1)=f(I_2)$，就称 I_1 与 I_2 对于 f 这个哈希函数是同义词。

（3）完美哈希：指既没有碰撞又没有溢出的哈希函数。

（4）碰撞：若两个不同的数据经过哈希函数运算后对应到相同的地址，就称为碰撞。

17. 有一棵二叉查找树：

（1）键值平均分配在[1,100]之间，求在该查找树查找平均要比较几次。

（2）假设 $k=1$ 时其概率为 0.5，$k=4$ 时其概率为 0.3，$k=9$ 时其概率为 0.103，其余 97 个数的概率为 0.001。

（3）假设各 key 的概率如（2），是否能将此查找树重新安排？

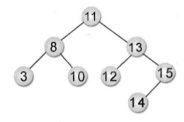

（4）以得到的最小平均比较次数绘出重新调整后的查找树。

解答▶

（1）2.97 次。

（2）2.997 次。

（3）可以重新安排此查找树。

（4）

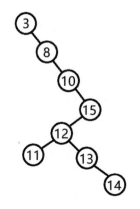

18. 试写出以插值查找法从（1, 2, 3, 6, 9, 11, 17, 28, 29, 30, 41, 47, 53, 55, 67, 78）中查找到 9 的过程。

解答▶

（1）先找到 $m=2$，键值为 2。

（2）再找到 $m=4$，键值为 6。

（3）最后找到 $m=5$，键值为 9。